职业教育电子类专业“新课标”规划教材

电工技术应用

Electrotechnical Application

主　编　李月朗
副主编　李平松　王海波　李　波
参　编　吴智刚　陶林源　曾素云　秦　伟
　　　　陈美英　袁春燕　唐祥红
主　审　谭立新

中南大学出版社
www.csupress.com.cn

图书在版编目(CIP)数据

电工技术应用/李月朗主编. —长沙：中南大学出版社，2014.5
ISBN 978 - 7 - 5487 - 1053 - 0

Ⅰ.电... Ⅱ.李... Ⅲ.电工技术 Ⅳ.TM

中国版本图书馆 CIP 数据核字(2014)第 050891 号

电工技术应用

李月朗 主编

□责任编辑 胡小锋
□责任印制 易建国
□出版发行 中南大学出版社
社址:长沙市麓山南路 邮编:410083
发行科电话:0731-88876770 传真:0731-88710482
□印 装 长沙印通印刷有限公司

□开 本 787×1092 1/16 □印张 13 □ 字数 328 千字 □插页
□版 次 2014 年 8 月第 1 版 □2014 年 8 月第 1 次印刷
□书 号 ISBN 978 - 7 - 5487 - 1053 - 0
□定 价 26.00 元

出版说明

根据《国务院关于大力发展职业教育的决定》、国务院印发的《关于加快发展现代职业教育的决定》等文件提出的教材建设要求，和《中等职业学校专业教学标准(试行)》(2014)要求职业教育科学化、标准化、规范化等要求，以及习近平总书记专门对职业教育工作作出的重要指示，中南大学出版社组织全国近30余所学校的骨干教师及行业(企业)专家编写了这套“职业教育电子类专业‘新课标’规划教材”。

本套教材的编写紧紧围绕目标，以项目模块重新构建知识体系结构，书中内容都以典型产品为载体设计活动来进行的，围绕工作任务、工作现场来组织教学内容，在任务的引领下学习理论，实现理论教学与实践教学融通合一、能力培养与工作岗位对接合一、实习实训与顶岗工作学做合一。

本套教材力求以任务项目为引领，以就业为导向，以标准为尺度，以技能为核心，达到使学校教师、学生在使用本套教材时，感到实用、够用、好用。归纳起来，本套教材具有以下特色：

(1)以任务为驱动，对接真实工作场景性强，教学目的性强，实用性强，教、学、做合一体性。

(2)各项目及内容按照循序渐进、由易到难，所选案例、任务、项目贴近学生，注重知识的趣味性、实用性和可操作性。

(3)把培养学生学习能力贯穿于整个教材中，尽量避免各套教材的实训项目内容重复，注意主辅协调、合理搭配，提高教学效果。

(4)考虑到各个学校实训条件，教材中许多项目还设计了仿真教学，兼顾各中等职业学校的实际教学要求，让学生能轻松学习知识和技能。

(5)注重立体化教材建设。通过主教材、电子教案、实训指导、习题及解答等教学资源的有机结合，提高教学服务水平，为高素质技能型人才的培养创造良好的条件。

由于职业教育改革和发展的速度很快，加之我们的水平和经验有限，因此在教材的编写和出版过程中难免出现问题和错误。我们恳请使用这套教材的师生及时向我们反馈质量信息，以利于我们今后不断提高教材的出版质量，为广大师生提供更多、更实用的教材。

意见反馈及教学资源联系方式：451899305@qq.com

编委会主任　李正祥

2014年6月

前　言

职业技术教育担负着培养技术技能型人才和数以亿计的高素质劳动者的任务，必须坚持“以服务为宗旨，以就业为导向，以能力为本位”的办学理念。职业学校要加强专业技能教学。本书就是为了适应职业院校相关的需求而编写的。

本书根据湖南省专业教学标准进行编写的，主要内容包括：电的认识与安全用电、直流电路的分析与应用、万用表的应用、单相交流电路的分析与应用、三相交流电路的分析与应用五个项目。

电工技术应用是电类专业的技术基础课程，也是一切先进自动化技术的基础课程。通过本课程的学习，使学生学到电路与电工技术必要的基本理论知识与基本技能，为后续课程的学习及电工操作技能的培养打下基础。本书是根据中职应用技能型人才培养的特点，并参考目前多数中职学校电子类专业的教学计划，结合编者多年教学和实践经验编写而成的。在编写的过程中贯彻理论知识适度、够用的原则，精选内容，抓住各章节的有机联系循序渐进，理论知识由浅入深，力求做到概念明确、原理清晰。

本教材编写的特色如下：

1. 以能力为主线。着重培养学生的实际操作技能、解决实际问题的能力，以及就业后拓展生存空间的所必备的技能水平。

2. 以全面发展为宗旨。本教材既注重实际的操作技能，又注重理论知识的讲解，并配有一定的例题，力求知识的系统，使学生全面发展。

3. 以坚持创新为导向。本教材与时代同步，增加新知识、新工艺、新产品、新技能等知识。在编写体例上，采取任务驱动方式，每个任务又由任务描述、任务目标、基础知识、技能实训、拓展提高等栏目组成，并附有思考与练习题，巩固所学知识。

本书项目 1 由李月朗编写，项目 2 由秦伟、王海波、袁春燕编写，项目 3 由陶林源、曾素云编写，项目 4 由李月朗、李波、唐祥红、陈美英编写，项目 5 由李平松、吴智刚编写。全书由李月朗总体策划，并负责统稿。

由于时间紧迫和编者水平有限，书中的错误和缺点在所难免，热烈欢迎读者对本书提出批评和建议，以便进一步完善本教材。

编　者

2014 年 7 月

目　录

项目1　电的认识与安全用电

项目描述

电与人们生产、生活息息相关，学习电工技术更要与电密切联系，非常有必要认识电，会安全使用电，当出现触电危险能进行触电解救。本项目通过三个任务实施让学生认识电；了解电对人体的伤害；熟悉人体触电的基本形式；会采取防范触电和电气火灾的措施；能安全使用电，并会使用常用电工工具。

项目任务

任务1.1　电的认知

1.1.1　任务描述

电能的应用越来越广泛，在人们的生产生活中，电力已经成为了主要的动力来源，大大地造福于人类。了解电是如何产生的，电是如何输送的，对学习电工技术是十分必要的。

1.1.2　任务目标

(1)理解电荷、电场、电场强度、电场线、静电屏蔽、尖端放电等基本概念。
(2)掌握库仑定律。
(3)了解人类认识电的发展史。
(4)了解发电、输电设备。
(5)了解电从发电厂经过哪些环节才输送到实训室。

1.1.3　基础知识一：库仑定律

1.1.3.1 **电荷**

早在2500年前，希腊的艺匠们发现了一种奇怪而又有趣的现象：当他们用琥珀磨制装饰品时，经毛皮摩擦过的琥珀制品能吸引毛发、纸屑和碎稻草等轻微的物体。这是什么原因呢？是琥珀制品中存在着神奇的“魔力”吗？

公元1600年左右，一位名叫吉柏的英国医生发现，不仅被毛皮摩擦过的琥珀制品能吸引毛发、纸屑和碎稻草等轻微的物质，其他如玻璃、橡胶棒等同样也都可以在摩擦后吸引轻微的物质，也就是说它们都具有同琥珀制品相同的神奇现象。为了突出说明这一现象，吉柏医生引用了希腊文字“琥珀”的字根拟订出了一个名字，它的读音与希腊语“琥珀”的读音完全一样，中文把这个西文名字翻译为“电”，这便是“电”一字的来源。这种神奇现象是物体带了电的现象，或者说是带了电荷的现象。

人们发现，无论哪一种电都可以归纳为正电(阳电)或负电(阴电)。为了统一说法，公元1747年，美国著名科学家，电学研究的先驱富兰克林把丝绸摩擦过的玻璃棒上所带的电称为“正电”，用“+”号表示，如图1-1-1(a)所示；而把被毛皮摩擦过的橡胶棒上所带的电称为“负电”，用“-”号表示，如图1-1-1(b)所示。

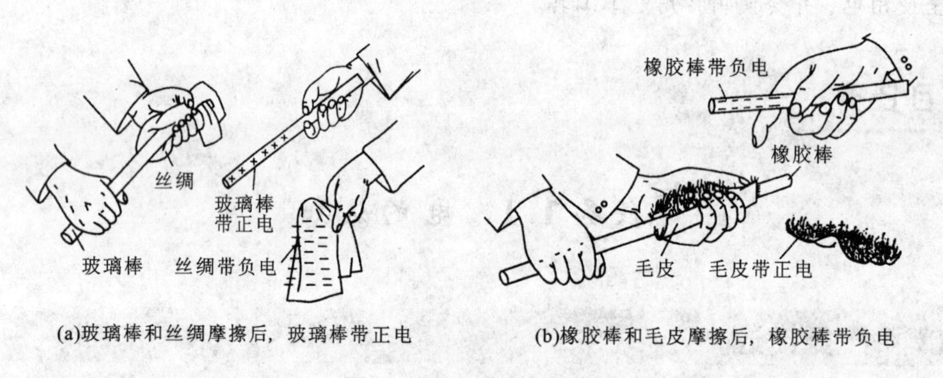

(a)玻璃棒和丝绸摩擦后，玻璃棒带正电　　(b)橡胶棒和毛皮摩擦后，橡胶棒带负电

图1-1-1 正电与负电

电学上，我们把处于带电状态的物体称为带电体。带电体所带的电荷的数量，叫做电荷量，也叫电量，用字母 q 表示。在国际单位制中电量的单位叫库仑，简称库，用字母C表示。

目前已知自然界中最小的电量是电子的电量(最小的负电荷)和质子的电量(最小的正电荷)，它们的电量绝对值相等。一个电子的电量为 $e=1.6\times10^{-19}$C。

实验证明，任何带电粒子所带的电量等于电子或质子电量的整数倍。因此把 1.6×10^{-19}C 叫做基本电荷，也称元电荷。

将带有等量异种电荷的物体接触时，由于正、负电荷的数量相等，相互抵消，它们对外既不显出带正电，也不显出带负电，或者说呈中性，这种现象叫做电荷中和。

在正常情况下，无论什么物质，所带正电荷的总数与负电荷的总数是相等的。正、负电荷是物体固有的，它既不能被创造，也不能被消灭。它只能从一个物体转移到另一个物体，或者从物体的一个部分转移到另一部分。这个规律叫做电荷守恒定律。

1.1.3.2 **库仑定律**

电荷之间存在相互作用力：同种电荷相互排斥，异种电荷相互吸引。那么，电荷之间的相互作用力与什么有关呢？法国物理学家库仑用实验研究了静止的点电荷间的相互作用力，于1785年得出著名的库仑定律：在真空中两个点电荷间的作用力，与它们的电荷量的乘积成正比，与它们的距离的二次方成反比，作用力的方向在它们的连线上。用公式表示为：

$$F = k\frac{q_1q_2}{r^2}$$

式中：F——静电力，单位是牛顿(N)；

k——静电力恒量，$k = 9.0\times10^9\ \mathrm{N\cdot m^2/C^2}$；

q_1、q_2——点电荷的电荷量，单位是库仑(C)；

r——两个点电荷间的距离，单位是米(m)。

例1-1-1　真空中有两个点电荷，电荷量分别是$+2\times10^{-8}$C和-4×10^{-8}C，它们之间相距10 cm，求电荷间的相互作用力，是引力还是斥力。

解：由库仑定律可得：

$$F = k\frac{q_1q_2}{r^2} = 9.0\times10^9\times\frac{2\times10^{-8}\times4\times10^{-8}}{0.1^2}\ \mathrm{N} = 7.2\times10^{-4}\mathrm{N}$$

因为两个点电荷带的是异种电荷，所以其相互作用力是引力。

注意：库仑定律只适用于计算真空中两个点电荷间的相互作用力。电荷间的这种相互作用力叫做静电力，也称电场力或库仑力。应用库仑定律计算时，不用把表示正、负电荷的"+""-"符号代入公式中，其结果可根据电荷的正负确定作用力为引力还是斥力以及作用力的方向。

1.1.4　基础知识二：电场　电场强度

1.1.4.1　电场和电场强度

电荷之间的相互作用力是怎样发生的呢？经过长期的科学研究发现：电荷之间的相互作用力是通过电场发生的。

电场是存在于电荷周围的一种特殊的物质。电场对任何处在其中的电荷或带电体作用着一种力，即电场力，如图1-1-2所示。

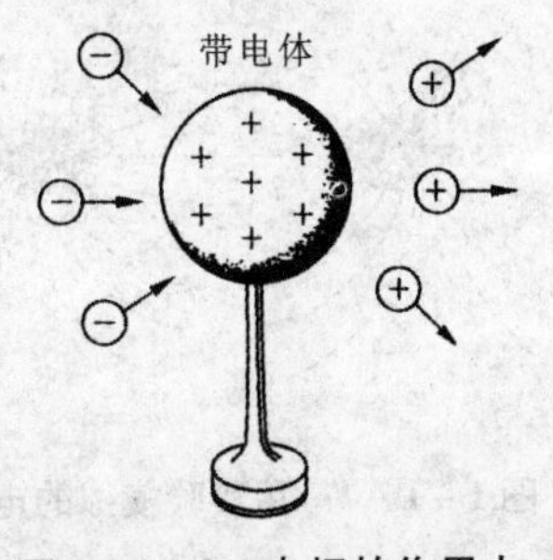

图1-1-2　电场的作用力

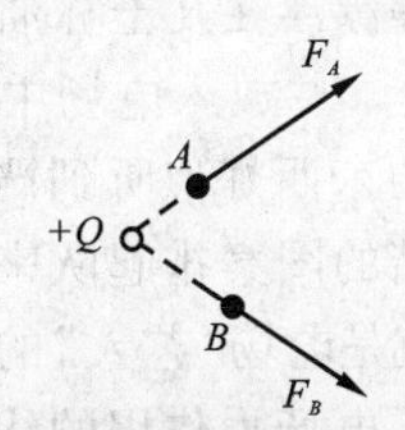

图1-1-3　点电荷产生的电场

电场是客观存在的一种特殊的物质，只要有电荷存在，电荷周围就有电场，电场的性质可以用检验电荷来研究。检验电荷，也叫试探电荷，是带正电的电荷，它的电荷量充分小，放入之后，不致影响原来要研究的电场；它的体积也充分小，便于用来研究电场中各点的情况。如图1－1－3所示，把检验电荷q放在电荷Q产生的电场中，检验电荷q在电场中的不同点受到的电场力的大小一般是不同的，这表示各点的电场强弱不同。检验电荷q在距Q较近的A点，受到的电场力大，表示这点的电场强；检验电荷q在距Q较远的B点，受到的电场力小，表示这点的电场弱。

因为不同的检验电荷q在电场的同一点所受的电场力是不同的，所以我们不能直接用电场力的大小表示电场的强弱。实验表明，在电场中的同一点，比值F/q是恒定的；在电场中的不同点，比值F/q一般是不同的。这个比值由检验电荷q在电场中的位置所决定，与检验电荷q无关，是反映电场性质的物理量，用来表示电场的强弱。

放入电场中的某点的电荷所受的电场力F与它的电荷量q的比值，叫做该点的电场强度，简称场强。

用公式表示为：

$$E=\frac{F}{q}$$

式中，E——电场强度，单位是牛顿每库仑(N/C)或伏特每米(V/m)；

F——电场力，单位是牛顿(N)；

q——检验电荷的电荷量，单位是库仑(C)。

电场强度是矢量，既有大小又有方向。电学中规定，电场中某点的电场强度方向与正电荷在该点所受的电场力的方向相同。

例1－1－2 在电场中的某点放入电荷量为6×10^{-9}C的点电荷，受到的电场力为3×10^{-5}N。这一点的电场强度是多大？如果改用电荷量为8×10^{-9}C的点电荷，该点的电场强度是多大？点电荷所受的电场力又是多大？

解：电场中某点的电场强度与检验电荷无关。由电场强度公式可得：

$$E=\frac{F}{q}=\frac{3\times10^{-5}\text{ N}}{6\times10^{-9}\text{ C}}=5\times10^{3}\text{N/C}$$

由于电场中某点的电场强度与检验电荷无关，所以该点的电场强度不变，$E=5\times10^{3}$ N/C。点电荷所受的电场力$F'=Eq'=5\times10^{3}\times8\times10^{-9}\text{ N}=4\times10^{-5}\text{ N}$。

1.1.4.2 **电场线**

电场是无形的，但我们却可间接地窥视它的模样，使它现出原形。我们来做个实验：把奎宁晶粒或石棉屑等漂浮在凡士林油或蓖麻油这类粘滞物质的表面上，并放入电场中。我们发现那些本来杂乱无章的东西好似听到严厉的命令，都一个个按某一和谐的图案排起队来了。如图1－1－4所示的图案就是电场“艺人”的作品。其中的一条条细枝代表了电场力作用的线，我们把它叫做电场线，也称电力线。

图1－1－4 用实验模拟的电场线

从图1－1－5中可以看出电场线的特征如下：

(1)电场线总是起始于正电荷(或无穷远)终止于负电荷(或无穷远)，它不是闭合曲线。

(2)电场线可以大致表示电场强弱：电场线越密，电场越强；电场线越稀，电场越弱。

(3)任何两条电场线都不会相交。

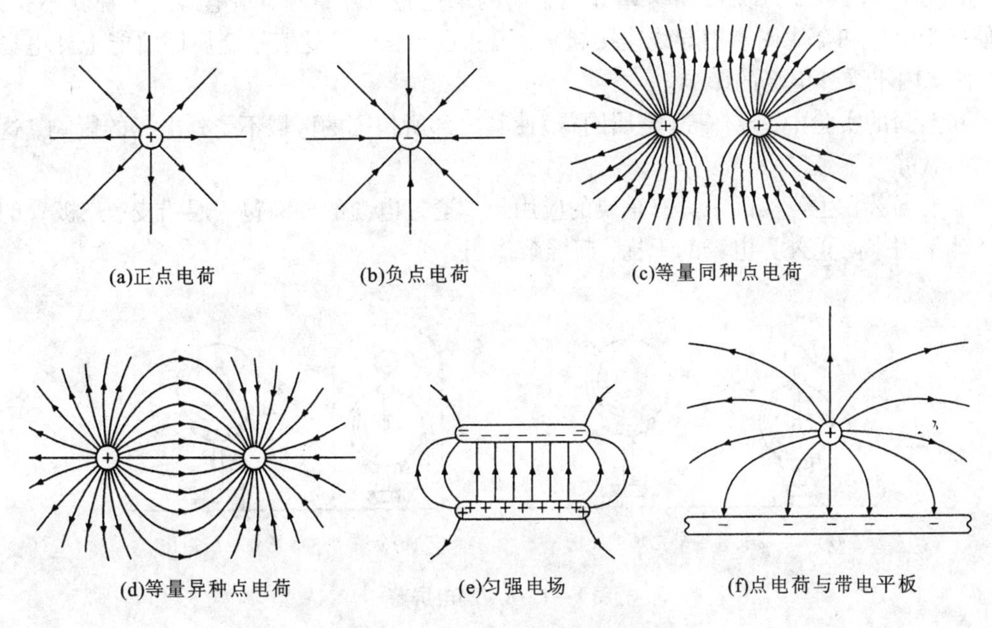

图1－1－5　几种常见的电场线

注意：电场线的形状虽然可以用实验模拟，但电场线并不是电场里实际存在的线，而是形象地描绘电场的假想的线。

1.1.4.3　**静电和静电屏蔽**

1. 静电

在气候干燥的季节，如果你穿着旅游鞋在干净的地毯上行走，你的手碰到金属的门把手，常常会给你一件意想不到的“礼物”——一个小火花跳到手上，麻得你不自在；当你伸手跟别人接触，常常会给对方造成一次电击，令人不快。夜晚，当你脱毛衣(或化纤衣服)时，由于毛衣与内衣等摩擦起电，会发生“劈劈啪啪”的响声；如果在黑暗处，还会看到小火花，令你发慌。这些都是静电的“恶作剧”。

物体上带有电荷的现象叫做静电。把电荷移近不带电的导体，可以使导体带电，这种现象叫做静电感应。利用静电感应使物体带电，叫做感应起电。前面这些静电的“恶作剧”，究其原因，是身体与周围物体摩擦带了电，由于旅游鞋底绝缘性能好，人体带的电荷不能泄放入地，一旦接触导体，就会发生火花放电，造成“不愉快”的电击。

目前，静电已经有多种应用，如静电复印、静电除尘、静电喷涂、静电植绒等。但静电也带来了一些危害：如运油车行驶时，燃油与油罐摩擦、撞击产生大量静电，会引起燃烧爆炸；汽车上的收音机，在炎热干燥的季节里常因轮胎和路面摩擦产生静电干扰而无法接收；狂风卷起的沙砾，往往携带大量的静电电荷而中断无线电通信，有时还会引起铁路、航空等自动信号系统的信号失误，造成严重事故。因此，我们要驯服静电，消除危害。

2. 静电屏蔽

我们来做这样的实验：

如图1-1-6(a)所示，使带电的金属球靠近验电器，由于静电感应，验电器的箔片张开，这表示验电器受到了外电场的影响。

如图1-1-6(b)所示，如果事先用金属网罩把验电器罩住，验电器的箔片就不张开，即使把验电器和金属网罩用导线连接起来，箔片也不张开。这表示金属网罩能把外电场挡住，使罩内不受外电场的影响。

在上面的实验中，导体壳(金属网罩)使其内部所包围的区域不受外电场的影响，这种现象叫做静电屏蔽。

静电屏蔽在生产实际中具有重要的应用。如通过电缆的外面包一层铅皮、三极管的管帽等就是用来防止外界电场的干扰，起屏蔽作用。

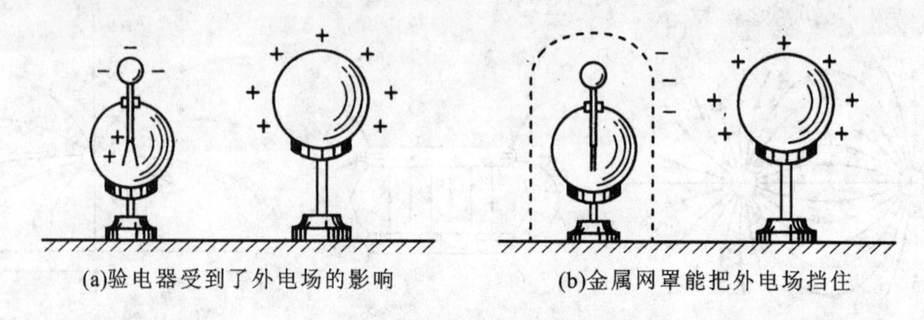
(a)验电器受到了外电场的影响　　(b)金属网罩能把外电场挡住

图1-1-6　静电屏蔽

1.1.4.4　**带电导体的电荷分布与尖端放电**

1. 带电导体的电荷分布

当带电导体所带的为同一种电荷时，由于同性相斥规律：面电荷密度(单位面积带的电荷量)的大小与表面的曲率有关，表面曲率大的地方电荷密度大；表面曲率小的地方电荷密度小。具体地说，导体表面凸出且尖锐的地方电荷密度大；表面较平坦的地方电荷密度小；表面凹进去的地方电荷密度更小。带电导体电荷分布如图1-1-7所示。

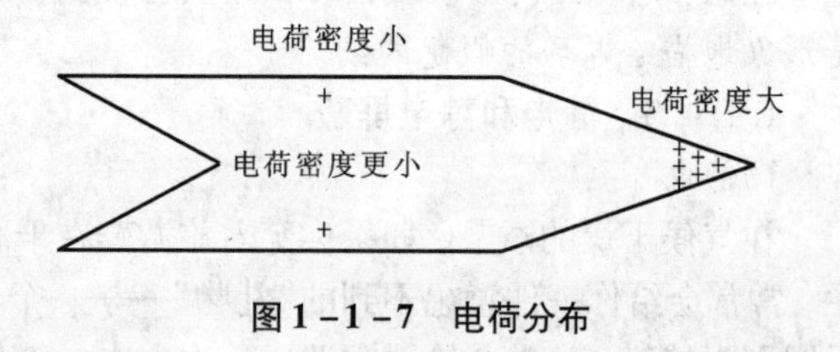

图1-1-7　电荷分布

2. 带电导体的尖端放电

由于导体表面附近的电场强度与电荷的面密度成正比,电荷的面密度大，附近的电场强度就大。导体尖端的电荷特别密集，尖端附近的电场特别强，就会发生尖端放电。

3. 尖端放电的利用及危害的避免

尖端放电的典型应用就是避雷针，避雷针利用尖端放电的原理将雷电引向避雷针放电，以此来防止雷电对建筑物的破坏。在高压设备中，为了防止因尖端放电而引起的危险和电能损失，往往采用表面极光滑而且较粗的导线，并把电极做成光滑的球状表面。

1.1.5　技能实训:识别发电与输电设备

1.1.5.1　**实训预习**

1. 人类认识电的发展史

• 公元前6世纪，希腊人就发现并记载了琥珀与羊皮摩擦后可以吸引薄木片和碎布等轻小物体。

• 18世纪，法国物理学家杜菲发现摩擦后的物体所带的电有两种性质：同种电相互排斥，异种电相互吸引。

• 美国学者富兰克林做了著名的风筝试验，证明天空中存在的电与摩擦产生的电本质相同，并因此发明了避雷针，这是人类应用电学知识的第一步。

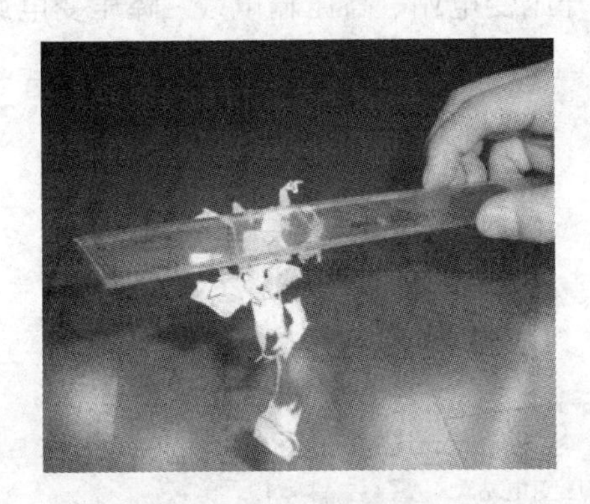

图1-1-8　摩擦起电

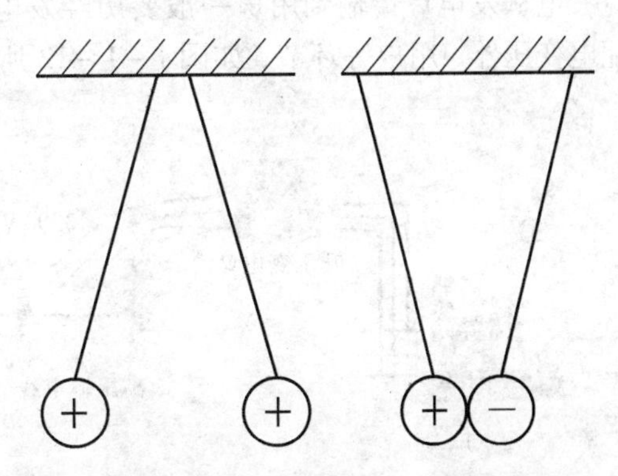

图1-1-9　同种电相互排斥，异种电相互吸引

• 意大利物理学家伏打发明了电池（称为"伏打电堆"），他是把银板、锌板和用盐水浸泡过的湿布按一定顺序叠在一起，组成柱体。当用导线连接两端的导体时，导线中就产生了连续的电流。

图1-1-10　富兰克林的风筝试验

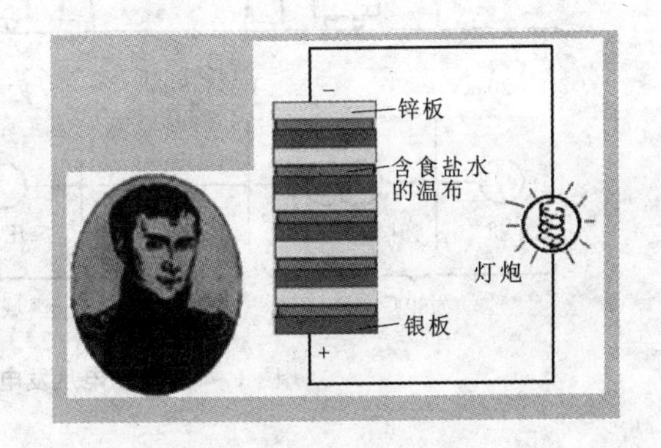

图1-1-11　伏打电堆

• 1820年，奥斯特发现了电流的磁效应。

• 安培发现了载流平行导线间存在着相互作用力，还发现了电流使磁针方向偏转的规律。

• 1862年，韦伯首次用带电粒子的移动来解释电流现象，1871年又提出"带正电的粒子围绕负电中心旋转"。

• 法拉第通过实验发现了电磁感应现象，确立了电磁感应定律。

- 欧姆发现了电流定律。
- 基尔霍夫解决了分支电路问题，建立了基尔霍夫第一、第二定律。
- 楞次指出感应电流方向所遵循的规律，建立了楞次定律。
- 英国物理学家约翰·汤姆生经过大量的实验发现了“电子”。
- 1909 年美国物理学家密立根用油滴实验，测得电子的电荷值，证实了汤姆生关于电子性质的预言。

2. 电的传输过程认知

电从发电厂传输到用户一般要历经发电厂、升压变电站、高压输电线、降压变电站、配电变压器、用户等环节，如图 1－1－12 所示。

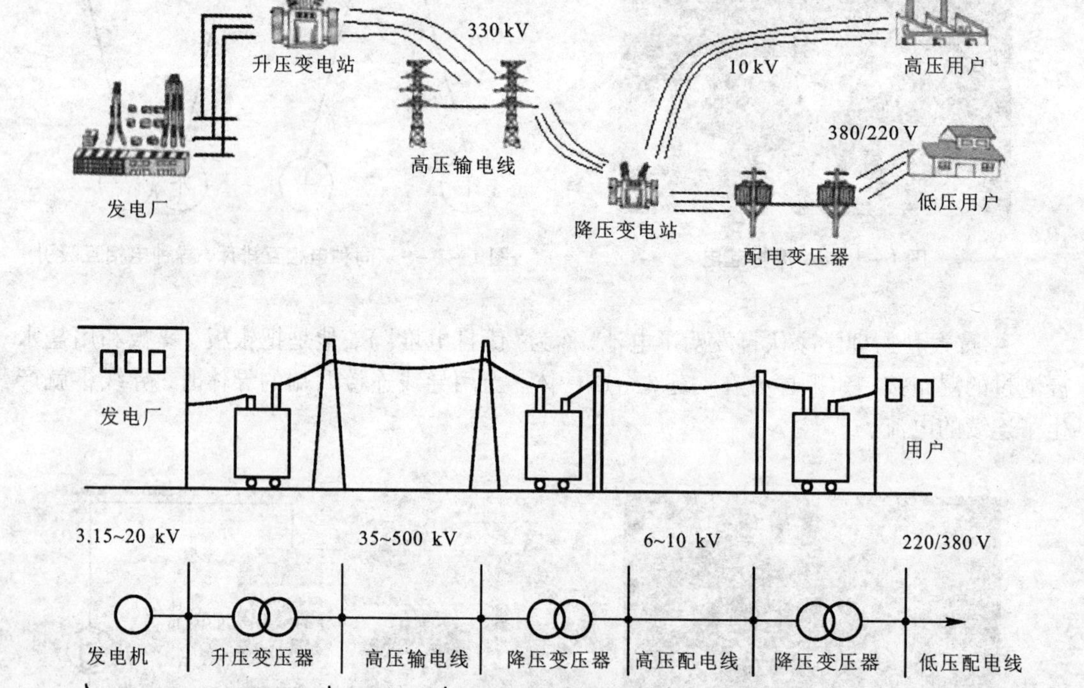

图 1－1－12 电从发电厂传输到用户示意图

3. 识别发电设备

发电设备能将其他形式的能转换为电能。常见的发电设备有水力发电设备、火力发电设备、风力发电设备、核能发电设备、太阳能发电设备以及小型的家用发电设备等。

(1)水力发电设施设备

水力发电设施设备主要有蓄水大坝和水力发电机组。水力发电机组最主要的是水轮机和发电机，水轮机是把水流的能量转化成机械能，而发电机是把机械能转化为电能。

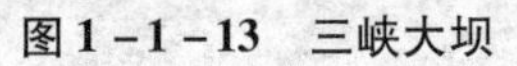

图1-1-13　三峡大坝

图1-1-14　三峡水力发电机组

(2)火力发电设备

火力发电设备利用燃料燃烧，将燃料的化学能转化为蒸汽的热能，将蒸汽通过管道供给汽轮机。汽轮机将高温高压的蒸汽的热能转化为机械能，带动发电机转子转动。发电机将机械能转化为电能。

图1-1-15　宁波北仑火力发电厂

图1-1-16　火力发电机组

(3)风力发电设备

风力发电设备主要是指风力发电机。它将风能转变为机械能，带动内部的发电机，发电机将机械能转变为电能。

图1-1-17　内蒙古草原风力发电厂

图1-1-18　风力发电机组

(4)核能发电设备

核能发电设备利用核反应堆中核裂变所释放出的热能进行发电。它与火力发电极其相似。只是以核反应堆及蒸汽发生器来代替火力发电的锅炉，以核裂变能代替矿物燃料的化学能。

图 1－1－19　秦山核电站

图 1－1－20　核电站发电机组

（5）太阳能发电设备

太阳能发电设备是一种用可再生能源——太阳能来发电的，它利用把太阳能转换为电能的光电技术来工作的。主要由太阳能电池板和逆变设备构成，太阳能电池板将太阳能转变为直流电压输出，逆变设备将直流电变为交流电输送到电网或用电设备。

图 1－1－21　太阳能电站

图 1－1－22　太阳能电池板

（6）小型发电机

小型发电机主要有柴油发电机和汽油发电机。柴油发电机与汽油发电机的最大区别在于点火装置与燃油系统的不同。柴油发电机是个压燃式内燃机，它使用一个喷油泵以及若干个喷油嘴；而汽油发电机有一个汽化器、一个分配器、以及若干个火花塞。柴油发电机与汽油发电机也有很多相似的地方。柴油发电机与汽油发电机的外观区别不大。柴油发电机的内部部件也与汽油发电机的相似，但柴油发电机内部的大多数部件比汽油发电机的更结实和更沉重，这是由于柴油发电机要承受机内更大的压力。一般汽油发电机更轻便。

4. 识别输电设备

输电设备将电能从发电厂输送到用户。主要由输电铁塔、输电电线杆、输电线路和变电站等构成。发电厂输出的电能通过输电铁塔上的架空线进行输送，远距离输电都采用高压输电，然后通过变电站将高压电变成市电，通过输电电线杆输送到用户。

图1－1－23　柴油发电机

图1－1－24　小型汽油发电机

图1－1－25　输电线路铁塔

图1－1－26　输电线路电线杆

图1－1－27　小型变电站

1.1.5.2　实训内容与步骤

(1)在教师组织带领下参观电工实训室,观看发电和输电设备的图片资料。

(2)有条件的可组织参观发电厂。

1.1.5.3　实训考核

识别发电与输电设备考核评价如表1－1－1所示。

表 1-1-1 考核评价表

<table>
<tr><th colspan="2">评价内容</th><th>配分</th><th>考核点</th><th>得分</th><th>备注</th></tr>
<tr><td colspan="2" rowspan="6">职业素养
与操作规范
（30 分）</td><td>2</td><td>能做好操作前准备</td><td></td><td rowspan="8">出现明显失误造成贵重元件或仪表、设备损坏等安全事故；严重违反实训纪律，造成恶劣影响的记 0 分</td></tr>
<tr><td>3</td><td>操作过程中保持良好纪律</td><td></td></tr>
<tr><td>10</td><td>能按老师要求正确操作</td><td></td></tr>
<tr><td>5</td><td>按正确操作流程进行实施，并及时记录数据</td><td></td></tr>
<tr><td>5</td><td>能保持实训场所整洁</td><td></td></tr>
<tr><td>5</td><td>任务完成后，整齐摆放工具及凳子、整理工作台面等并符合“6S”要求</td><td></td></tr>
<tr><td rowspan="2">作品质量
（70 分）</td><td>识别
设备</td><td>30</td><td>①能正确识别发电设备；
②能正确识别输送电设备</td><td></td></tr>
<tr><td>知识
掌握</td><td>40</td><td>①理解库仑定律；
②熟悉电场和电场强度；
③熟悉静电屏蔽；
④知道带电体电荷分布和尖端放电</td><td></td></tr>
</table>

1.1.5.4 **实训小结**

(1)简述发电设备的类型。

(2)简述电能是如何从发电厂输送到实训室的。

1.1.6 拓展提高：实训室 6S 管理

6S 就是整理(SEIRI)、整顿(SEITON)、清扫(SEISO)、清洁(SEIKETSU)、素养(SHITSUKE)、安全(SECURITY)六个项目实施现场管理。实训室实施 6S 管理可以使学生养成凡事认真的习惯、遵守规定的习惯、自觉维护实训场所环境整洁明了的习惯、文明礼貌的习惯。

6S 管理的具体内容是：

1. 整理

明确区分“要”和“不要”的东西，把不要的物品从现场彻底清除。整理是个永无止境的过程，贵在日日做、时时做，工作场所和环境才能始终保持良好状态。

2. 整顿

将“要”的东西依照规定的位置摆放整齐，加以标识，使之一目了然，使所需物品始终处于能够高效地可取和放回的状态，使用方便，节约找各类物品的时间。对必要的物品根据用处、用法和使用频率进行定置管理，明确数量，加以标识，按照取放方便的原则摆放整齐，做到井然有序。固定物品要定置放置，标识清楚、准确、有效。

3. 清扫

应使实训场所、教学现场及各种设备处于无垃圾、无污垢的洁净状态。它的前提是已经进行了整理、整顿。同时编制 6S 区域清扫责任表，明确区域清扫的对象、时间、要求，并落实责任人，按照 6S 区域清扫责任表的要求进行日常例行清扫和确认。

4. 清洁

将整理、整顿、清扫的实施制度化、规范化，经常进行整理、整顿和清扫，并贯彻执行到日常的实习实训之中，维持整理、整顿、清扫的成果，使其成为一种制度和习惯，从而获得坚持和制度化的条件，提高工作效率。实施了就不能半途而废，必须坚持制度和加强监督，防止回到原来的混乱状态。

5. 素养(教育)

教师与学生在进行整理、整顿、清扫的同时，正确认识6S管理的意义，养成具有良好的工作和生活习惯，自觉遵守实习实训各项规章制度，自我管理，具有团队精神。

6. 安全

6S管理中的安全包括生产安全、生活安全、交通安全、消防安全、保卫保密安全等各种安全。安全应贯穿于实习实训的全过程，在6S的具体工作中，要强调养成良好的安全防范意识，时时消除安全隐患，做到责任落实、措施到位，减少和杜绝安全事故和人身伤亡事件的发生，达到安全管理控制。

思考与练习

1. 电荷守恒定律的内容是什么?

2. 电荷之间相互作用力的关系怎样? 其大小与哪些因素有关?

3. 试叙静电的利用和防止。

4. 如何用实验证明电场的存在? 怎样确定电场中某点场强方向?

5. 电场力与场强有什么联系与区别?

6. 电场线客观存在吗? 电场中的电场线为什么不可能交叉?

7. 电场中某点的场强 $E=6\times10^{5}$ N/C,则放在该点的电荷量 $q=5\times10^{-10}$C 的检验电荷所受电场力是多大?

8. 在水泥浇筑的楼房中打手机或听收音机,发现信号弱,请解释是什么原因?

9. 在雷雨天的室外,不能在树下及空旷地带的突出物下避雨,以免遭到雷击。请解释为什么?

任务1.2　安全用电

1.2.1　任务描述

在生活生产中，人们已经离不开电了，但是，只有懂得安全用电知识与技能，才能主动灵活地驾驭电，避免发生触电事故、危及人身财产安全。在老师的带领下参观学校的配电室，认识各种电气设备，识别电气安全标识，熟悉配电室安全规程和安全管理制度，了解触电的危害，模拟触电解救。

1.2.2　任务目标

(1)知道电流对人体的伤害、常见的触电方式。

(2)熟悉安全用电知识。

(3)知道电气火灾的防范及扑救。

(4)能识读电气安全标志和电气设备。

(5)学会触电急救的方法。

1.2.3 基础知识一：触电的伤害及触电方式

1.2.3.1 电流对人体的伤害

当人体某一部位接触到带电的导体(裸导线、开关、插座的铜片等)或触及绝缘损坏的用电设备时,人体便成为一个通电的导体,电流流过人体会造成伤害,这就是触电。

人体触电时,电流对人体伤害的主要因素是流过人体的电流的大小。少量电流流过人体时,如0.6 mA ~1.5 mA 的电流通过人体则有感觉,手指麻刺发抖。若大量电流(50 mA ~80 mA)通过人体会使人呼吸麻痹、心室开始颤动,会造成伤害,甚至死亡。因此,电工操作时,应特别注意安全用电、安全操作。

流过人体的电流与作用到人体上的电压和人体的电阻值有关。通常人体的电阻为800 Ω至几万欧不等。当皮肤出汗,有导电液或导电尘埃时,人体电阻将降低。若人体电阻以800 Ω 计算,当触及36 V 电源时,通过人体的电流值是45 mA,对人体安全不构成威胁,所以,规定36 V 及以下电压为安全电压。

1.2.3.2 常见的触电方式

常见触电方式有单相触电、两相触电和跨步触电。

1. 单相触电

当人体的某一部位碰到相线或绝缘性能不好的电气设备外壳时,电流由相线经人体流入大地的触电,称为单线触电(也称单相触电)。如图 1 -2 -1(a)所示。

2. 两相触电

当人体的不同部位分别接触到同一电源的两根不同相位的相线,电流由一根相线经人体流到另一根相线的触电,称为双线触电(也称双相触电) 。如图 1 -2 -1(b)所示。

3. 跨步触电

当电气设备相线碰壳短路接地,或带电导线直接触地时,人体虽没有接触带电设备外壳或带电导线,但跨步行走在电位分布曲线的范围内而造成的触电,称为跨步触电(也称跨步电压触电)。如图 1 -2 -1(c)所示。

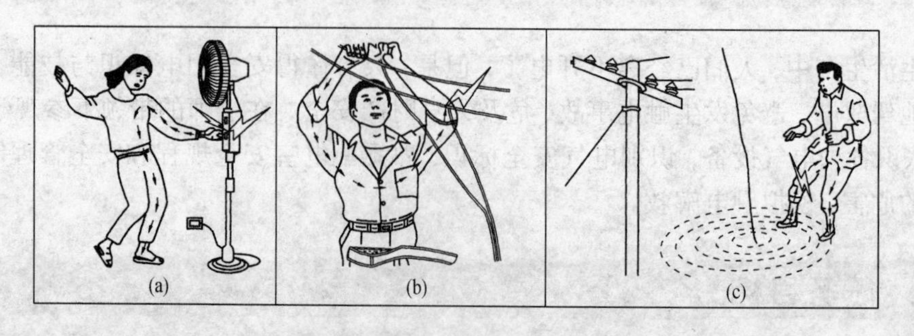

图 1 -2 -1 常见的触电方式

1.2.4　基础知识二：常用的安全措施

在用电过程中，必须特别注意电气安全，采取相应的安全措施。如果稍有麻痹或疏忽，就可能造成严重的人身触电事故，或者引起火灾或爆炸，给国家和人民带来极大的损失。

1.2.4.1　安全电压

人触及不会引起生命危险的电压称为安全电压。我国规定安全电压一般为36 V，如手提照明灯、危险环境的携带式电动工具，应采用36 V安全电压；金属容器内、隧道内、矿井内等工作场合，狭窄、行动不便及周围有大面积接地导体的环境，应采用24 V或12 V安全电压，以防止因触电而造成的人身伤害。

1.2.4.2　安全距离

为了保证电气工作人员在电气设备运行操作、维护检修时不致误碰带电体，规定了工作人员离带电体的安全距离；为了保证电气设备在正常运行时不会出现击穿短路事故，规定了带电体离附近接地物体和不同相带电体之间的最小距离。安全距离主要有以下几方面：

(1)设备带电部分到接地部分和设备不同相部分之间的距离，如表1-2-1所示；

(2)设备带电部分到各种遮栏间的安全距离，如表1-2-2所示；

(3)无遮栏裸导体到地面间的安全距离，如表1-2-3所示；

(4)电气工作人员在设备维修时与设备带电部分间的安全距离，如表1-2-4所示。

表1-2-1　各种不同电压等级的安全电压

设备额定电压/kV		1~3	6	10	35	60	110①	220①	330①	500①
带电部分到接地部分/mm	屋内	75	100	125	300	550	850	1800	2600	3800
	屋外	200	200	200	400	650	900	1800	2600	3800
不同相带电部分之间	屋内	75	100	125	300	550	900	—	—	—
	屋外	200	200	200	400	650	1000	2000	2800	4200

①中性点直接接地系统。

表1-2-2　设备带电部分到各种遮栏间的安全距离

设备额定电压/kV		1~3	6	10	35	60	110①	220①	330①	500①
带电部分到遮栏/mm	屋内	825	850	875	1050	1300	1600	—	—	—
	屋外	950	950	950	1150	1350	1650	2550	3350	4500
带电部分到网状遮栏/mm	屋内	175	200	225	400	650	950	—	—	—
	屋外	300	300	300	500	700	1000	1900	2700	5000
带电部分到板状遮栏/mm	屋内	105	130	155	330	580	880	—	—	—

①中性点直接接地系统。

表1-2-3 无遮栏裸导体到地面间的安全距离

设备额定电压/kV		1~3	6	10	35	60	110①	220①	330①	500①
无遮栏裸导体到地面间的安全距离/mm	屋内	2375	2400	2425	2600	2850	3150	—	—	—
	屋外	2700	2700	2700	2900	3100	3400	4300	5100	7500

①中性点直接接地系统。

表1-2-4 工作人员与带电设备间的安全距离

设备额定电压/kV	10及以下	20~35	44	60	110	220	330
设备不停电时的安全距离/mm	700	1000	1200	1500	1500	3000	4000
工作人员工作时正常活动范围与带电设备的安全距离/mm	350	600	900	1500	1500	3000	4000
带电作业时人体与带电体之间的安全距离/mm	400	600	600	700	1000	1800	2600

1.2.4.3 绝缘安全用具

绝缘安全用具是保证作业人员安全操作带电体及人体与带电体安全距离不够所采取的绝缘防护工具。绝缘安全用具按使用功能可分为：

1. 绝缘操作用具

绝缘操作用具主要用来进行带电操作、测量和其他需要直接接触电气设备的用具。常用的绝缘操作用具，一般有绝缘操作杆、绝缘夹钳等，如图1-2-2、图1-2-3所示。这些操作用具均由绝缘材料制成。正确使用绝缘操作用具，应注意以下两点：

①绝缘操作用具本身必须具备合格的绝缘性能和机械强度。

②只能在和其绝缘性能相适应的电气设备上使用。

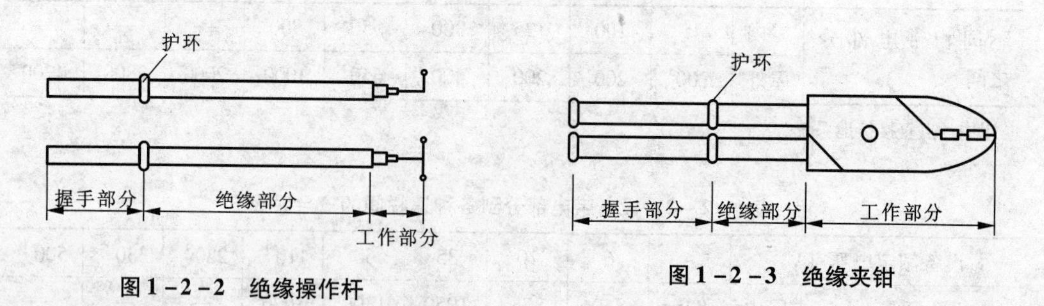

图1-2-2 绝缘操作杆

图1-2-3 绝缘夹钳

2. 绝缘防护用具

绝缘防护用具则对可能发生的有关电气伤害起到防护作用。主要用于对泄漏电流、接触电压、跨步电压和其他接近电气设备存在的危险等进行防护。常用的绝缘防护用具有绝缘手套、绝缘靴、绝缘隔板、绝缘垫、绝缘站台等，如图1-2-4所示。当绝缘防护用具的绝缘强度足以承受设备的运行电压时，才可以用来直接接触运行的电气设备，一般不直接触及带电设备。使用绝缘防护用具时，必须做到使用合格的绝缘用具，并掌握正确的使用方法。

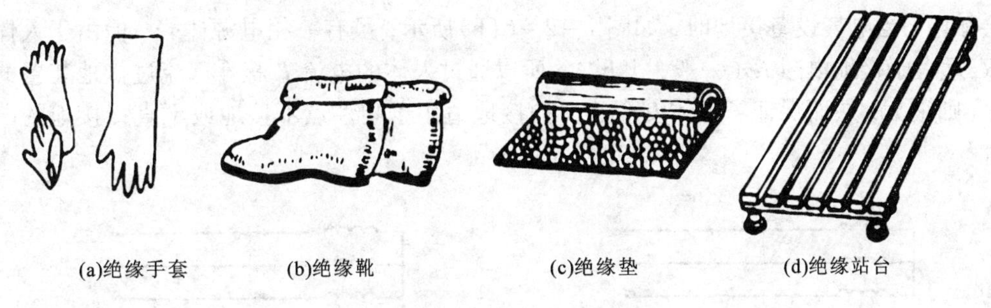

(a)绝缘手套　(b)绝缘靴　(c)绝缘垫　(d)绝缘站台

图1－2－4　绝缘防护用具

1.2.4.4　接地

接地是将电气设备或装置的某一点(接地端)与大地之间做符合技术要求的电气连接。目的是利用大地为正常运行、绝缘损坏或遭受雷击等情况下的电气设备等提供对地电流流通回路，保证电气设备和人身的安全。

1. 接地装置

接地装置由接地体和接地线两部分组成，如图1－2－5所示。接地体是埋入大地中并和大地直接接触的导体组，它分为自然接地体和人工接地体。自然接地体是利用与大地有可靠连接的金属构件、金属管道、钢筋混凝土建筑物的基础等作为接地体。人工接地体是用型钢如角钢、钢管、扁钢、圆钢制成的。人工接地体一般有水平敷设和垂直敷设两种。电气设备或装置的接地端与接地体相连的金属导线称为接地线。

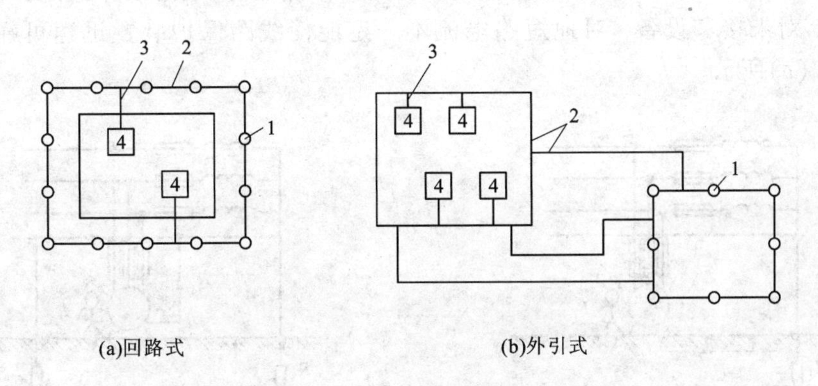

(a)回路式　(b)外引式

图1－2－5　接地装置示意图

1—接地体；2—接地干线；3—接地支线；4—电气设备

2. 电气设备接地的种类

电气设备接地分工作接地、保护接地、保护接零、重复接地和其他保护接地。

(1)工作接地。为了保证电气设备的正常工作，将电路中的某一点通过接地装置与大地可靠地连接，称为工作接地。如变压器低压侧的中性点、电压互感器和电流互感器的二次侧某一点接地等，其作用是为了降低人体的接触电阻。

(2)保护接地。保护接地是将电气设备正常情况下不带电的金属外壳通过接地装置与大地可靠连接。其原理如图1－2－6所示。当电气设备不接地时，如图1－2－6(a)所示，若绝缘损坏，一相电源碰壳，外壳与大地间存在电压，人体触及外壳，人体将有电流通过，便会触电；当电气设备接地时，如图 1 -2 -6(b)所示，虽有一相电源碰壳，但由于人体电阻 R_r 远大于接地电阻 R_d（一般为几欧），所以通过人体的电流 I_r 极小，流过接地装置的电流 I'_d 则很大，从而保证了人体安全。保护接地适用于中性点不接地或不直接接地的电网系统。

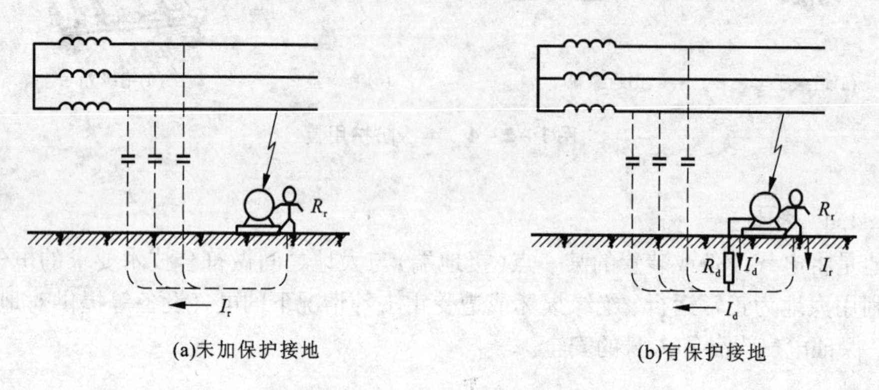

图 1 -2 -6　保护接地原理

(3)保护接零。在中性点直接接地系统中，把电气设备金属外壳等与电网中的零线作可靠的电气连接，称保护接零。保护接零可以起到保护人身和设备安全的作用，其原理如图 1 -2 -7(b)。当一相绝缘损坏碰壳时，由于外壳与零线连通，形成该相对零线的单相短路，短路电流使线路上的保护装置(如熔断器、低压断路器等)迅速动作，切断电源，消除触电危险。对未接零设备，对地短路电流不一定能使线路保护装置迅速可靠动作，如图 1 -2 -7(a)所示。

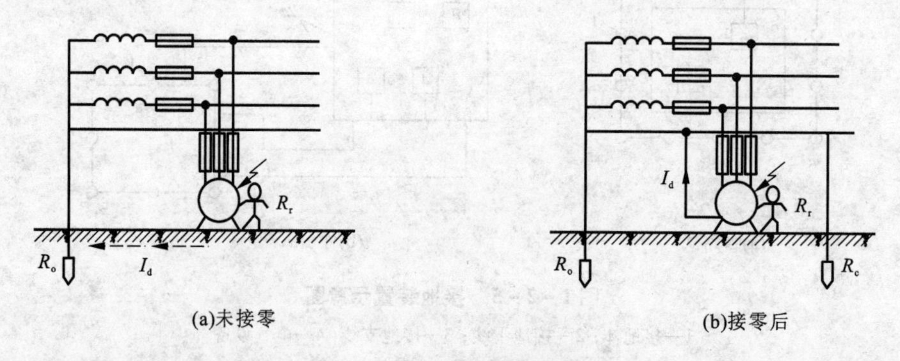

图 1 -2 -7　保护接零原理

(4)重复接地。三相四线制的零线有多于一处经接地装置与大地再次连接的情况称为重复接地。对 1 kV 以下的接零系统中，重复接地的接地电阻不应大于 10 Ω。重复接地的作用：降低三相不平衡电路中零线上可能出现的危险电压，减轻单相接地或高压串入低压的危险。

注意：在同一供电线路上，不允许一部分电气设备保护接地，另一部分电气设备保护接零。因为接地设备绝缘损坏外壳带电时，若有人同时触到接地设备外壳和接零设备的外壳，人体将承受相电压，这是非常危险的。

(5)其他保护接地，还有过电压保护接地、防静电接地、屏蔽接地等。过电压保护接地是指为了消除雷击或过电压的危险影响而设置的接地；防静电接地是指为了消除生产过程中产生的静电而设置的接地；屏蔽接地是指为了防止电磁感应而对电力设备的金属外壳、屏蔽罩、屏蔽线的外皮或建筑物金属屏蔽体等进行的接地。

国标规定：L——相线，N——中性线，PE——保护接地线，PEN——保护中性线，兼有保护线和中性线的作用。

1.2.4.5　电气设备安全运行措施

电气设备的运行必须遵守相应的安全措施：

(1)必须严格遵守操作规程，合上电流时，先合隔离开关，再合负荷开关，分断电流时，先断负荷开关，再断隔离开关；

(2)电气设备一般不能受潮，在潮湿场合使用时，要有防雨水和防潮措施。电气设备工作时会发热，应有良好的通风散热条件和防火措施；

(3)所有电气设备的金属外壳应有可靠的保护接地。电气设备运行时可能会出现故障，所以应有短路保护、过载保护、欠压和失压保护等保护措施；

(4)凡有可能被雷击的电气设备，都要安装防雷措施；

(5)对电气设备要做好安全运行检查工作，对出现故障的电气设备和线路应及时检修。

1.2.5　基础知识三：电气火灾的防范及扑救

电气火灾是指由电气原因引发燃烧而造成的灾害。短路、过载、漏电等电气事故都有可能导致火灾。设备自身缺陷、施工安装不当、电气接触不良、雷击静电引起的高温、电弧和电火花是导致电气火灾的直接原因。周围存放易燃易爆物是电气火灾的环境条件。

1.2.5.1　电气火灾产生的直接原因

1. 设备或线路发生短路故障

电气设备由于绝缘损坏、电路年久失修、疏忽大意、操作失误及设备安装不合格等将造成短路故障，其短路电流可达正常电流的几十倍甚至上百倍，产生的热量(正比于电流的平方)使温度上升超过自身和周围可燃物的燃点引起燃烧，从而导致火灾。

2. 过载引起电气设备过热

选用线路或设备不合理，线路的负载电流量超过了导线额定的安全载流量，电气设备长期超载(超过额定负载能力)，引起线路或设备过热而导致火灾。

3. 接触不良引起过热

如接头连接不牢或不紧密、动触点压力过小等使接触电阻过大，在接触部位发生过热而引起火灾。

4. 通风散热不良

大功率设备缺少通风散热设施或通风散热设施损坏造成过热而引发火灾。

5. 电器使用不当

如电炉、电熨斗、电烙铁等未按要求使用，或用后忘记断开电源，引起过热而导致火灾。

6. 电火花和电弧

有些电气设备正常运行时就能产生电火花、电弧，如大容量开关、接触器触点的分、合操作，都会产生电弧和电火花。电火花温度可达数千摄氏度，遇可燃物便可点燃，遇可燃气体便会发生爆炸。

7. 易燃易爆环境

日常生活和生产的各个场所中，广泛存在着易燃易爆物质，如石油液化气、煤气、天然气、汽油、柴油、酒精、棉、麻、化纤织物、木材、塑料等等，另外一些设备本身可能会产生易燃易爆物质，如设备的绝缘油在电弧作用下分解和汽化，喷出大量油雾和可燃气体；酸性电池排出氢气并形成爆炸性混合物等。一旦这些易燃易爆物质遇到电气设备和线路故障导致的火源，便会立刻着火燃烧。

1.2.5.2 电气火灾的防护措施

电气火灾的防护措施主要致力于消除隐患、提高用电安全，具体措施如下：

1. 正确选用保护装置，防止电气火灾发生

(1)对正常运行条件下可能产生电热效应的设备采用隔热、散热、强迫冷却等结构，并注重耐热、防火材料的使用。

(2)按规定要求设置包括短路、过载、漏电保护设备的自动断电保护。对电气设备和线路正确设置接地、接零保护，为防雷电安装避雷器及接地装置。

(3)根据使用环境和条件正确选择电气设备。恶劣的自然环境和有导电尘埃的地方应选择有抗绝缘老化功能的产品，或增加相应的措施；对易燃易爆场所则必须使用防爆电气产品。

2. 正确安装电气设备，防止电气火灾发生

(1)合理选择安装位置

对于爆炸危险场所，应该考虑把电气设备安装在爆炸危险场所以外或爆炸危险性较小的部位。

开关、插座、熔断器、电热器具、电焊设备和电动机等应根据需要，尽量避开易燃物或易燃建筑构件。起重机滑触线下方，不应堆放易燃品。露天变、配电装置，不应设置在易于沉积可燃性粉尘或纤维的地方。

(2)保持必要的防火距离

对于在正常工作时能够产生电弧或电火花的电气设备，应使用灭弧材料将其全部隔围起来，或将其与可能被引燃的物料，用耐弧材料隔开或与可能引起火灾的物料之间保持足够的距离，以便安全灭弧。

安装和使用有局部热聚焦或热集中的电气设备时，在局部热聚焦或热集中的方向与易燃物料，必须保持足够的距离，以防引燃。

电气设备周围的防护屏障材料，必须能承受电气设备产生的高温(包括故障情况下)，应根据具体情况选择不可燃、阻燃材料或在可燃性材料表面喷涂防火涂料。

3. 保持电气设备的正常运行，防止电气火灾发生

(1)正确使用电气设备，是保证电气设备正常运行的前提，因此应按设备使用说明书的规定操作电气设备，严格执行操作规程。

(2)保持电气设备的电压、电流、温升等不超过允许值。保持各导电部分连接可靠，

接地良好。

(3)保持电气设备的绝缘良好、清洁和通风。

1.2.5.3　电气火灾的扑救

发生火灾，应立即拨打119火警电话报警，向公安消防部门求助。扑救电气火灾时注意触电危险，为此要及时切断电源，通知电力部门派人到现场指导和监护扑救工作。

1. 正确选择使用灭火器

在扑救尚未确定断电的电气火灾时，应选择适当的灭火器和灭火装置，否则，有可能造成触电事故和更大危害，如使用普通水枪射出的直流水柱和泡沫灭火器射出的导电泡沫会破坏绝缘。

使用四氯化碳灭火器灭火时，灭火人员应站在上风侧，以防中毒；灭火后空间要注意通风。使用二氧化碳灭火时，当其浓度达85%时，人就会感到呼吸困难，要注意防止窒息。

2. 正确使用喷雾水枪

带电灭火时使用喷雾水枪比较安全。原因是这种水枪通过水柱的泄漏电流较小。用喷雾水枪灭电气火灾时水枪喷嘴与带电体的距离可参考以下数据：

10 kV及以下者不小于0.7 m。

35 kV及以下者不小于1 m。

110 kV及以下者不小于3 m。

220 kV不应小于5 m。

带电灭火必须有人监护。

3. 灭火器的保管

灭火器在不使用时，应注意对它的保管与检查，保证随时可正常使用。

1.2.6　技能实训：触电急救

1.2.6.1　实训预习

1. 电气安全标志识别

为了引起人们对不安全因素的注意，预防事故的发生，需要在各有关场合作出醒目标志。安全标志由安全色、几何图形和图形符号构成，用以表达特定的安全信息，如图1-2-8所示。安全标志分为禁止标志、警告标志、指令标志、提示标志四类。

(1)禁止标志：禁止标志的几何图形是带斜杠的圆环，图形背景为白色，圆环和斜杠为红色，图形符号为黑色。

(2)警告标志：警告标志的几何图形是三角形，图形背景是黄色，三角形边框及图形符号均为黑色。

(3)指令标志：指令标志的几何图形是圆形，背景为蓝色，图形符号为白色。

(4)提示标志：提示标志的几何图形是长方形，按长短边的比例不同，分一般提示标志和消防设备提示标志两类。

禁止标志是不得什么的标志；警告标志是工作中要特别注意的标志；指令标志是提醒人们必须遵守的一种标志；提示标志是指示目标方向的安全标志。

图1-2-8 电气安全标志

2. 配电室电气设备识别

学校配电室中设备主要是低压配电装置。在低压电力网中，用来接受电力和分配电力的电气设备叫低压配电装置。大体包括五个部分：电路控制设备、测量仪器仪表、母线以及二次线、保安设备和配电盘。

(1)电路控制设备：有各种手动、自动开关，如图1-2-9所示。

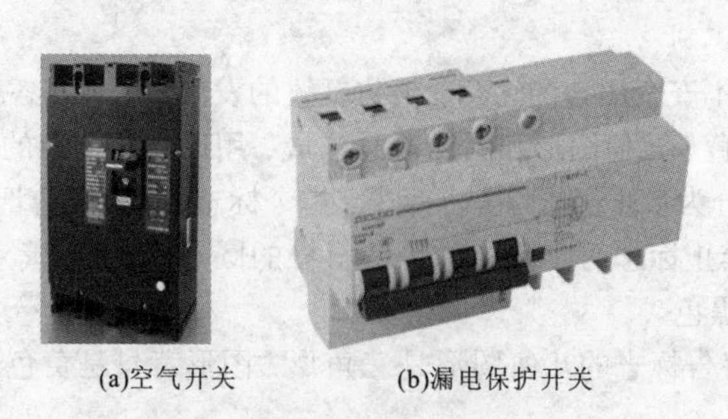
(a)空气开关 (b)漏电保护开关

图1-2-9 低压配电开关

(2)测量仪器仪表：其中指示仪表有电流表、电压表、功率表、功率因数表等。计量仪表有有功电度表、无功电度表、以及与仪表相配套的电流互感器、电压互感器等。常见的指示仪表如图1-2-10所示。

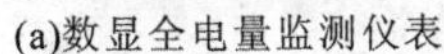
(a)数显全电量监测仪表

(b)电压表

(c)电流表

图1－2－10　常见指示仪表

(3)母线以及二次线：母线包括配电变压器低压侧出口至配电室(箱)的电源线和配电盘上汇流排(线)。二次线包括测量、信号、保护、控制回路的连接线，如图1－2－11所示。

(4)保安设备：包括熔断器、继电器、触电保安器等。常见熔断器如图1－2－12所示。

图1－2－11　二次线

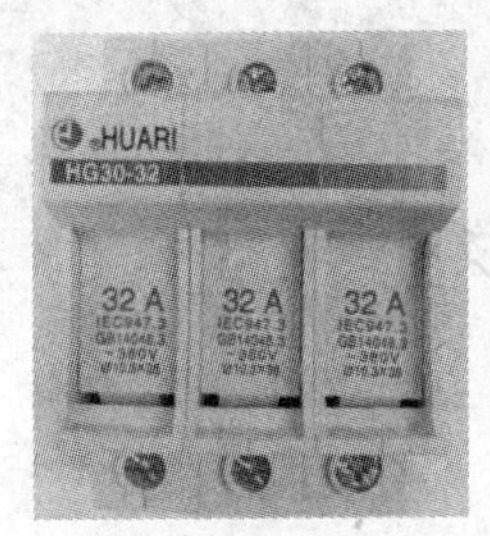

(a)熔断器底座

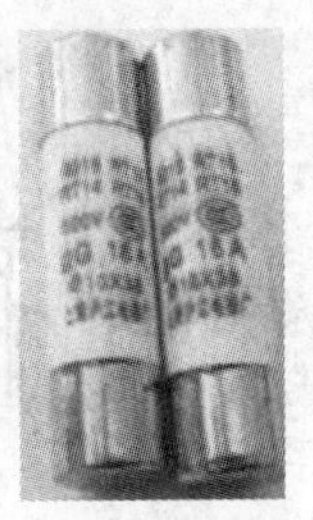
(b)熔断器芯

图1－2－12　常见熔断器

(5)配电盘：包括配电箱、配电柜、配电屏等。它是集中安装开关、仪表等设备的成套装置。配电柜成套装置如图1－2－13所示。

3. 进行触电解救

一旦发生触电事故，抢救者必须保持冷静，千万不要惊慌失措，首先应尽快使触电者脱离电源，然后再进行现场急救。

1)断电操作

使触电者迅速脱离电源是极其重要的一环，触电时间越长，对触电者的危害就越大。脱离电源最有效的措施是断开电源开关、拔掉电源插头或熔断器，在一时来不及的情况下，可用干燥的绝缘物拔开或隔开触电者身上的电线。具体操作如下。

图1－2－13　配电柜成套装置

(1)对于低压触电事故采取的断电措施

如果触电地点附近有电源开关(刀闸)或插座，可立即拉下开关(刀闸)或拔出插头来切断电源，如图 1－2－14(a)所示。

如果找不到电源开关(刀闸)或距离太远，可用有绝缘套的钳子或用带木柄的斧子切断电源线，如图 1－2－14(b)所示。

当无法切断电源线时，可用干燥的衣服、手套、绳索、木板等绝缘物，拉开触电者，使其脱离电源，如图 1－2－14(c)所示。

当电线搭在触电者身上或被压在身下时，可用干燥的木棒等绝缘物作为工具挑开电线，使触电者脱离电源，如图 1－2－14(d)所示。

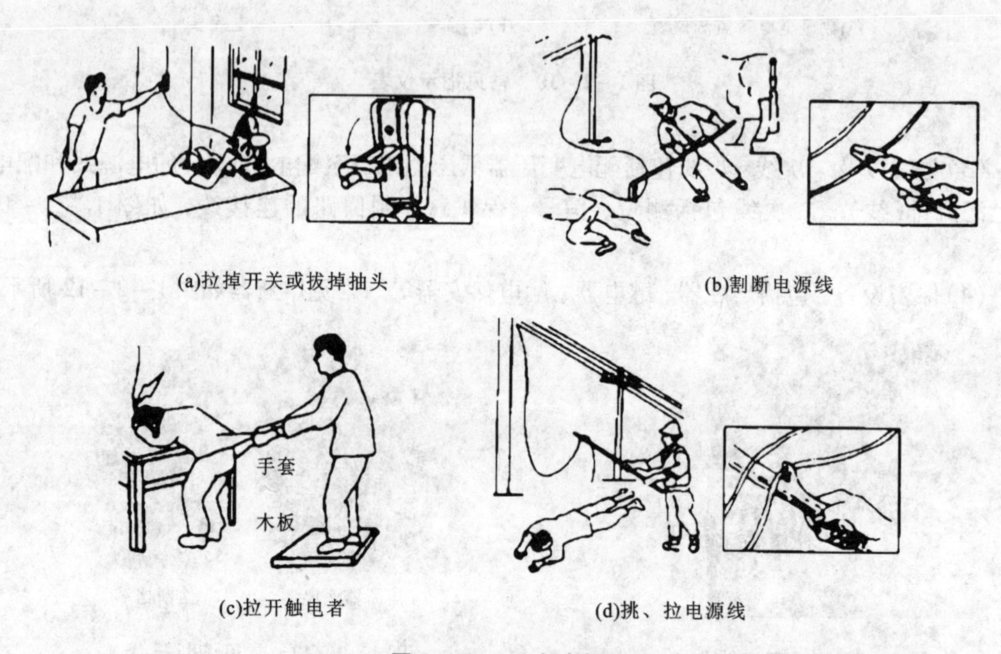

图 1－2－14 断电操作

(2)对于高压触电事故采取的断电措施

如触电事故发生在高压设备上，应立即通知供电部门停电。戴上绝缘手套，穿上绝缘鞋，并用相应电压等级的绝缘工具拉下开关。若不能迅速切断电源开关，可采用抛挂截面足够大、长度适当的金属裸线短路方法，使电源开关跳闸。抛挂前，将短路线一端固定在铁塔或接地引线上，另一端系重物，在抛掷短路线时，应注意防止电弧伤人或断线危及其他人员安全。

(3)触电事故断电操作要遵循的原则

触电时间越长，对触电者的危害就越大，因此使触电者脱离电源的办法应根据具体情况，以快速为原则选择采用。

当触电者未脱离电源前本身就是带电体，断电操作人员不可直接用手或其他金属及潮湿的物体作为断电工具，而必须使用适当的绝缘工具。断电时要用单手操作，以防止自身触电。

当触电事故发生在高处时，要注意防止发生高处坠落摔伤和再次触及其他有电线路。不论是在何种电压的线路上发生触电，即使触电者在平地，都要考虑触电者倒下的方向，注意防止摔伤。

如果事故发生在夜间，应迅速解决临时照明，以利于抢救并避免扩大事故。

2）触电急救的现场操作

第一步　伤情诊断处理

在触电者脱离电源后，应根据其受电流伤害的程度，采取不同的抢救措施。若触电者只是一度昏迷，可将其放在空气流通的地方安静地平卧，松开身上的紧身衣服，摩擦全身，使之发热，以利血液循环。若触电者发生痉挛，呼吸微弱或停止，应进行现场人工呼吸。当心跳停止或不规则跳动时，应立即采取人工胸外心脏挤压法进行抢救。若触电者停止呼吸或心脏停止跳动，可能是假死，决不可放弃抢救，应立即进行现场心肺复苏抢救，即同时进行人工呼吸和胸外心脏挤压。抢救必须分秒必争，并迅速向120急救中心求救。

第二步　现场抢救

现场抢救方法：人工呼吸与人工胸外心脏挤压。

（1）人工呼吸

人工呼吸的目的，是用人工的方法来代替肺的呼吸活动。人工呼吸的方法很多，其中口对口吹气的人工呼吸法最为简便有效，也易学会和传授。具体做法如下：

①首先把触电者移到空气流通的地方，最好放在平直的木板上，使其仰卧，头部尽量后仰。先把头侧向一边，掰开嘴，清除口腔中的杂物、假牙等。如果舌根下陷应将其拉出，使呼吸道畅通。同时解开衣领，松开上身的紧身衣服，使胸部可以自由扩张，如图1－2－15(a)所示。

②抢救者位于触电者的一侧，用一只手捏紧触电者的鼻孔，另一只手掰开口腔，深呼吸后，以口对口紧贴触电者的嘴唇吹气，使其胸部膨胀，如图1－2－15(b)所示。

③然后放松触电者的口鼻，使其胸部自然回复，让其自动呼气，时间约3 s，如图1－2－15(c)所示。

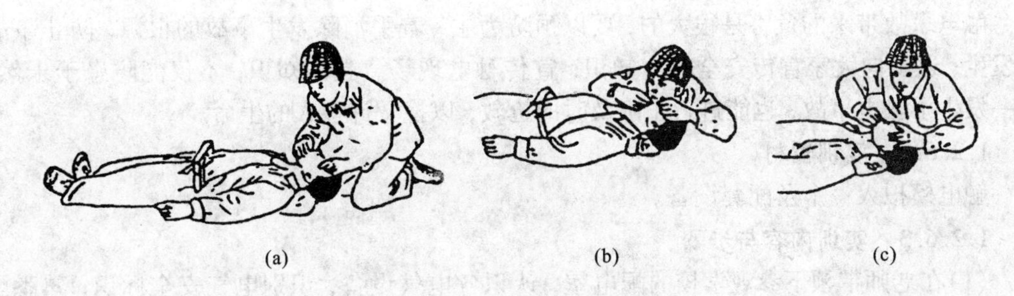

(a)　(b)　(c)

图1－2－15　口对口人工呼吸法

按照上述步骤反复循环进行，4～5 s吹气一次，每分钟约12次。如果触电者张口有困难，可用口对准其鼻孔吹气，其效果与上面方法相近。

（2）人工胸外心脏挤压

人工胸外心脏挤压法是用人工胸外挤压代替心脏的收缩作用，此法简单易学，效果好，不需设备，易于普及推广。具体做法如下：

①使触电者仰卧在平直的木板上或平整的硬地面上，姿势与进行人工呼吸时相同，但

后背应实实在在着地，抢救者跨在触电者的腰部两侧，如图 1-2-16(a)所示。

②抢救者两手相叠，用掌根置于触电者胸部下端部位，即中指尖部置于其颈部凹陷的边缘，掌根所在的位置即为正确挤压区。然后自上而下直线均衡地用力挤压，使其胸部下陷 3~4 cm 左右，以压迫心脏使其达到排血的作用，如图 1-2-16(b)、1-2-16(c)所示。

③使挤压到位的手掌突然放松，但手掌不要离开胸壁，依靠胸部的弹性自动回复原状，使心脏自然扩张，大静脉中的血液就能回流到心脏中来，如图 1-2-16(d)所示。

(a)急救者跪跨位置

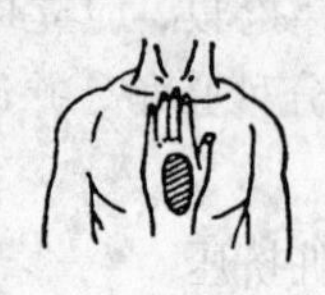
(b)手掌压胸位置

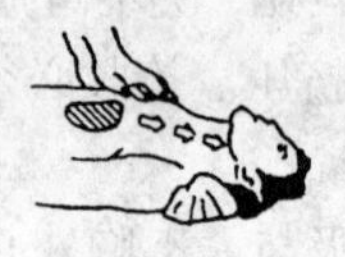
(c)挤压方法示意

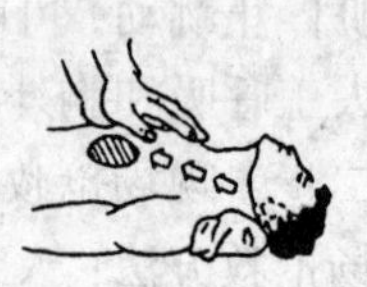
(d)放松方法示意

图 1-2-16 人工胸外心脏挤压法

按照上述步骤连续不断地进行，每分钟约 80 次。挤压时定位要准确，压力要适中，不要用力过猛，以免造成肋骨骨折、气胸、血胸等危险。但也不能用力过小，用力过小则达不到挤压目的。

(3)抢救中的观察与处理

经过一段时间的抢救后，若触电者面色好转、口唇潮红、瞳孔缩小、心跳和呼吸恢复正常，四肢可以活动，这时可暂停数秒进行观察，有时触电者至此就可恢复。如果还不能维持正常的心跳和呼吸，必须在现场继续进行抢救，尽量不要搬动，如果必须搬动，抢救工作决不能中断，直到医务人员到来接替抢救。

触电事故带来的危害是很大的，要以预防为主，着手消除发生事故的根源，防止事故的发生；还要向大家宣传安全用电知识，宣传触电现场急救的知识，不仅能防患于未然，万一发生了触电事故，也能进行正确及时的抢救，以挽救许多人的生命。

1.2.6.2 **实训器材**

触电模拟人一个及配套设备。

1.2.6.3 **实训内容与步骤**

(1)在老师带领下参观学校的配电室，认识各电气设备，识别电气安全标识，熟悉配电室安全规程和安全管理制度。

(2)两人分成一组，进行人工呼吸法和胸外心脏挤压法的急救练习。

①判断触电者的意识，用手指掐压触电者人中穴。

②放好体位，大声呼救。

③畅通气道，用看听试等方法判断有无呼吸。

④如无呼吸，采用口对口人工呼吸法抢救。

⑤判断脉搏，如无脉搏，在胸外按压位置叩击 1~2 次，再次判断有无脉搏。

⑥如仍无脉搏，采用胸外心脏挤压法，按压 15 次，再吹气 2 次。

⑦以后反复连续进行，直到触电者苏醒为止。

1.2.6.4　实训考核

触电急救考核评价如表1－2－1所示。

表1－2－1　考核评价表

<table>
<tr><th colspan="2">评价内容</th><th>配分</th><th>考核点</th><th>得分</th><th>备注</th></tr>
<tr><td colspan="2" rowspan="6">职业素养与
操作规范
（30分）</td><td>2</td><td>能做好操作前准备</td><td></td><td rowspan="8">出现明显失误造成贵重元件或仪表、设备损坏等安全事故；严重违反实训纪律，造成恶劣影响的记0分</td></tr>
<tr><td>3</td><td>操作过程中保持良好纪律</td><td></td></tr>
<tr><td>10</td><td>能按老师要求正确操作</td><td></td></tr>
<tr><td>5</td><td>按正确操作流程进行实施，并及时记录数据</td><td></td></tr>
<tr><td>5</td><td>能保持实训场所整洁</td><td></td></tr>
<tr><td>5</td><td>任务完成后，整齐摆放工具及凳子、整理工作台面等并符合“6S”要求</td><td></td></tr>
<tr><td rowspan="2">作品质量
（70分）</td><td>功能</td><td>40</td><td>①电气安全标志识别正确
②能安全进行断电操作；
③能按正确步骤进行触电急救</td><td></td></tr>
<tr><td>指标</td><td>30</td><td>①触电现场急救操作规范；
②急救效果明显</td><td></td></tr>
</table>

1.2.6.5　实训小结

议一议口对口人工呼吸法和胸外心脏挤压法的操作要领。

1.2.7　拓展提高：电气节能

家庭电气节能主要有照明节能和家用电器节能。目前照明节能存在的主要问题有：照明设施比较落后，大部分还在使用光效低的灯源；照明设计不合理，偏爱美观，很少考虑光效；照明节能控制装置的应用很少，造成电能浪费。照明节能要强调“在保证照明效果下节电”。国际上，1992年提出“绿色照明”，旨在节约能源，保护环境。我国于1994年开始组织制定我国的“绿色照明”工程计划。绿色照明是通过推广使用高效节能电光源、高效节能灯具等高新技术产品，达到降低照明负荷、节约照明用电、减少发电对环境的污染，保护生态平衡的一项复杂的系统工程。在满足照明系统技术要求的同时全面考虑投资费用、运行费用与使用寿命等综合经济效益之间的关系。

家用电器节能首先应选用能效高的电器，其次是熟悉不同的家用电器使用的一些节电常识。

1. 电视机

电视机用电量与电视尺寸大小、收看时间长短有直接关系。在实际的使用中，适当降低电视荧屏的亮度和减少音量，可以减少耗电。

2. 冰箱

（1）冰箱应放置在低温、干燥、通风处。电冰箱的耗电量与环境温度有关，环境温度越高，耗电量越多。尽量减少开门的次数，缩短开门的时间。如果在室温 30 ℃的情况下打开冰箱门 10 s，箱内温度即可上升 5 ~ 6 ℃。

（2）储存食物不宜过紧过满，食品之间与箱壁之间应留有空隙，以利于箱体内冷空气的对流使箱内温度均匀稳定，减少耗电。

（3）热食品不要立即放进冰箱。

（4）冷冻室要及时除霜。如挂霜太厚会产生很大热阻，影响制冷效果，增加耗电量。同时，除霜清洁后应使冰箱干燥，然后通电制冷，以免立即结霜。

（5）冷冻的食品，在准备食用前最好有计划地把它转到冷藏室解冻。

3. 洗衣机

（1）洗涤衣物应相对集中。

（2）洗衣机有强洗与弱洗功能时，强洗比弱洗省电，同时还可以延长洗衣机机器部件的使用寿命。

4. 电水壶

当水壶内电热管结有水垢时，应及时进行清除，以提高其热效率及延长电热管的使用寿命。

5. 电风扇

（1）用高速风挡启动。

（2）根据需要尽量使用中挡或慢挡。

（3）风扇放置位置最好是便于空气流通的门窗旁，提高降温效果。

6. 空调

（1）不能频繁启动压缩机，停机后必须隔 2 ~ 3 min 以后才能开机，否则易引起压缩机的损坏，且多耗电。

（2）控制好开机和使用中的状态设定，开机时，设置高冷高热以达到控制目的，温度适宜时，改中、低风，减少损耗，降低噪音。新风开关不应常开，否则冷气大量外泄，浪费电能。

（3）选择适宜出风角度，冷气流比空气重，易下沉，暖流则相反，所以制冷时出风口向上，制热时则向下，调温效率大大提高。

（4）定期清扫滤清器网眼，半个月左右清扫一次。

（5）尽量少开窗，使用厚质、避光的窗帘可以减少房间内外热量交换，利于省电。勿挡住室外机的出风口，否则会降低效果，浪费电力。连接管不宜过长，室外机置于易散热处，室内、外机连接管尽可能不超过推荐的长度，可增加制冷效果。细心调节室温，制冷时定高 1 ℃，制热时定低 2 ℃，均可省电 10% 以上，而几乎感觉不到温度的差别。

7. 电饭锅

（1）要充分利用电饭锅、电烤箱的余热。如电饭锅煮饭时，可在锅沸腾后断电 7 ~ 8 min 再重新通电。

（2）锅上盖上一条毛巾，可减少热量的散失。煮面条时，水开后放入面条，煮 3 ~ 5 min 将电源断开，保温几分钟即可。

（3）电饭锅用完后要立即拔下电源，如不拔下则进入保温状态。既浪费电力又减少使用寿命。

(4) 电热盘表面与内锅底如有污渍应擦拭干净或用细砂纸轻轻打磨干净，以免影响传热效率，浪费电能。

8. 家用电脑

(1) 现在的新品电脑都具有绿色节能功能，用户可设置休眠时间，也可以在电源管理中设置等待时间，在等待时间内没有信号，就会转入“休眠”状态，自行降低运行速度直到被输入信号叫醒。

(2) 短时间不用电脑或只听 MP3/CD 音乐，可以将显示器亮度调到最低或干脆关掉。

(3) 淘汰一些老、旧设备。

(4) 机器经常进行维护，注意防潮、防尘。积尘过多，将影响散热，显示器屏幕积尘过多会影响亮度。定期除尘既可节电又能延长电脑的使用寿命。

(5) 提高操作电脑的速度和对常用软件的熟练程度减少电脑的使用时间。

9. 热水器

(1)夏天可将温控器调低，改用淋浴代替盆浴可降低三分之二的费用。

(2)选用带有定时系统的热水器，在需要使用热水的时段定时加热。

思考与练习

1. 安全电压规定为多少?
2. 什么是保护接零? 保护接零有何作用?
3. 什么是保护接地? 保护接地有何作用?
4. 在同一供电线路上能采用多种保护措施吗? 为什么?
5. 作为电工,遇到电气火灾如何处理?
6. 作为电工,遇到有人触电如何处理?
7. 收集一个安全用电案例,并进行案例分析。

任务1.3 导线的剖削与连接

1.3.1 任务描述

在室内外配线施工中，有时需要进行导线的连接，有时候需要从主线上进行分支接线。本任务就是较熟练地使用电工工具，完成2.5 mm^2单股铜芯导线的直接连接和T字形分支连接。

1.3.2 任务目标

(1)认识绝缘材料分类、性能指标。

(2)掌握绝缘导线的分类及选择。

(3)认识常用的电工工具,熟悉工具的功能及使用方法。

(4)熟悉导线绝缘层剥削方法。

(5)掌握单股铜芯导线的直接连接和T字形分支连接方法。

1.3.3 基础知识一：绝缘导线

1.3.3.1 导体和绝缘体

容易导电的物体叫做导体。金属、石墨、人体、大地以及酸、碱、盐的水溶液等都是导体。不容易导电的物体叫做绝缘体。橡胶、玻璃、陶瓷、塑料、油等都是绝缘体。

好的导体和绝缘体都是重要的电工材料，电线芯线用金属来做，因为金属是导体，容易导电；电线芯线外面包上一层橡胶或塑料，因为它们是绝缘体，能够防止漏电。

绝缘体中，电荷几乎都束缚在原子的范围之内，不能自由移动，也就是说，电荷不能从绝缘体的一个地方移动到另外的地方，所以绝缘体不容易导电。相反，导体中有能够自由移动的电荷，电荷能从导体的一个地方移动到另外的地方，所以导体容易导电。

1.3.3.2 常用绝缘材料

电阻系数大于$10^9\ \Omega \cdot cm$的材料在电工技术上叫做绝缘材料。它的作用是在电气设备中把电位不同的带电部分隔离开来。因此绝缘材料应具有良好的介电性能，即具有较高的绝缘电阻和耐压强度，并能避免发生漏电、爬电或击穿等事故；其次耐热性能要好，其中尤其以不因长期受热作用(热老化)而产生性能变化最为重要；此外还有良好的导热性、耐潮和有较高的机械强度以及工艺加工方便等。

1.3.3.3 绝缘材料的分类和性能指标

1. 分类

电工常用的绝缘材料按其化学性质不同，可分为无机绝缘材料、有机绝缘材料和混合绝缘材料。

(1)无机绝缘材料：有云母、石棉、大理石、瓷器、玻璃、硫磺等，主要做电机、电气的绕组绝缘、开关的底板和绝缘子等。

(2)有机绝缘材料：有虫胶、树脂、橡胶、棉纱、纸、麻、蚕丝、人造丝，大多用于制造绝缘漆、绕组导线的被覆绝缘物等。

(3)混合绝缘材料：由以上两种材料加工制成的各种成形绝缘材料，用作电器的底座、外壳等。

2. 性能指示

电工常用的绝缘材料的性能指标有绝缘强度、抗张强度、比重、膨胀系数等。

(1)耐压强度：绝缘物质在电场中，当电场强度增大到某一极限时，就会击穿。这个绝缘击穿的电场强度称为绝缘耐压强度(又称介电强度或绝缘强度)，通常以1 mm厚的绝缘材料所能承受的电压(kV)值表示。

(2)抗张强度：绝缘材料每单位截面积能承受的拉力，例如玻璃每平方厘米截面积能承受1400 N。

(3)密度：绝缘材料每立方厘米的质量，例如硫磺每立方厘米的质量有2g。

(4)膨胀系数：绝缘体受热以后体积增大的程度。

(5)绝缘材料的耐热等级：分为Y级、A级、E级、B级、F级、H级、C级。具体制作材料、极限工作温度见相关资料。

1.3.3.4　常用 500 V 以下配电、动力与照明绝缘导线

常用的电线与电缆分为裸线、电磁线、绝缘电线、电缆和通信电缆等。根据所使用的材质可分为铜导线和铝导线。常用低压的绝缘导线有：聚氯乙烯绝缘导线、丁腈聚氯乙烯复合物绝缘软导线和氯丁橡皮线。

1. 聚氯乙烯绝缘导线和橡皮绝缘导线

聚氯乙烯绝缘导线有：BV、BLV、BVR；

橡皮绝缘导线有：BX、BLX、BXH、BXS。

以上表示导线的字母或字母组合的含义如下：

B—布线（例如：作室内电力线，把它钉布在墙上）

V—聚氯乙烯塑料护套（一个 V 代表一层绝缘，两个 V 代表双层绝缘）

L—铝线

无 L—铜线

R—软线

S—双芯

X—橡胶皮

H—花线

BV—铜芯塑料硬线

BLV—铝芯塑料硬线

BVR—铜芯塑料软线

BX—铜芯橡皮线

BXR—铜芯橡皮软线

BXS—铜芯双芯橡皮线

BXH—铜芯橡皮花线

BXG—铜芯穿管橡皮线

BLX—铝芯橡皮线

BLXG—铝芯穿管橡皮线

2. 常用绝缘导线的安全载流量

常用绝缘导线的安全载流量如表 1－3－1 所示。

表 1－3－1　橡皮或塑料绝缘线安全载流量

规格/mm	标称截面/mm²	安全载流量/A			
		BX	BLX	BV	BLV
1×1.13	1	20		18	
1×1.37	1.5	25		22	
1×1.76	2.5	33	25	30	23

续表 1-3-1

规格/mm	标称截面/mm²	安全载流量/A			
		BX	BLX	BV	BLV
1×2.24	4	42	33	40	30
1×2.73	6	55	42	50	40
7×1.33	10	80	55	75	55
7×1.76	16	105	80	100	75
7×2.12	25	140	105	130	100
7×2.50	35	170	140	160	125
19×1.83	50	225	170	205	150
19×2.14	75	280	225	255	185
19×2.50	95	340	280	320	240

说明：此表所列数据为周围温度为35℃、导线为单根明敷时的安全载流量值。

1.3.3.5 电线电缆选用的一般原则

在选用电线电缆时，一般要注意电线电缆型号、规格（导体截面）的选择。选用电线电缆时，要考虑用途、敷设条件及安全性。例如，根据用途的不同，可选用电力电缆、架空绝缘电缆、控制电缆等；根据敷设条件的不同，可选用一般塑料绝缘电缆、钢带铠装电缆、钢丝铠装电缆、防腐电缆等；根据安全性要求，可选用不延燃电缆、阻燃电缆、无卤阻燃电缆、耐火电缆等。

1.3.4 基础知识二：常用电工工具

常用电工工具有电工通用工具、电动工具等。

1.3.4.1 电工通用工具

1. 试电笔

试电笔为低压电器，用来检测导线、导体和电气设备是否带电的一种常用电工工具，其检测电压范围为60～500 V。试电笔分为旋凿式和钢笔式两种，如图1-3-1所示。其使用方法如图1-3-2所示，使用试电笔时，人手接触试电笔顶端的金属，而绝对不是试电笔前端的金属探头。使用试电笔要使氖管小窗背光，以便看清它测出带电体带电时发出的红光。笔握好以后，一般用大拇指和食指触摸顶端金属，用笔尖去接触测试点，并同时观察氖管是否发光。如果试电笔氖管发光微弱，切不可就断定带电体电压不够高，也许是试电笔或带电体测试点有污垢，也可能测试的是带电体的地线，这时必须擦干净测电笔或者重新选测试点。反复测试后，氖管仍然不亮或者微亮，才能最后确定测试体确实不带电。

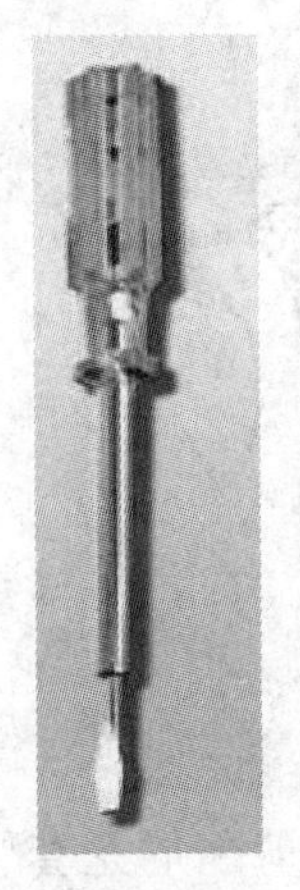
(a)旋凿式

(b)钢笔式

图1－3－1　常见试电笔

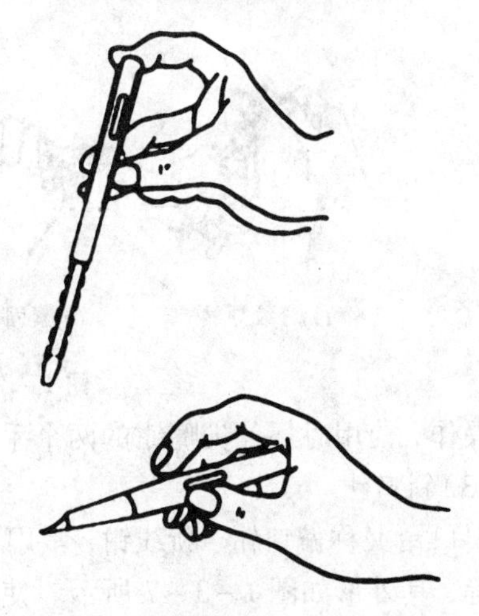

图1－3－2　试电笔使用方法

2. 螺丝刀

螺丝刀又称“起子”、螺钉旋具，是用来拆卸或紧固螺钉的工具。螺丝刀可分为一字形螺丝刀和十字形螺丝刀，其外形如图1－3－3所示。螺丝刀一般使用方法：

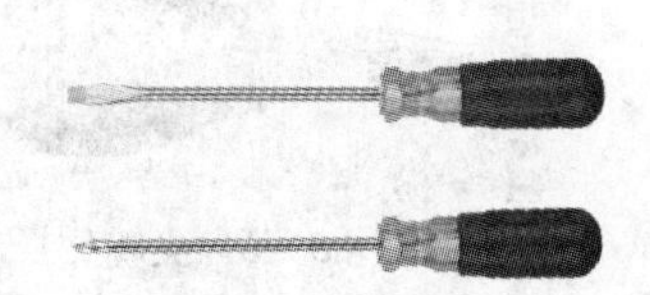

图1－3－3　常见螺丝刀

(1)短螺丝刀的使用：短螺丝刀多用松紧电气装置接线桩上的小螺钉，使用时可用大拇指和中指夹住握柄，用食指顶住柄的末端捻旋。

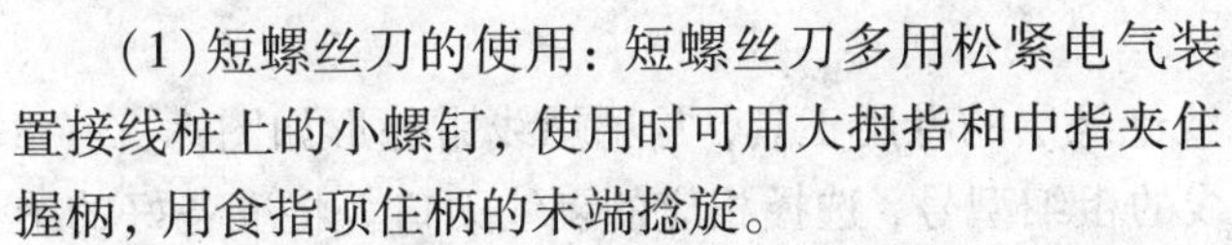

(2)长螺丝刀的使用：长螺丝刀多用来松紧较大的螺钉。使用时，除大拇指、食指和中指夹住握柄外，手掌还要顶住柄的末端，这样就可以防止旋转时滑脱。

(3)较长螺丝刀的使用：可用右手压紧并转动手柄，左手握住螺丝刀的中间，不得放在螺丝刀的周围，以防刀头滑脱将手划伤。

3. 钳子

钳子根据用途可以分为钢丝钳、尖嘴钳、斜口钳、剥线钳和压线钳等。

(1)钢丝钳

钢丝钳又叫平口钳、老虎钳，主要用于夹持或折断金属薄板、切断金属丝等。电工所用的钢丝钳钳柄上必须套有耐压500 V以上的绝缘管。钢丝钳的外形结构及其握法如图1－3－4和图1－3－5所示。使用时正确的操作方法是：将钳口朝内侧，便于控制钳切部位，用小指伸在两钳柄中间来抵住钳柄，张开钳头，这样分开钳柄灵活。

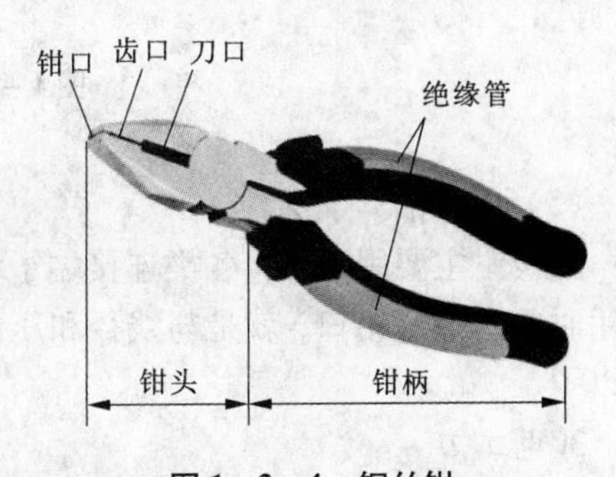

图1－3－4　钢丝钳

(2)尖嘴钳

尖嘴钳的外形，与钢丝钳作用相差不大，适合狭小的工作空间，如图1－3－6所示。一般用

(a)弯绞导线　(b)紧固螺母　(c)剪切导线　(d)铡切铜丝

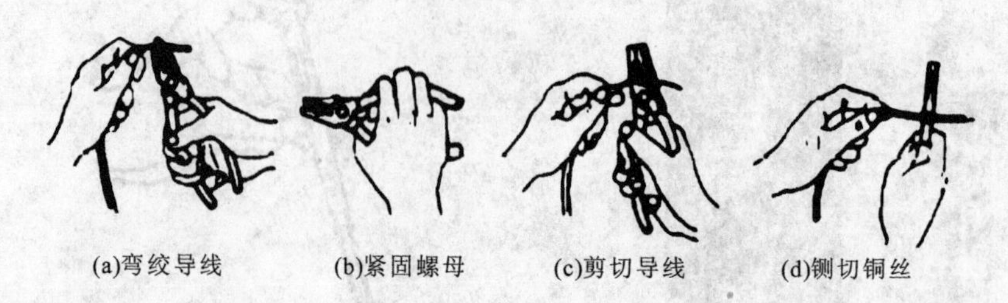

图 1-3-5　钢丝钳使用方法

右手操作，使用时握住尖嘴钳的两个手柄，开始夹持或剪切工作。

(3)斜口钳

斜口钳又称偏口钳、断线钳，常用于剪切多余的线头或代替剪刀剪断尼龙套管、尼龙线卡等，其外形如图 1-3-7 所示。使用钳子一般用右手操作。将钳口朝内侧，便于控制钳切部位，用小指伸在两钳柄中间来抵住钳柄，张开钳头，这样分开钳柄灵活。

图 1-3-6　尖嘴钳

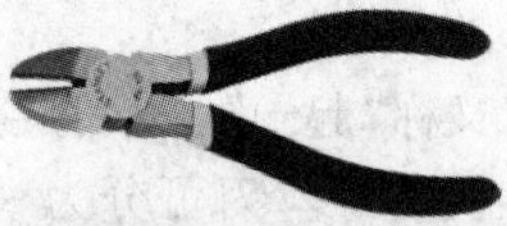

图 1-3-7　斜口钳

(4)剥线钳

剥线钳是一种用于剥除小直径导线绝缘层的专用工具，常见剥线钳外形如图 1-3-8 所示。其使用方法是：先根据绝缘导线的粗细型号，选择相应的剥线刀口。将准备好的绝缘导线放在剥线工具的刀刃中间，选择好要剥线的长度，握住剥线工具手柄，将电缆夹住，缓缓用力使导线外表皮慢慢剥落，然后松开剥线钳手柄，取出电缆线，这时绝缘导线金属整齐露出外面，其余绝缘塑料完好无损。

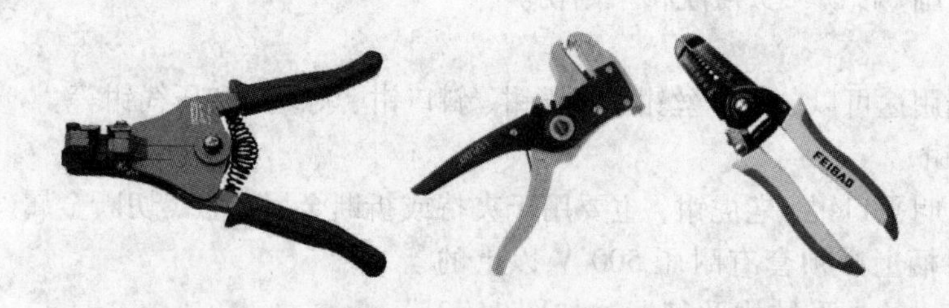

图 1-3-8　常见剥线钳

(5)压线钳

压线钳主要用来压接各类连接端子和连接头，外形和使用方法如图 1-3-9 所示。在使用时要选择好钳口，就是与线径和压线端子相匹配，压线时只要将两钳口的平面压靠就可以了。

3. 电工刀

电工刀是一种剥削工具，有弧刃和直刃，外形如图 1-3-10 所示。一般用于线径较粗绝缘导线的绝缘层的剥削。

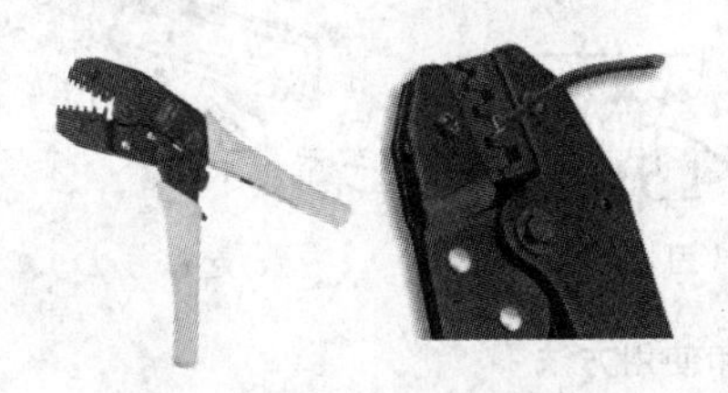

图1－3－9　常见压线钳

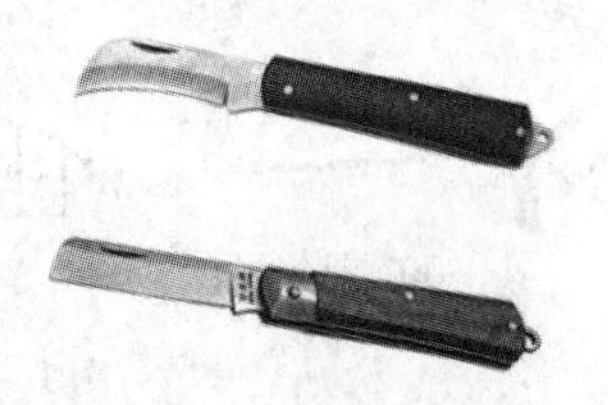

图1－3－10　常见电工刀

4. 电工工具包和电工工具套

电工工具包和电工工具套是用来放置电工随身携带的常用工具或零星电工器材的，其外形如图1－3－11所示。

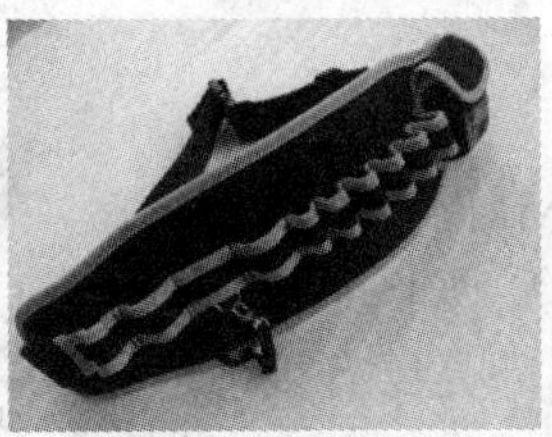

图1－3－11　常见工具包和工具套

5. 扳手

常用的扳手有固定扳手(呆扳手)、套筒扳手和活动扳手3类，其外形如图1－3－12、图1－3－13和图1－3－14所示。所选用的扳手的开口尺寸必须与螺栓或螺母的尺寸相符合，扳手开口过大易滑脱并损伤螺件的六角。各类扳手的选用原则，一般优先选用套筒扳手，其次为梅花扳手，再次为开口扳手，最后选活动扳手。

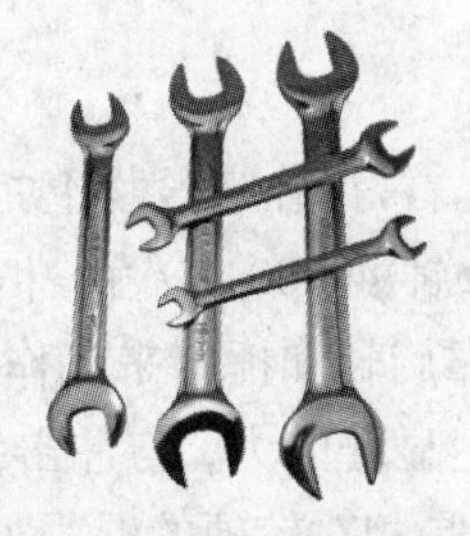

图1－3－12　呆扳手

图1－3－13　套筒扳手

图1－3－14　活动扳手

6. 钢锯

钢锯常用于锯割各种金属板、电路板、槽板等，外形和使用方法如图1－3－15所示。事先将要锯的物品用台虎钳等固定住(有时用一只脚踩住)，为防止将圆管材料夹扁，可使用两块开出凹槽的木块垫在圆管的两边，对于很薄的板子，则需要用两块木板将其夹在中间，在要锯开的位置画好线。

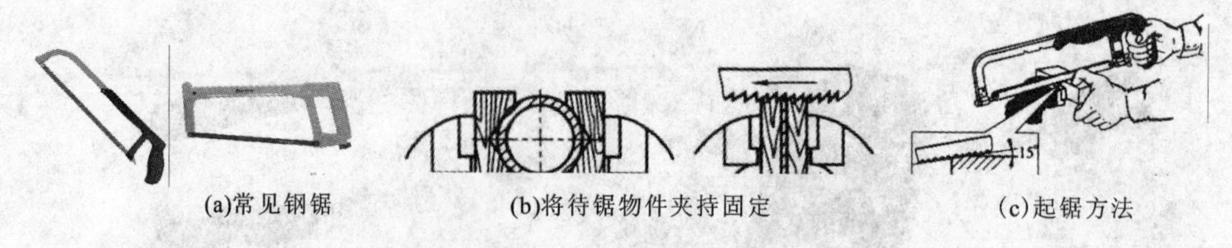

(a)常见钢锯 (b)将待锯物件夹持固定 (c)起锯方法

图1－3－15 常见钢锯和使用方法

开始锯物品时，用左手的大拇指指甲压在线的左侧，用右手握锯柄，使锯条靠在大拇指旁，锯齿压在线上，锯条与材料平面成一个适当的角度(例如15°左右)。起锯角度太大时，会被工件棱边卡住锯齿，有可能将锯齿崩裂，并会造成手锯跳动不稳；起锯角度太小时，锯条与工件接触的齿数太多，不易切入工件，还可能偏移锯削位置，而需多次起锯，出现多条锯痕，影响工件表面质量。轻轻推动锯条，锯出一个小口。反复几次，待锯口达到一定深度后，开始双手控制进行正常锯切。

1.3.4.2 **电动工具**

1. 手电钻

手电钻是利用钻头加工小孔的常用电动工具，分为手枪式和手提式两种，如图1－3－16所示。使用电钻时注意：金属外壳要有接地或接零保护；塑料外壳应防止碰、磕、砸，不要与汽油及其他溶剂接触；钻孔时不宜用力过大过猛，以防止工具过载；转速明显降低时，应立即把稳，减少施加的压力；突然停止转动时，必须立即切断电源；安装钻头时，不许用锤子或其他金属制品物件敲击；手拿电动工具时，必须握持工具的手柄，不要一边拉软导线，一边搬动工具，要防止软导线擦破、割破和被轧坏等；较小的工件在被钻孔前必须先固定牢固，这样才能保证钻时使工件不随钻头旋转，保证作业者的安全；外壳的通风口(孔)必须保持畅通；必须注意防止切屑等杂物进入机壳内。

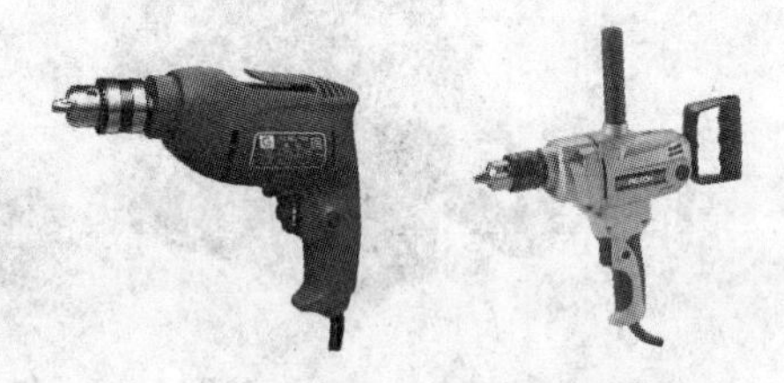

图1－3－16 常见手电钻

2. 冲击钻和电锤

冲击钻和电锤工作原理基本相同，其外形如图1－3－17所示。常用在建筑物上打孔。冲击钻依靠旋转和冲击来工作，单一的冲击是非常轻微的，但每分钟40000多次的冲击频率可产生连续的力，冲击钻可用于天然的石头或混凝土。电锤依靠旋转和捶打来工作，单个捶打力非常高，并具有每分钟1000到3000的捶打频率，可产生显著的力，与冲击钻相比，电锤需要较小的压力来钻入硬材料，例如石头和混凝土，特别是相对较硬的混凝土。

(a)冲击钻 (b)电锤

图1－3－17 冲击钻与电锤

3. 电动螺丝刀

在工厂生产装配中，为提高工作效率，常使用电动螺丝刀。它主要利用电力作为动力，使用时只要按动开关，螺丝刀可按选定的顺时针或逆时针旋动，完成旋紧或松脱螺钉的工作。其外形如图 1－3－18 所示。

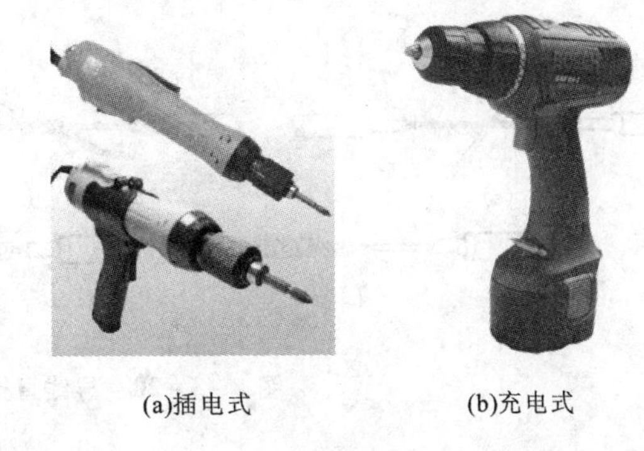

(a)插电式　(b)充电式

图 1－3－18　电动螺丝刀

1.3.5　技能实训：单股铜芯导线的直接连接与 T 字形分支连接

1.3.5.1　实训预习

1. 铜芯导线绝缘层的去除

芯线截面积在 4 mm^2 以上的可用电工刀剥削操作（如图 1－3－19），先根据所需线头的长度，将刀口以 45°角切入塑料层，注意不触及芯线；然后将刀面与芯线保持 15°左右，用力向外削出一条缺口；将剖开的绝缘层向后扳翻，用电工刀齐根部切除。

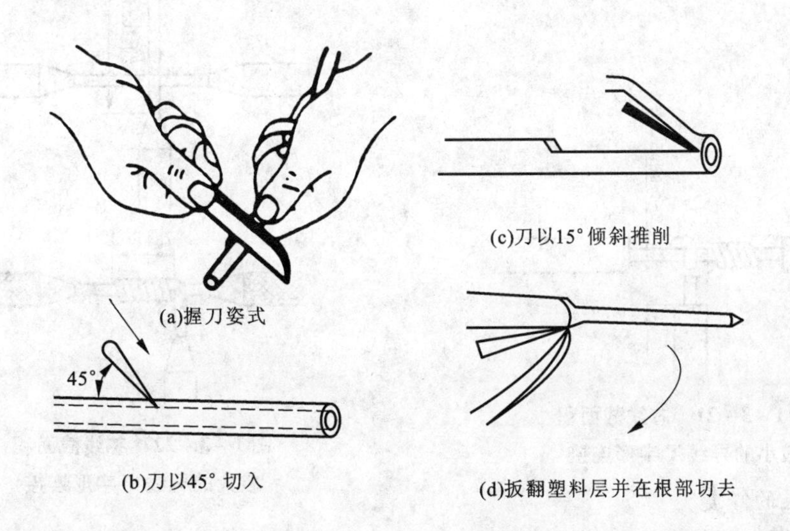

(a)握刀姿式　(b)刀以45° 切入　(c)刀以15° 倾斜推削　(d)扳翻塑料层并在根部切去

图 1－3－19　导线绝缘层剖削

芯线截面积在 4 mm^2 及以下的一般可用剥线钳进行剥线操作，将导线放入剥线钳口，根据所需线头的长度调整导线，压下剥线钳完成剥线操作。

2. 单股铜芯线直接连接

单股铜芯线直接连接如图 1－3－20 所示。将去除绝缘层的裸线端头 X 形相交，互相绞绕 2～3 圈；再扳直两线自由端子，把两根线头扳起与另一根处于下边的线头保持垂直；将每根线头在对边的线芯上紧绕 6～8 圈，圈间不应有缝隙；绕毕切去线芯多余端。

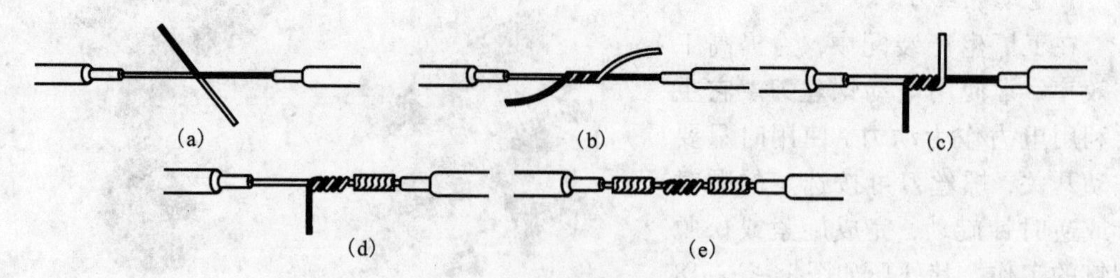

图 1-3-20 导线直接连接步骤

3. 单股铜芯线的 T 字形连接

芯线截面积在 6 mm^2 及以下的导线进行 T 字形连接(如图 1-3-21)：用电工刀或剥线钳去除导线的绝缘层；将支线线头与干线十字相交后绕一单结，支线根部留 3～5 mm，然后紧密并绕在干线芯线上，缠绕长度为芯线直径的 8～10 倍，剪去多余线头并修平接口毛刺。

芯线截面积较大的导线可用直接缠绕法进行 T 字形连接(如图 1-3-22)：芯线线头与干线十字相交后直接缠绕在干线上，缠绕长度为芯线直径的 8～10 倍，缠绕时可用钢丝钳或尖嘴钳配合，做到缠绕紧固。必要时在连接后用烙铁进行锡钎焊。

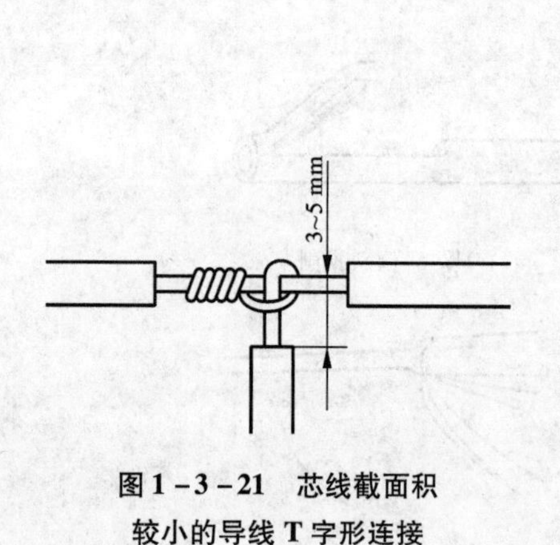

图 1-3-21 芯线截面积较小的导线 T 字形连接

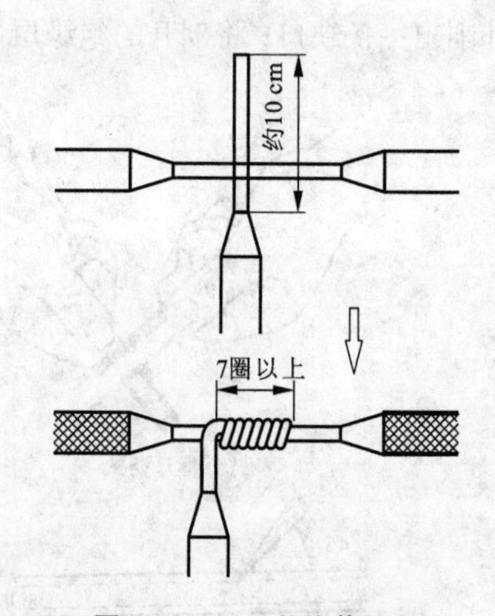

图 1-3-22 芯线截面积较大的导线 T 字形连接

4. 绝缘层的修复

导线的连接后需要对破坏的绝缘层进行修复，修复后其抗拉强度和绝缘等级应不低于原有绝缘层的。电力线绝缘层通常也用包缠法进行修复。绝缘材料一般选用塑料胶布、黑胶布，宽度一般在 20mm 较适宜，具体操作过程如图 1-3-23 所示。在包缠 220V 的线路时，应内包一层塑料胶布，外缠一层黑胶布。黑胶布与塑料胶布也采用续接方法衔接，或不用塑料胶布，只缠两层黑胶布亦可。而在包扎 380V 的电力线时，要内包两层塑料胶布，外缠一层黑胶带才行。黑胶布要缠紧，且要覆盖塑料胶布。

1.3.5.2 实训器材

电工刀、钢丝钳、剥线钳、2.5mm^2电力线、工作台。

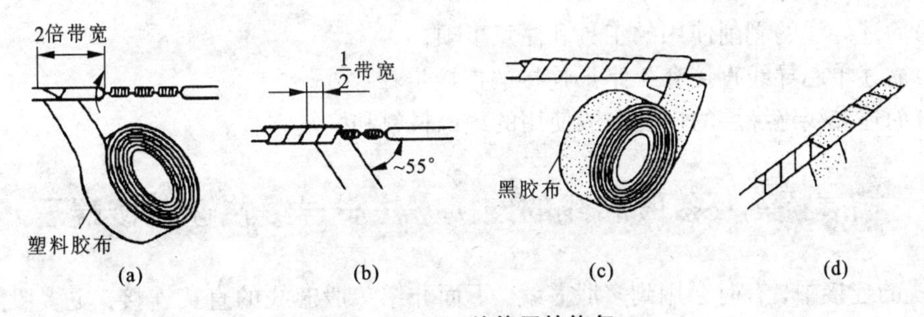

图 1－3－23　绝缘层的修复

1.3.5.3　实训内容与步骤

(1)给导线做绝缘层剖削。注意不要损伤导线和自己。

(2)给两根单股铜芯导线作直接连接。

(3)给两根单股铜芯导线作 T 字形分支连接。

(4)恢复以上导线连接处的绝缘层。

1.3.5.4　实训考核

导线的直接连接和 T 字形连接应有足够的机械强度，良好的电气连接性能，导线芯线损伤少，绝缘性能恢复得好，外观美观。具体考核评价如表 1－3－2 所示。

表 1－3－2　考核评价表

<table>
<tr><th colspan="2">评价内容</th><th>配分</th><th>考核点</th><th>得分</th><th>备注</th></tr>
<tr><td colspan="2" rowspan="6">职业素养与操作规范（30 分）</td><td>2</td><td>正确着装和佩戴防护用具，做好工作前准备</td><td></td><td rowspan="8">出现明显失误造成贵重元件或仪表、设备损坏等安全事故；严重违反实训纪律，造成恶劣影响的记 0 分</td></tr>
<tr><td>3</td><td>采用正确的方法选择线材与所需器件</td><td></td></tr>
<tr><td>10</td><td>合理选择工具进行接线</td><td></td></tr>
<tr><td>5</td><td>合理选择绝缘材料进行绝缘处理，不浪费材料</td><td></td></tr>
<tr><td>5</td><td>按正确流程进行接线，并及时记录数据</td><td></td></tr>
<tr><td>5</td><td>任务完成后，整齐摆放工具及凳子、整理工作台面等并符合“6S”要求</td><td></td></tr>
<tr><td rowspan="2">作品质量（70 分）</td><td>工艺</td><td>30</td><td>①导线连接整齐美观、导线平直；
②T 字形连接处成直角，导线横平竖直；
③连接缠绕紧密，芯线表面光滑平整；
④芯线剪断处平整无毛刺；
⑤绝缘恢复，外观美观</td><td></td></tr>
<tr><td>功能</td><td>40</td><td>①连接牢固，有足够的机械强度；
②电气连接良好，摇动不出现接触不良；
③绝缘性能良好；
④连接的导线符合实际使用要求</td><td></td></tr>
</table>

1.3.5.5 **实训小结**

(1)简述导线的剥削使用的工具和注意事项;

(2)简述单芯导线直接和T字形连接的连接步骤;

(3)简述导线绝缘层的恢复一般使用的绝缘材料和恢复方法。

1.3.6 拓展提高:多股芯线的连接方法与导线快速连接端子

导线的连接中,有时会用到多股芯线,下面介绍7股芯线的直接连接,更多股数的芯线的连接与7股芯线连接相仿,由于芯线过多,可剪掉中间几根。7股芯线的连接步骤(如图1-3-24)如下:

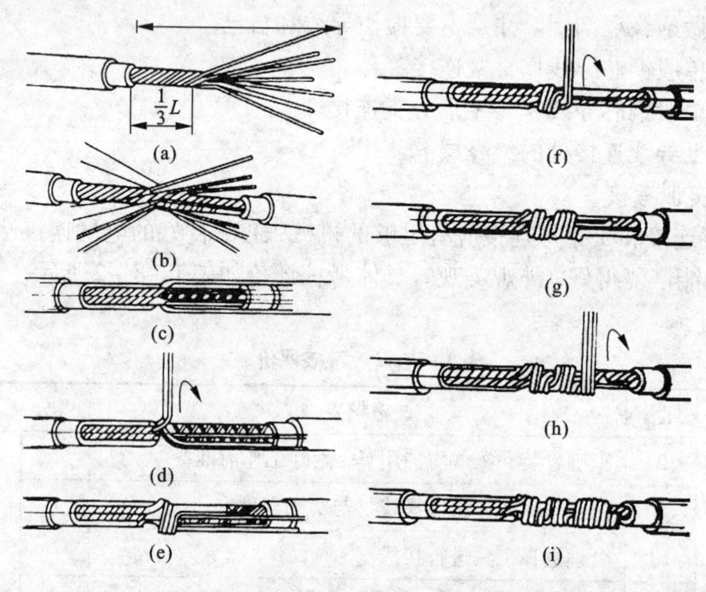

1-3-24 多股芯线的连接方法

(1)先将两端需连接的线头进行整形处理,用钢丝钳或尖嘴钳将其根部1/3的部分绞紧,其余部分呈伞骨状;

(2)将两芯线线头隔股对叉,叉紧后将每股芯线捏平;

(3)将一端的7股芯线线头按2、2、3分成3组,将第1组的2股垂直于芯线扳起,按顺时针方向紧绕2周后,扳成直角与芯线平行;

(4)再将第2组芯线紧贴第1组芯线的直角根部扳起,按第1组的绕法缠绕两周后仍扳成直角;

(5)第3组3根芯线绕法如前,但要绕3周,绕完2周后,将第3组芯线留1圈长度,多余部分剪掉,将前两组芯线留合适长度,多余部分剪掉,使第3周绕完后正好盖住前两组芯线线头。

(6)一端连接完成后,完成另外一端的连接。

在室内布线施工中,经常会使用到导线快速连接端子(如图1-3-25),使用后可以大幅度提高接线效率，同时方便检修。常见的快速连接端子和使用方法如图 1－3－26：将需要连接的导线的端子用剥线钳剥去绝缘层，插入快速连接端子的插孔中，快速连接端子有多少个孔，就可以完成多少根导线的连接。实际使用中应注意导线端子绝缘层剥削的长度，剥太长了存在安全隐患，剥太短了有可能造成连接不可靠。

图 1－3－25　常见的导线快速连接端子

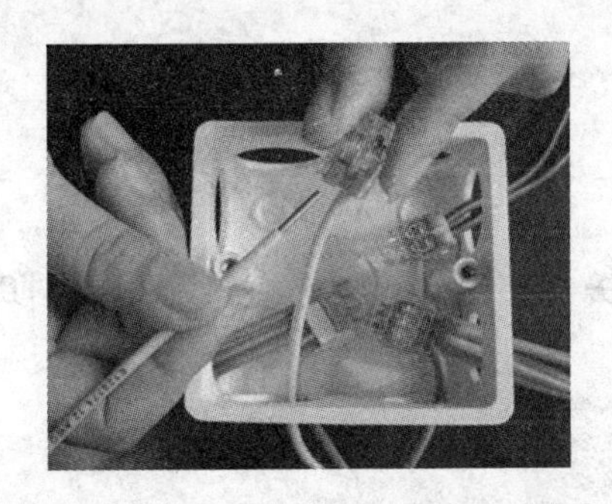

图 1－3－26　导线快速连接端子的使用

思考与练习

1. 容易导电的物体叫做________,不容易导电的物体叫做________。
2. 电工常用的绝缘材料按其化学性质不同,分为无机绝缘材料、________材料和________绝缘材料。
3. 常用的电线与电缆分为________、________、绝缘电线、电缆和通信电缆等。
4. 选用电线电缆时主要考虑用途、________及________等三个方面。
5. 电工钢丝钳的________可用来钳夹和弯绞导线。
6. 用扳手扳动大螺母时,要扳动起来省劲,手应靠手柄________。
7. 尖嘴钳绝缘柄的耐压为________V。
8. 导线截面积在________mm^2及以下为单股线。
9. 线芯截面积为 4 mm^2 及以下的塑料线,一般用________进行剖削。
10. 线芯截面积为________mm^2 的塑料线,可用电工刀来剖削绝缘层。
11. 塑料护套线的绝缘层必须用________剖削。

项目2 直流电路的分析与应用

项目描述

直流电路是电子电工产品中最常见的电路，直流电路中的电压电流具有什么规律？怎么样来分析电路？本项目包括伏安法测电阻、电阻的连接和基尔霍夫定律验证三个工作任务。学生通过任务实施，熟悉电路概念，掌握直流电路分析方法，能进行直流电路的一般计算。

项目任务

任务2.1 伏安法测电阻

2.1.1 任务描述

根据欧姆定律，测量通过待测元件的电流 I 和该元件两端的电压 U 即可求出该元件的电阻 R，即 $R=U/I$，这种方法称为伏安法。本任务要求正确使用电压表和电流表测量电压与电流，用伏安法得出待测电阻的阻值。

2.1.2 任务目标

(1)熟悉电路的基本组成,会进行简单电路识图。
(2)熟悉电源与电动势的概念。
(3)理解部分电路欧姆定律,能正确进行电路的连线。
(4)会正确使用电压表和电流表。

2.1.3 基础知识一：电路的概念

在日常生活中，我们会广泛接触到各种电路。手电筒就是一种非常简单的电路,如图2-1-1所示。

在电学研究中，为了方便表示，我们用国家标准统一规定的图形符号来表示电源、导线、开关、灯泡等。如图2－1－2所示。

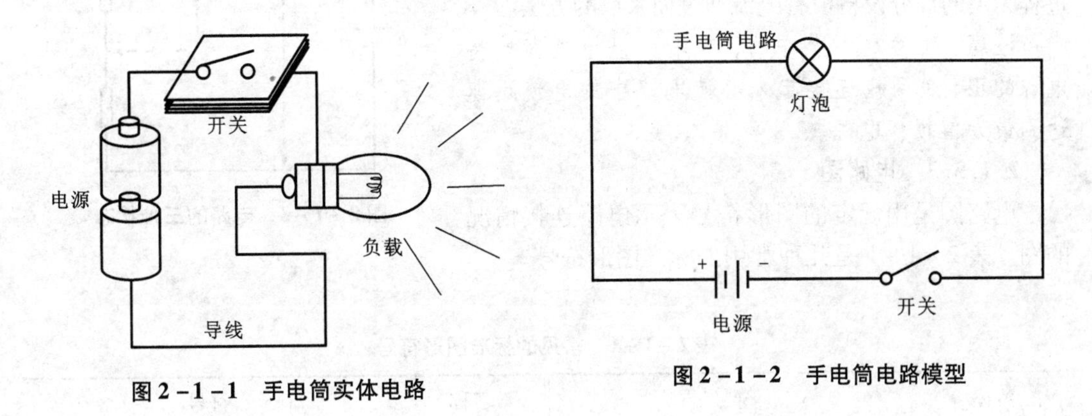

图2－1－1　手电筒实体电路

图2－1－2　手电筒电路模型

2.1.3.1　**电路的组成**

电路——由实际元件构成的电流的通路，一般由电源、负载、连接导线、控制和保护装置四部分组成。

1. 电源

电源是向电路提供能量的设备。它能把其他形式的能量转换成电能，常见的电源有干电池、蓄电池、发电机等。

2. 负载

负载就是指用电器，是各种用电设备的总称。负载的作用是将电能转换成其他形式的能。

3. 控制和保护装置

控制和保护装置是用来控制电路的通断、保护电路的安全，使电路能够正常工作，如开关、保险丝（熔断器）等。

4. 连接导线

连接导线是把电源和负载连成闭合的回路，输送和分配电能。一般常用的是铜线和铝线。

2.1.3.2　**电路的三种工作状态**

1. 闭路

闭路又叫通路，就是电路各部分连接成闭合回路，此时电流通过电路。也就是电路中当开关闭合时的工作状态。

2. 开路

开路又叫断路，就是电路某处或开关处于断开状态，电源与用电器没有形成闭合回路。此时电路没有电流流过。

3. 短路

短路就是电源输出的电流未流经任何用电负载，直接经过导线流回了电源。如图2－1－3所示，当电流直接从点“c”流向点“d“时，就形成了短路。短路时，电路中流过的电流远远超过系统的额定值，甚至可能会烧坏电源和其他设备。当电流直接从点“a”流向点

“b”则为部分短路的电路，它将负载R_1短接了。这种情况通常是在调试电子设备的过程中，为了使与调试过程无关的部分设备没有电流通过而采取的方法。

注意：短路是不允许的，当用一根导线直接将电源的正、负两极连接起来会使电路中的电流迅速达到最大值损坏电源。

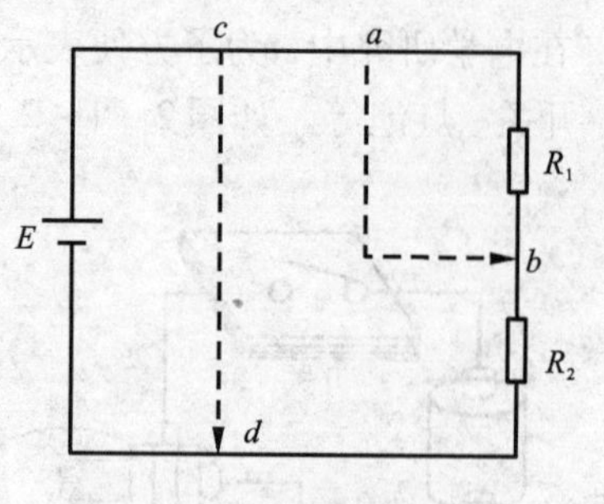

图 2-1-3 电路的三种状态

2.1.3.3 **电路图**

电路图是用规定的图形符号表示电路连接情况的图。表 2-1-1 是几种常用的标准图形符号。

表 2-1-1 常见的标准图形符号

名称	符号	名称	符号
电阻		电压表	V
电池		接地	或
电灯		熔断器	
开关		电容	
电流表	A	电感	

2.1.3.4 **电路的功能**

电力系统中的电路可对电能进行传输、分配和转换。

电子技术中的电路可对电信号进行传递、变换、储存和处理。

2.1.4 基础知识二：电压表与电流表

2.1.4.1 **电流与电流表**

电荷的定向移动形成电流，其大小等于单位时间 t(s) 内通过导体横截面的电荷量 q(C)，即 $I=q/t$。在国际单位制中，电流的基本单位是安[培]，符号为 A，如果在 1 s 内通过导体横截面的电荷量为 1 C，则导体中的电流为 1 A。常用的电流单位还有毫安(mA)、微安(μA)，它们之间的换算关系为：1 A = 1000 mA，1 mA = 1000 μA。

电流表又叫安培表，如图 2-1-4 所示。用来测电路中电流的大小。电流表有三个接线柱，两个量程；两个量程共用一个“+”或“-”接线柱，标着“0.6”、“3”的为正或负接线柱。电流表的刻度盘上标有符号 A 和表示电流值的刻度，电流表的“0”点通常在左端，被测电路中的电流为零时，指针指在 0 点。有电流时，指针偏转，指针稳定后所指的刻度，就是被测电路中的电流值。当使用“+”或“-”和“0.6”时，量程是0~0.6 A，每个大格表示0.2 A，每个小格表示0.02 A；若使用“+”或“-”和“3”时，量程是0~3 A，每个大格表示1 A，每个小格表示0.1 A。电流表要串联在电路中使用。电流表本身内阻非常小，所以绝对不允许不通过任何用电器而直接把电流表接在电源两极，这样，会使通过电流表的电流过大，烧毁电流表。

2.1.4.2　**电压与电压表**

电压是用来表示电场力做功本领的物理量，其大小为单位正电荷从A点移动到B点电场力所做的功，即$U_{AB}=W/q$。在国际单位制中，电压的基本单位是伏[特]，符号为V，如果将1 C正电荷从A点移动到B点，电场力所做的功为1 J，则A、B两点之间的电压为1 V。常用的电压单位还有千伏(kV)、毫伏(mV)，它们之间的换算关系为：1 kV=1000 V，1 V=1000 mV。

在电路中任选一个参考点，电路中某一点到参考点的电压就叫做该点的电位。

电压表又叫伏特表，如图2-1-5所示，用来测电路中电压的大小。电压表也有三个接线柱，一个负接线柱，两个正接线柱。学生用电压表一般正接线柱有3 V，15 V两个，测量时根据电压大小选择量程为“15 V”时，刻度盘上的每个大格表示5 V，每个小格表示0.5 V（即最小分度值是0.5 V）；量程为“3 V”时，刻度盘上的每个大格表示1 V，每个小格表示0.1 V（即最小分度值是0.1 V）。

电压表要并联在电路中使用，和哪个用电器并联，就测哪个用电器两端的电压；和电流表不同的是，电压表可以不通过任何用电器直接接在电源两极上，这时，测量的是电源电压。

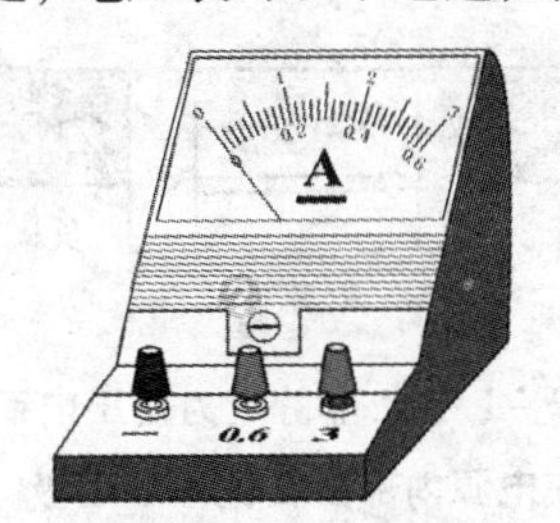

图2-1-4　电流表

图2-1-5　电压表

2.1.5　基础知识三：电源与电动势

2.1.5.1　**电源**

有A、B两个导体，分别带正、负电荷。它们的周围存在着电场。如果在它们之间连接一条导线R，如图2-1-6，导线R中的自由电子便会在静电力作用下定向运动，B失去电子，A得到电子，周围电场迅速减弱，A、B之间的电势差很快消失，两导体成为一个等势体，达到静电平衡。在这种情况下，导线R中的电流只是瞬时的。

倘若在A、B之间连接一个装置P（图2-1-7），它能源源不断地把经过导线R流到A的电子取走，补充给B，使A、B始终保持一定数量的正、负电荷，这样，A、B周围的空间（包括导线之中）始终存在一定的电场，A、B之间便维持着一定的电势差。由于这个电场，自由电子就能不断地在静电力作用下由B经过R向A定向移动，使电路中保持持续的电流。图2-1-7中，能把电子从A搬运到B的装置P就是电源。

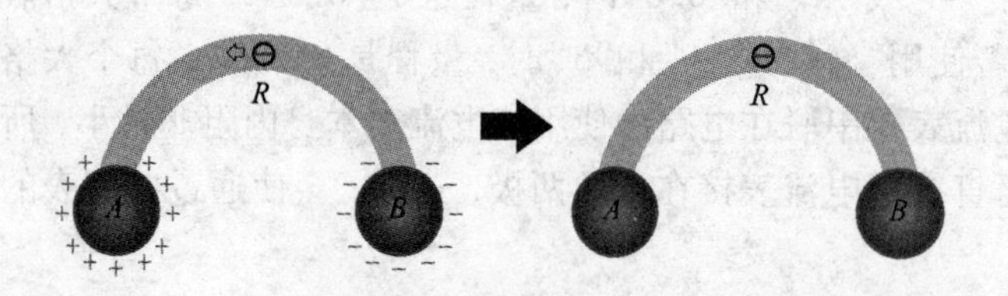

图 2-1-6 导线中自由电子的定向运动使两个带电体成为等势体

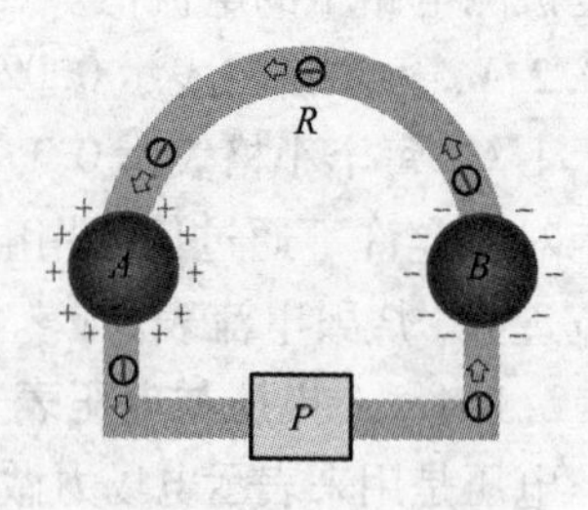

图 2-1-7 电源

2.1.5.2 **电动势**

在金属导体中，能够自由移动的电荷是自由电子。由于它们带负电荷，电子向某一方向的定向移动相当于正电荷向相反方向的定向移动。为了方便，下面我们按正电荷移动的说法进行讨论。

在外电路，正电荷由电源正极流向负极。电源之所以能维持外电路中稳定的电流，是因为它有能力把来到负极的正电荷经过电源内部不断地搬运到正极。

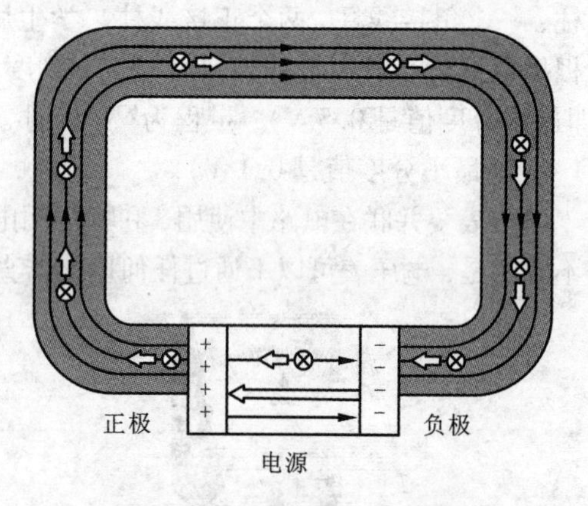

图 2-1-8 非静电力使正电荷在电源内部由负极移至正极

由于正、负极总保持一定数量的正、负电荷，所以电源内部总存在着由正极指向负极的电场。在这个电场中，正电荷所受的静电力阻碍它继续向正极移动。因此在电源内要使正电荷向正极移动，就一定要有“非静电力”作用于电荷才行。也就是说，电源把正电荷从负极搬运到正极的过程中，这种非静电力在做功，使电荷的电势能增加，如图 2-1-8 所示。

在电池中，非静电力是化学作用，它使化学能转化为电势能；在发电机中，非静电力的作用是电磁作用，它使机械能转化为电势能。所以，从能量转化的角度看，电源是通过非静电力做功把其他形式的能转化为电势能的装置。

电源移动电荷，增加电荷的电势能，这与抽水机抽水增加水的重力势能很相似。不同的是抽水机工作时，水能够被举起的高度有所不同，即单位质量的水所增加的重力势能不同。与此类似，在不同的电源中，非静电力做功的本领也不相同：把一定数量的正电荷在电源内部从负极搬运到正极，在某些电源中非静电力做较多的功，电荷的电势能增加得比较多；而在另一些电源中，非静电力对同样多的电荷只做较少的功，电势能的增加也较少。物理学中用电动势来表明电源的这种特性。

电动势在数值上等于非静电力把 1 C 的正电荷在电源内从负极移送到正极所做的功。如果移送电荷 q 时非静电力所做的功为 W，那么电动势 E 表示为

$$E=\frac{W}{q}$$

式中：E——电源电动势，单位为伏(V)；

W——非电场力所做的功，单位为焦(J)；

q——电荷的电量，单位为库(C)。

电动势由电源中非静电力的特性决定，跟电源的体积无关，也跟电路无关。

2.1.5.3　**电动势与端电压的关系**

什么是端电压？我们把电源两端的电位差，称为电源的端电压，又称电源电压。它是因为在电动势的形成过程中，产生了正、负电荷的分离，形成了电场，使电源两端具有了不同的电位，如图2-1-9所示。

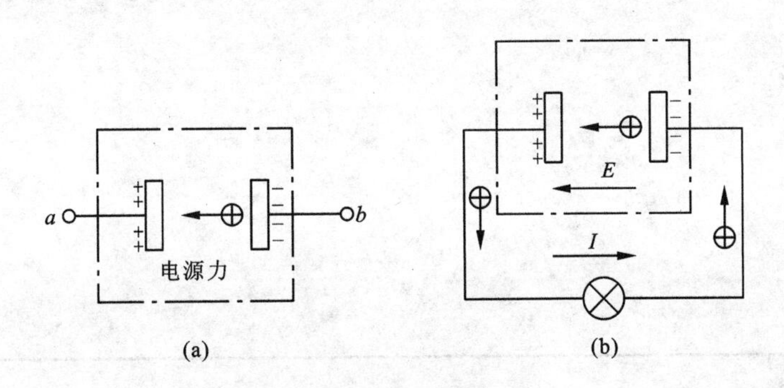

图2-1-9　电源的电动势

电动势与端电压的相同点是：

在电源不接负载时，电源电动势与端电压在数值上是相等的，并且单位相同。

电动势与端电压的不同点是：

(1)电动势的方向由电源负极指向正极，而电压方向则是由高电位指向低电位，显然，在电源中电动势的方向与电压方向相反。

(2)两者的物理意义是不同的：电动势是描述非电场力做功的物理量，而电压则是描述电场力做功的物理量。

(3)电动势仅存在于电源内部，而电压不仅存在于电源内部，也存在于电源外部。

2.1.6　技能实训：伏安法测电阻

伏安法测电阻的基本原理是部分电路欧姆定律，只要测出元件两端电压 U 和通过的电流 I，即可由欧姆定律的变形式计算出该元件的阻值 $R=U/I$。

2.1.6.1　**实训电路设计**

将电流表与电阻串联起来可进行电流测量，将电压表与电阻并联可进行电压测量，在这里有两种测量方法：一种是将电流表与电阻串联后再与电压表并联，我们将其称为内表法(图2-1-10)；一种是将电压表与电阻并联后再与电流表串联，我们将其称为外表法(图2-1-11)。

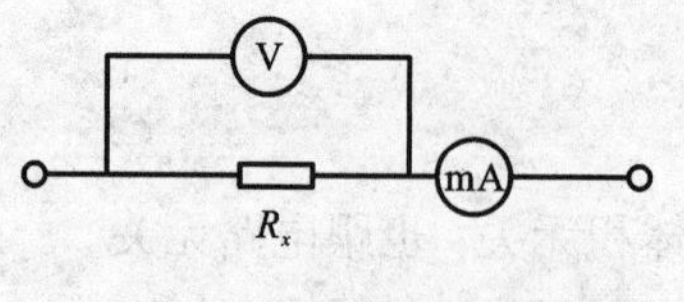

图 2-1-10 内表法测量

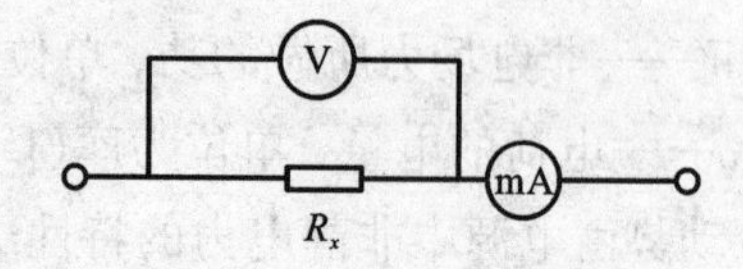

图 2-1-11 外表法测量

小组自行讨论设计实训电路图：

2.1.6.2 实训器材

按图 2-1-12 所示准备实训器材。

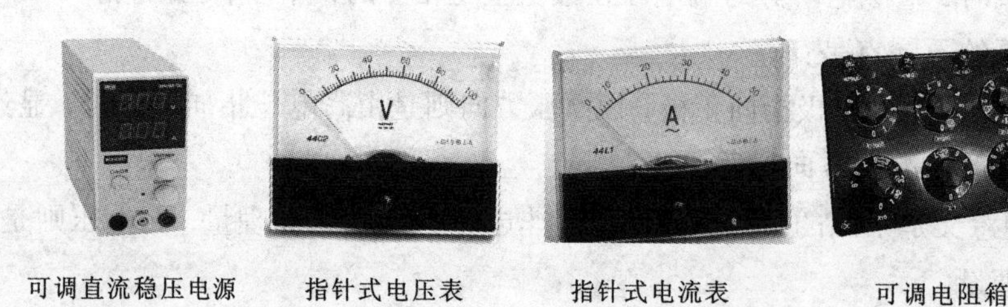

可调直流稳压电源　指针式电压表　指针式电流表　可调电阻箱　色环电阻

图 2-1-12 实训所需器材

2.1.6.3 实训内容与步骤

(1)根据小组设计的电路图进行实物接线。

注意：在电路连线和未检查前必须关闭电源开关，并断开电源线。在电路的连接中除了要按电路要求进行连接外，还需要注意电压表与电流表的正负极，电压表与电流表的正极均需要连接到电源正极方向，否则会出现指针反偏而损坏仪表。

测量电阻箱的阻值外表法实物接线图和内表法实物接线图分别如图 2-1-13、图 2-1-14 所示。

(2)在测量电路中分别接入 3 个不同的电阻，每个电阻用内表法和外表法各测量一次，并将测量所得的电压与电流值填入表 2-1-2 中。

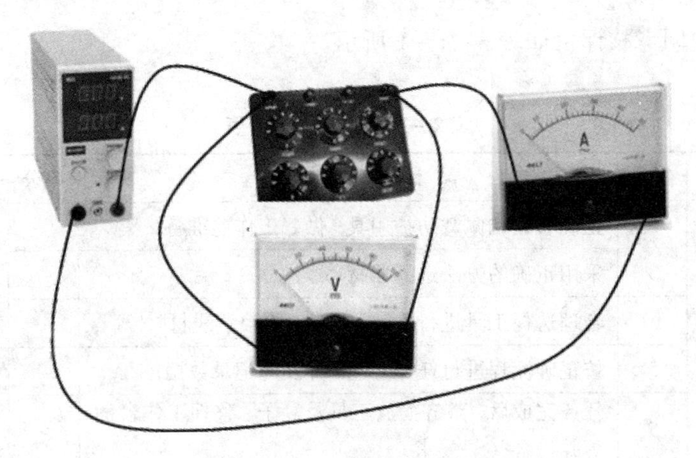

图2-1-13 外表法实物接线图

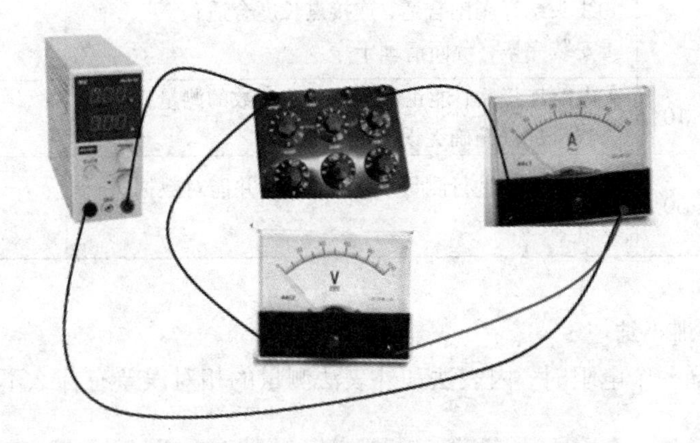

图2-1-14 内表法实物接线图

(3)根据欧姆定律计算出电阻值，并计算出测量值的相对误差。

相对误差的计算：相对误差 $= \left|\dfrac{\text{测量值}-\text{标称值}}{\text{标称值}}\right| \times 100\%$。

2.1.6.4 数据记录

表2-1-2 数据记录表

序号	电流 I/A	电压 U/V	标称值	计算电阻值 R_x/Ω	相对误差
1					
2					
3					
4					
5					
6					

2.1.6.5 实训考核

伏安法测电阻考核评价如表 2－1－1 所示。

表 2－1－1 考核评价表

<table>
<tr><th colspan="2">评价内容</th><th>配分</th><th>考核点</th><th>得分</th><th>备注</th></tr>
<tr><td colspan="2" rowspan="5">职业素养与操作过程规范（30 分）</td><td>5</td><td>正确着装和佩戴防护用具，做好工作前准备</td><td></td><td rowspan="8">出现明显失误造成贵重元件或仪表、设备损坏；出现严重短路、跳闸事故，发生触电等安全事故；严重违反实训纪律，造成恶劣影响的记 0 分</td></tr>
<tr><td>5</td><td>采用正确的方法选择器材、器件</td><td></td></tr>
<tr><td>10</td><td>合理选择工具进行安装、连接，不浪费线材</td><td></td></tr>
<tr><td>5</td><td>按正确流程进行任务实施，并及时记录数据</td><td></td></tr>
<tr><td>5</td><td>任务完成后，整齐摆放工具及凳子、整理工作台面等并符合“6S”要求</td><td></td></tr>
<tr><td rowspan="3">作品质量（70 分）</td><td>工艺</td><td>30</td><td>①器件布局合理、美观；
②导线连接整齐美观；
③线头绝缘剥削合适，连接点长度合适；
④安装完毕，台面清理干净</td><td></td></tr>
<tr><td>功能</td><td>10</td><td>①电路连接后，能正确进行各项参数的测量；
②测量数据准确无误</td><td></td></tr>
<tr><td>数据记录分析</td><td>30</td><td>对各项参数进行测量、及时记录，并能对数据进行分析</td><td></td></tr>
</table>

2.1.6.6 实训小结

伏安法测量同一个电阻时，内表法和外表法测量的相对误差有什么不同？

2.1.7 拓展提高：常用电池

生产生活中经常应用电池，有些场合需要大电压或大电流，可以将电池串联或者并联使用。另外，电池种类也有很多，各有特点和应用场合。

电池分为原电池和蓄电池两种，可以将化学能、光能等转变为电能的器件。原电池是不可逆的，即只能由化学能变为电能（称为放电），故又称为一次电池；而蓄电池是可逆的，即既可由化学能转变为电能，又可由电能转变为化学能（称为充电），故又称为二次电池。因此，蓄电池对电能有储存和释放功能。图 2－1－15 所示为一些常见电池的实物外形。

1. 蓄电池

常用蓄电池有：铅蓄电池、镍镉电池、镍氢电池、锂离子电池等。

铅蓄电池的优点是：技术较成熟，易生产，成本低，可制成各种规格的电池。缺点是：比能量低（蓄电池单位质量所能输出的能量称为比能量），难以快速充电，循环使用寿命不够长，制成小尺寸外形比较难。

镍镉电池的优点是：比能量高于铅蓄电池，循环使用寿命比铅蓄电池长，快速充电性能好，密封式电池，长期使用免维护。缺点是：成本高，有“记忆”效应。由于镉是有毒的，因此，废电池应回收。

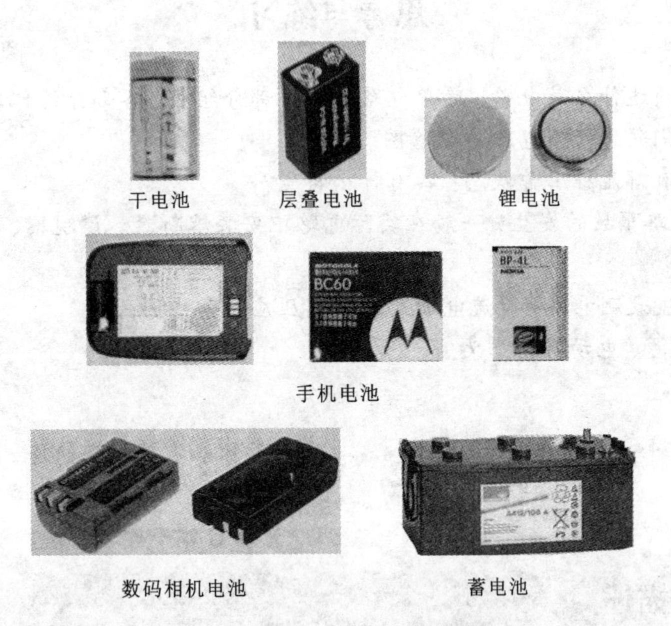

图2-1-15　几种常用电池实物图

镍氢电池的优点是：电量储备比镍镉电池多30%，质量更轻，使用寿命也更长，并且对环境无污染，大大减小了“记忆”效应。缺点是：价格更高，性能不如锂离子电池好。

锂离子电池几乎没有“记忆”效应，且不含有毒物质，它的容量是同等质量的镍氢电池的1.5~2倍，而且具有很低的自放电率。因此，尽管锂电池的价格相对昂贵，仍被广泛用于数码设备中。

2. 干电池

干电池的种类较多，但以锌锰干电池(即普通干电池)最为人们所熟悉，在实际应用中也最普遍。干电池的优点是：成本低、技术成熟。缺点是：无法循环充电、利用率低。

3. 微型电池

微型电池是随着现代科学技术发展，尤其是随着电子技术的迅猛发展，为满足实际需要而出现的一种小型化的电源装置。它既可制成一次电池，也可制成二次电池，广泛应用于电子表、计算器、照相机等电子电器中。

微型电池分两大类，一类是微型碱性电池，品种有锌氧化银电池、汞电池、锌镍电池等，其中以锌氧化银电池应用最为普遍；另一类是微型锂电池，品种有锂锰电池、锂碘电池等，以锂锰电池最为常见。

4. 光电池

光电池是一种能把光能转换成电能的半导体器件。太阳能电池是普遍使用的一种光电池。采用材料以硅为主。通常将单晶体硅太阳能电池通过串联和并联组成大面积的硅光电池组，可用作人造卫星、航标灯以及边远地区的电源。

为了解决无太阳光时负载的用电问题，一般将硅太阳能电池与蓄电池配合使用。有太阳光时，由硅太阳能电池向负载供电，同时蓄电池充电；无太阳光时，由蓄电池向负载供电。

思考与练习

1. 联系实例简述什么是电路，简单电路由哪几部分组成，各部分的作用是什么？

2. 试画出我们熟悉的某电路的电路图。

3. 电路通常有哪几种工作状态？各有什么特点？

4. 为防止短路事故的发生，一般在实际电路中安装熔断器。请观察、了解其构造和工作原理。

5. 用直流电流表测电流，直流电压表测量电压应注意些什么？

6. 试说明电源、电动势的意义。

任务2.2 电阻的连接

2.2.1 任务描述

通过对电阻的串、并、混联实现对电路的分压、分流、限压、限流等作用，本任务是将一个工作电压为交流12 V的指示灯，作220 V交流电源指示灯用，运用电阻串并联知识，实现指示灯正常工作。

2.2.2 任务目标

(1)进一步熟悉欧姆定律。

(2)理解电功率与电流、电压的关系。

(3)熟悉电阻在电路中的作用；能运用电阻的串并联知识解决实际问题。

2.2.3 基础知识一：欧姆定律

2.2.3.1 部分电路欧姆定律

图2－2－1中所示电路是一段不含电源的部分电路，则通过这段导体中的电流 I 与导体两端的电压 U 成正比，与这段导体的电阻 R 成反比。这就是部分电路的欧姆定律。其表达式为

$$I=\frac{U}{R} \tag{2-2-1}$$

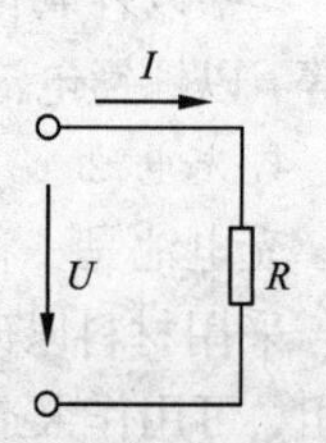

图2－2－1 部分电路

从图2－2－1中可以看出电阻两端电压的方向是由高电位指向低电位，并且电位是逐点降低的。

例2－2－1 某白炽灯接在交流电压220 V电源上，正常工作时流过的电流为455 mA，试求此电灯的电阻。

解：
$$R=\frac{U}{I}=\frac{220}{455\times10^{-3}}\ \Omega\approx483.5\ \Omega$$

2.2.3.2　全电路的欧姆定律

全电路是指含有电源的闭合电路，如图2-2-2所示。图中的 E 代表一个实际的电源。电源的内部一般都是有电阻的，这个电阻称为电源的内电阻，用字母 r 单独画出。事实上，内电阻在电源内部，与电动势是分不开的，可以不单独画出，而在电源符号的旁边注明内电阻的数值就行了。

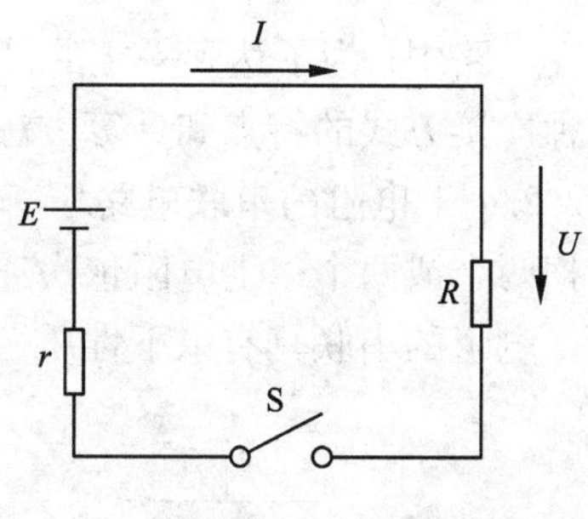

图2-2-2　全电路

当开关S闭合时，负载电阻 R 上就有电流流过，这是因为电阻两端又有了电压 U。电压 U 是由电动势 E 产生的，它既是电阻两端的电压，又是电源的端电压。

下面讨论电动势 E 和电源端电压的关系。开关S断开时，电源的端电压在数值上等于电源的电动势(方向是相反的)。当开关S闭合时，用电压表测量电阻 R 两端的电压，发现所测量数值比开路电压小，或者说闭合电路中电源的端电压小于电源的电动势。这是因为电流流过电源内阻时，在内阻上产生了电压降 U_r，$U_r=Ir$。可见电路闭合时，电源端电压 U 应该等于电源电动势减去电压降 U_r：

$$U=E-U_r=E-Ir$$

即
$$I=\frac{E}{R+r}\tag{2-2-2}$$

式(2-2-2)表明：在一个闭合电路中，电流与电源的电动势成正比，与电路中内电阻和外电阻之和成反比。这个规律称为全电路欧姆定律。

例2-2-2　有一电源电动势 $E=3$ V，内阻 $r=0.4\ \Omega$，外接负载电阻 $R=9.6\ \Omega$，求电源端电压和内压降。

解：
$$I=\frac{E}{R+r}=\frac{3}{9.6+0.4}\ \text{A}=0.3\ \text{A}$$

内压降

$$U_r=Ir=0.3\times0.4\ \text{V}=0.12\ \text{V}$$

电源端电压

$$U=IR=0.3\times9.6\ \text{V}=2.88\ \text{V}$$

或
$$U=E-U_r=(3-0.12)\ \text{V}=2.88\ \text{V}$$

例2-2-3　已知电池的开路电压 $U_k=1.5$ V，接上9 Ω的负载电阻时，其端电压为1.35 V，求电池的内电阻 r。

解：开路时，$E=U_k=1.5$ V

且已知 $U_r=E-U=(1.5-1.35)\ \text{V}=0.15\ \text{V}$，得

电流
$$I=\frac{U}{R}=\frac{1.35}{9}\ \text{A}=0.15\ \text{A}$$

内阻
$$r=\frac{U_r}{I}=\frac{0.15}{0.15}\ \Omega=1\ \Omega$$

2.2.4 基础知识二：电阻的串联与并联

在电路中，为了达到一定的目的，常常把几只电阻用各种方式连接起来使用。下面分析几种连接方式的特点和计算方法。

2.2.4.1 **电阻的串联电路**

把两个或两个以上电阻依次连接，组成一条无分支电路，叫电阻的串联，如图2-2-3所示。电阻的串联具有以下性质。

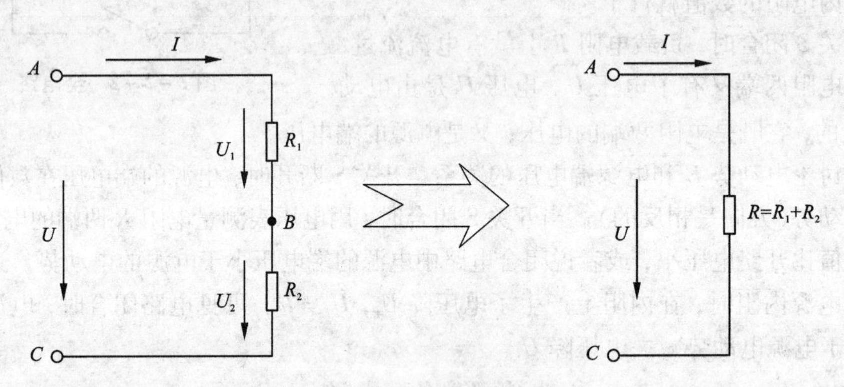

图2-2-3 电阻的串联

(1)串联电路中流过每个电阻的电流都相等，即

$$I = I_1 = I_2 = I_3 = I_n \tag{2-2-3}$$

式中：I_1、I_2、I_3、…、I_n 分别代表第1、2、…、n 个电阻流过的电流。

(2) 电路中两端的总电压等于各电阻上的电压之和。电流流过每一个电阻都需要产生压降，因此电阻上的压降之和必定等于电路两端的总电压，即

$$U = U_1 + U_2 + \cdots + U_n \tag{2-2-4}$$

(3)串联电路的等效总电阻，等于各串联电阻值之和，即

$$R = R_1 + R_2 + \cdots + R_n \tag{2-2-5}$$

若串联的 n 个电阻值相等(均为 R_0)，则式(2-2-4)、式(2-2-5)变为

$$U_1 = U_2 = \cdots = U_n = U/n,\ R = nR_0 \tag{2-2-6}$$

根据欧姆定律 $U = IR$，$U_1 = I_1R_1, \cdots, U_n = I_nR_n$ 的串联性质可得下式：

$$U_1/U_n = R_1/R_n \text{ 或 } U_n/U = R_n/R \tag{2-2-7}$$

式(2-2-7)表示，在串联电路中，各电阻上分配的电压与电阻成正比，即阻值越大的电阻分配到的电压越大；反之电压越小。这是串联电路性质的重要推论，该推论应用广泛。两个分压电路的分压公式为

$$U_1 = R_1U/(R_1 + R_2),U_2 = R_2U/(R_1 + R_2) \tag{2-2-8}$$

在实际工作中，电阻串联有如下应用：

采用几个电阻构成分压器，使同一电源能供出几种不同的电压；当负载额定电压低于电源电压时，可用串联电阻的方法将负载接入电源；用小阻值的电阻串联来获得较大的电

阻；利用串联电阻的方法限制和调节电路中电流的大小；在电工测量中，一般用串联电阻来扩大电压表的量程，以便测量较高的电压等。

2.2.4.2　**电阻的并联电路**

两个或两个以上电阻并接在电路中相同的两点之间，承受同一电压，这样的连接方式叫做电阻的并联。图2-2-4是两个电阻的并联电路图。

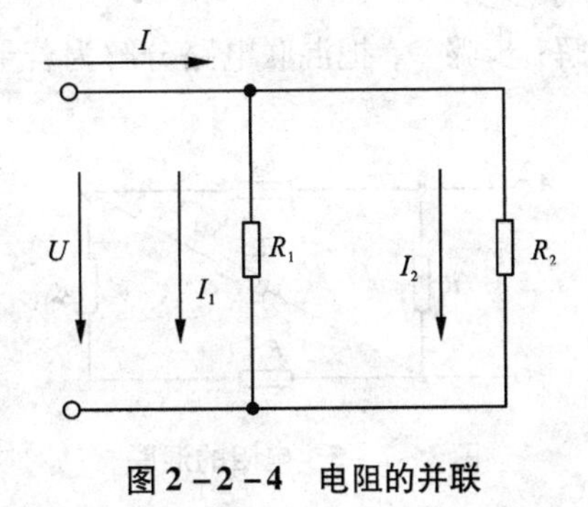

图2-2-4　电阻的并联

电阻并联有以下性质：

(1)并联电路中各电阻两端的电压相等，且等于电路两端的电压，即

$$U_1 = U_2 = \cdots = U_n \qquad (2-2-9)$$

(2)并联电路的总电流等于流过各电阻的电流之和，即

$$I = I_1 + I_2 + \cdots + I_n \qquad (2-2-10)$$

(3)并联电路的等效电阻(即总电阻)的倒数等于各并联电阻的倒数之和，即

$$1/R = 1/R_1 + 1/R_2 + \cdots + 1/R_n \qquad (2-2-11)$$

若并联的几个电阻值都是R，则式(2-2-10)和式(2-2-11)变为

$$I_1 = I_2 = \cdots = I_n = I/n, R = R_0/n \qquad (2-2-12)$$

可见总电阻一定比任何一个并联电阻的阻值小。

另外，根据并联电路电压相等的性质可得到下式：

$$I_1/I_n = R_n/R_1 \quad 或 \quad I_n/I = R/R_n \qquad (2-2-13)$$

式(2-2-13)表明，在并联电路中，通过各支路的电流与该支路的电阻成反比，即阻值越大的电阻所分配的电流越小，反之电流越大。这是并联电路性质的重要推论。

如果已知两个电阻R_1、R_2并联，并联电路的总电流为I，则总电阻为$R = R_1 \times R_2/(R_1 + R_2)$，两个电阻中的分流$I_1$、$I_2$分别为

$$I_1 = R_2 I/(R_1 + R_2), I_2 = R_1 I/(R_1 + R_2) \qquad (2-2-14)$$

式(2-2-14)通常被称为两电阻并联的分流公式。

在实际工作中，额定工作电压相同的负载都采用并联的工作方式，这样每个负载都是一个可独立控制的回路，任一负载的正常启动或关断都不影响其他负载的使用。例如，工厂的电动机、电炉以及各种照明灯具均并联工作。电阻并联主要的应用有：获得小电阻和扩大电流表量程。

为了选配合适阻值的电阻，有时将几个大阻值的电阻并联起来配成小阻值以满足电路的要求；在电工测量中，经常在电流表两端并联分流电阻(亦称分流器)，以扩大电流表的量程，并且通过合理分流电阻，可以制成不同量程的电流表等。

2.2.4.3　**电阻的混联电路**

既有电阻串联，又有电阻并联的电路叫做电阻的混联，如图2-2-5所示。混联电路的串联部分具有串联电路的性质，并联部分具有并联电路的性质。

电阻混联电路的分析、计算方法和步骤如下。

例2-2-4　如图2-2-5所示，已知$R_1 = R_2 = R_3 = R_4 = R_5 = 1\ \Omega$，求$AB$间等效电阻

R_{AB}等于多少。

解: 步骤一，把混联电路分解为若干个串联和并联电路，如图2-2-6所示。

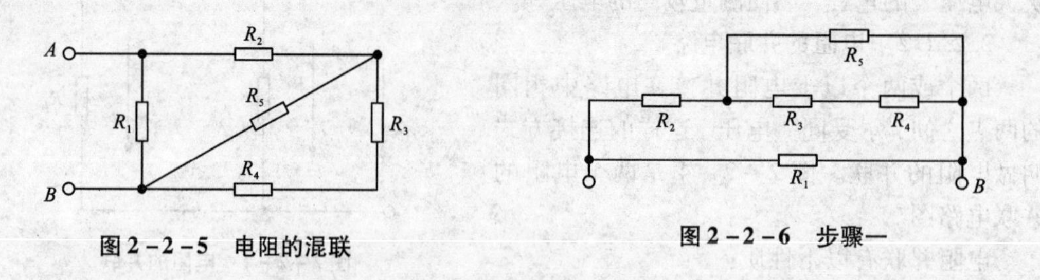

图2-2-5 电阻的混联

图2-2-6 步骤一

步骤二，合并各电阻的连接点，如图2-2-7所示。

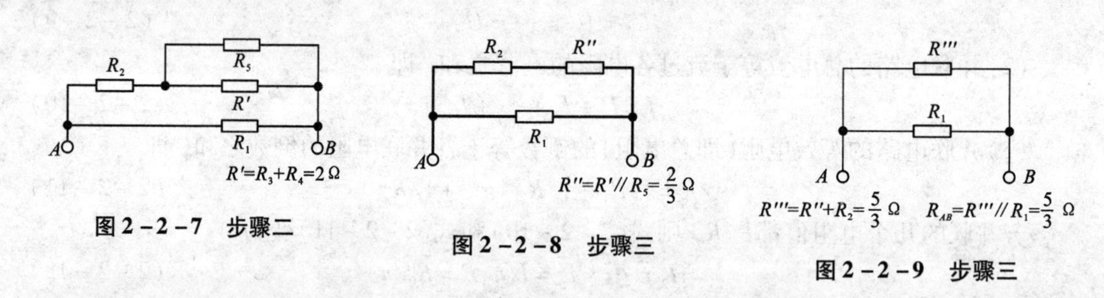

图2-2-7 步骤二

图2-2-8 步骤三

图2-2-9 步骤三

步骤三，进一步合并，如图2-2-8所示和图2-2-9所示。

在分析混联电路时，牢牢抓住A、B两点，电路分析逐步从繁到简，最后计算出等效电阻的结果。

2.2.5 基础知识三：电能与电功率

2.2.5.1 电能

电流能使电灯发光，发动机转动，电炉发热……这些都是电流做功的表现。在电场力作用下，电荷定向运动形成的电流所做的功称为电能。电流做功的过程就是将电能转换成其他形式的能的过程。

如果加在导体两端的电压为U，在时间t内通过导体横截面的电荷量为q，导体中电流$I=\frac{q}{t}$，根据电压的定义式

$$U=\frac{W}{q}$$

可知电流所做的功，即电能为

$$W=Uq=UIt \qquad (2-2-15)$$

上式表明，电流在一段电路上所做的功，与这段电路两端的电压、电路中的电流和通电时间成正比。

对于纯电阻电路，欧姆定律成立，即$U=IR$，$I=\frac{U}{R}$。代入上式得到

$$W=\frac{U^2}{R}t=I^2Rt \tag{2-2-16}$$

2.2.5.2　**电功率**

为描述电流做功的快慢程度，引入电功率这个物理量。电流在单位时间内所做的功叫做电功率。如果在时间 t 内，电流通过导体所做的功为 W，那么电功率为

$$P=\frac{W}{t} \tag{2-2-17}$$

电功率的公式还可以写成

$$P=UI=\frac{U^2}{R}=I^2R \tag{2-2-18}$$

2.2.5.3　**电路中的功率平衡**

电源力做功将其他形式的能转化为电能，负载电阻和电源内阻又将电能转化为热能，即消耗电能。在一个闭合回路中，根据能量守恒和转换定律，电源电动势发出的功率，等于负载电阻和电源内阻消耗的功率。即

$$P_{电源}=P_{负载}+P_{内阻} \tag{2-2-19}$$

也可写成

$$IE=I^2R+I^2r \tag{2-2-20}$$

经数学分析证明：当负载 R 和电源内阻 r 相等时，电源输出功率最大，即当 $R=r$ 时，

$$P_{max}=\frac{E^2}{4R} \tag{2-2-21}$$

例2-2-5　在图2-2-10中已知电源电动势 $E=20$ V，电阻 $R=18$ Ω，内阻 $R_0=2$ Ω。试求电源输出功率和内外阻上消耗的功率。

解：总电阻

$$R_{总}=R+R_0=(18+2)\ \Omega=20\ \Omega$$

总电流

$$I=\frac{E}{R_{总}}=\frac{20\ \text{V}}{20\ \Omega}=1\ \text{A}$$

外阻消耗功率

$$P_R=I^2\times R=1\times 18\ \text{W}=18\ \text{W}$$

内阻消耗功率

$$P_{R0}=I^2\times R_0=1\times 2\ \text{W}=2\ \text{W}$$

电源输出功率

$$P_{总}=E\times I=20\times 1\ \text{W}=20\ \text{W}$$

功率平衡

$$P_{总}=P_R+P_{R0}$$

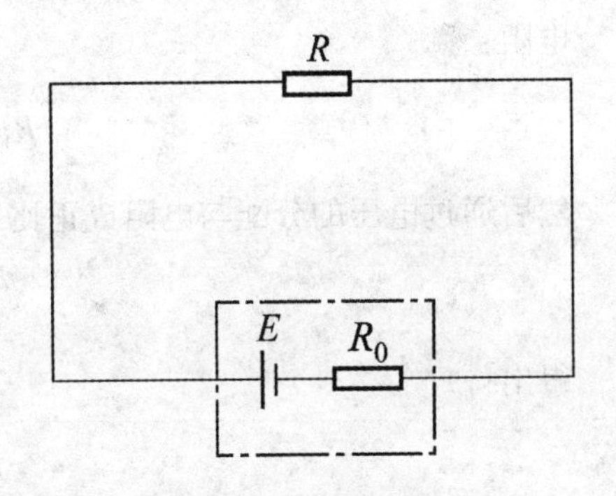

图2-2-10　例2-2-5图

2.2.6　技能实训：电阻串并联的应用

利用电阻的串并联，实现 AC 12 V、0.24 W 指示灯在220 V交流电路中正常工作。

2.2.6.1 **实训器材**

实训器材如图 2－2－11 所示。

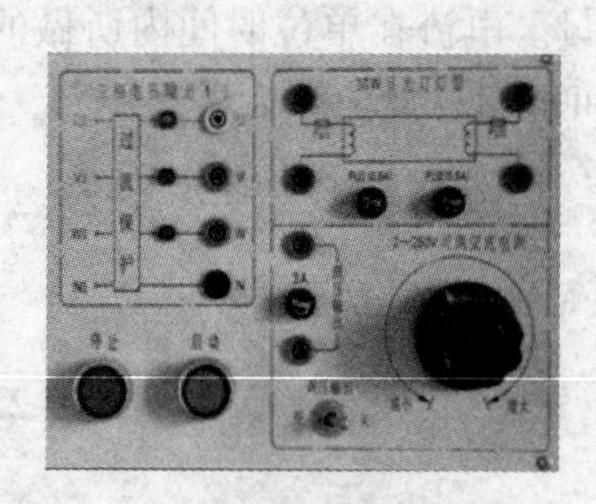

220V交流电源

AC12V 0.24W指示灯

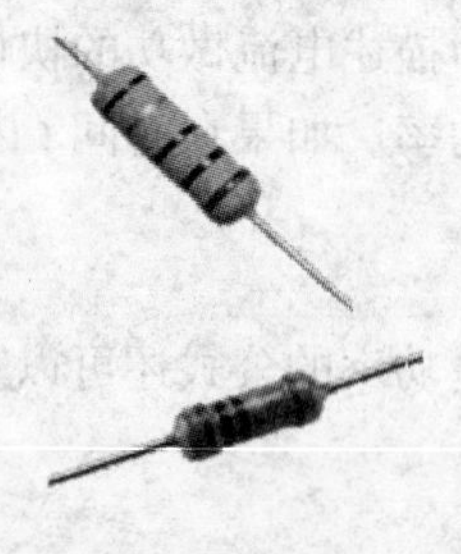

电阻 20kΩ 2个
200Ω 2个

图 2－2－11 实训器件实物图

2.2.6.2 **实训电路设计**

本任务中已经知道，信号灯的耐压值为 12 V，功率 0.24 W。该指示灯不能直接接到电路中，必须通过串联电阻，降压后才能正常工作。

根据功率的三个计算公式：

$$P = UI = I^2R = \frac{U^2}{R}$$

通过公式计算可以得到指示灯各项参数

额定电流：

$$I_1 = \frac{P_1}{U_1} = 20\ \text{mA}$$

电阻：

$$R_1 = \frac{P_1}{I_1^2} = 600\ \Omega$$

然后通过电压的分配与电阻成正比来计算出总电阻的阻值

$$U_1 = \frac{R_1}{R} \times U$$

得出：

$$R = \frac{U}{U_1} \times R_1$$

$$= \frac{220}{12} \times 600\ \Omega = 11\ \text{k}\Omega$$

电路总电阻为 11 kΩ，电路总电压为 220 V，得出电路总电流

$$I = \frac{U}{R} = \frac{220\ \text{V}}{11\ \text{k}\Omega} = 20\ \text{mA}$$

符合指示灯的额定工作电流。则此时应在电路中串联电阻的阻值为

$$R_2 = R - R_1 = 11\ \text{k}\Omega - 0.6\ \text{k}\Omega = 10.4\ \text{k}\Omega$$

但本任务中提供的电阻为 20 kΩ 两个，200 Ω 两个，不能直接连接。根据串并联电路的基础知识可知，选择两个 20 kΩ 电阻并联再与两个 200 Ω 电阻串联，能够形成 10.4 kΩ

的电阻值。

小组自行讨论，画出电阻的连接电路图：

2.2.6.3　**实训内容与步骤**

(1)根据画出的电阻连接电路图，将4个电阻进行连接，然后与指示灯进行串联，最后将电阻与指示灯接入220 V交流电源上，如图2-2-12所示。

注意：连线时，一定要断开交流电源。

(2)打开开关，观察指示灯的发光情况。

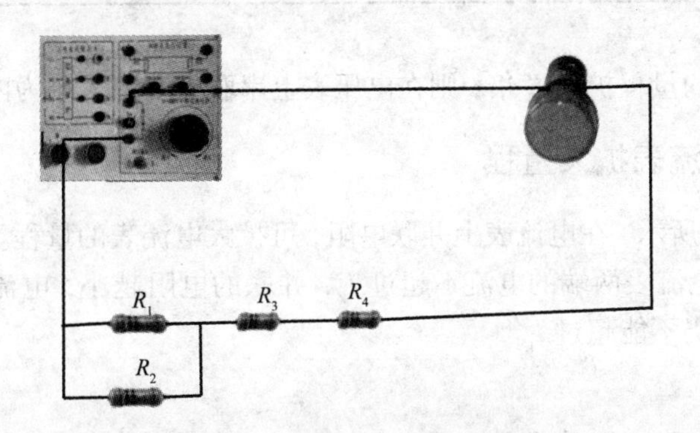

图2-2-12　实物连线图

2.2.6.4　**实训考核**

电阻串并联的应用考核评价如表2-2-1所示。

2.2.6.5　**实训小结**

简述电阻在电路中的作用。

2.2.7　拓展提高：电流表和电压表扩大量程

2.2.7.1　电压表扩大量程

如图2-2-13所示，在电压表上串联电阻，可扩大电压表的量程。串联电阻可分担测量电路的电压，使电压表两端的电压不超过 U_g，串联的电阻越大，电压表的量程越大。

表 2－2－1　考核评价表

评价内容		配分	考核点	得分	备注
职业素养与操作过程规范（30分）		5	正确着装和佩戴防护用具，做好工作前准备		出现明显失误造成贵重元件或仪表、设备损坏；出现严重短路、跳闸事故，发生触电等安全事故；严重违反实训纪律，造成恶劣影响的记0分
		5	采用正确的方法选择器材、器件		
		10	合理选择工具进行安装、连接，不浪费线材料		
		5	按正确流程进行任务实施，并及时记录数据		
		5	任务完成后，整齐摆放工具及凳子、整理工作台面等并符合“6S”要求		
作品质量（70分）	电路设计与安装	30	①阻值计算正确； ②设计的电路符合现实施工要求； ③注意各电阻的最大功率与允许电流； ④线头绝缘剥削合适，连接点长度合适； ⑤安装完毕，台面清理干净		
	功能	10	电路连接后，能实现指示灯正常工作		
	数据记录分析	30	对各项参数进行测量、及时记录，并能对数据进行分析		

若要将电压表的量程扩大 K 倍，则在电压表上串联电阻的大小为内电阻的 $(K-1)$ 倍。

2.2.7.2　电流表扩大量程

如图 2－2－14 所示，在电流表上并联电阻，可扩大电流表的量程。并联电阻可分担测量电路的电流，使电流表两端的电流不超过 I_g，并联的电阻越小，电流表的量程越大。但通过电流表的电流仍不能超过 I_g。

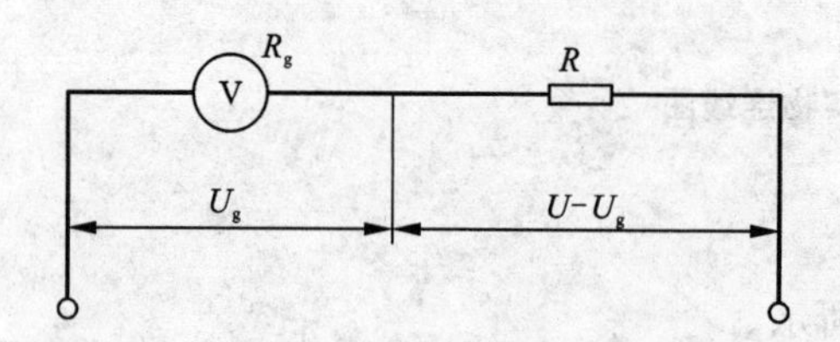

图 2－2－13　扩大电压表量程

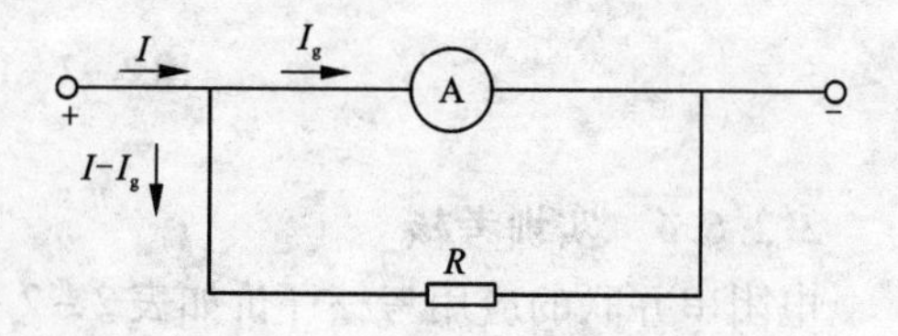

图 2－2－14　扩大电流表量程

若要将电流表的量程扩大 K 倍，则在电流表上并联电阻的大小为内电阻的 $\frac{1}{K-1}$。

例 2－2－6　有一只电压表，内阻 $R_g = 1\ \text{k}\Omega$，满偏电压为 $U_g = 0.1\ \text{V}$，要把它改成量程为 $U_n = 3\ \text{V}$ 的电压表，应该串联一只多大的分压电阻 R？

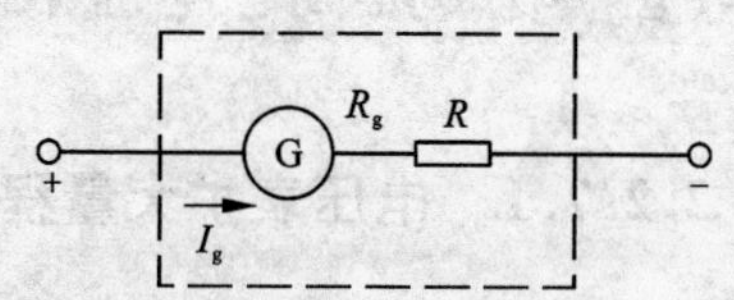

图 2－2－15　例 2－2－6 图

解： 如图 2－2－15，由 R_g 与 R 串联，电流相等得

$$\frac{U_g}{R_g}=\frac{U_n-U_g}{R} \quad 或 \quad R=(K-1)R_g$$

代入数据得

$$R=29\ k\Omega$$

例2-2-7　有一只微安表，满偏电流为 $I_g=100\ \mu A$、内阻 $R_g=1\ k\Omega$，要改装成量程为 $I_n=100\ mA$ 的电流表，试求所需分流电阻 R。

解：如图2-2-16，由 R_g 与 R 串联，电压相等得

$$I_gR_g=(I_n-I_g)R \quad 或 \quad R=\frac{R_g}{K-1}$$

代入数据得

$$R\approx 1\ \Omega$$

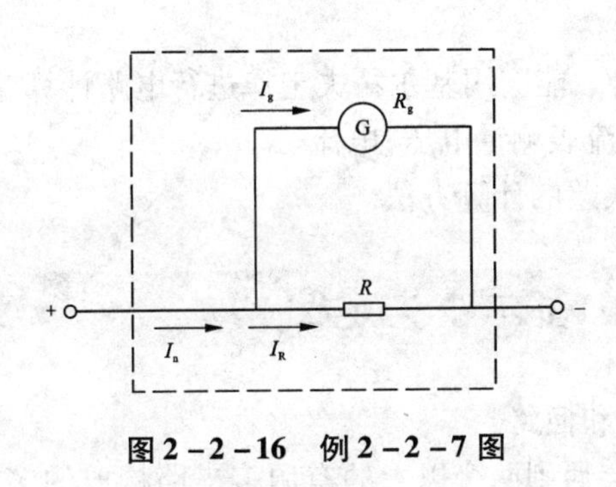

图2-2-16　例2-2-7图

思考与练习

1. 在一段电阻电路中，如果电阻不变，当增大电压时，电流将怎样变化？如果电压不变，增加这段电路的电阻值，电流又将如何变化？

2. 什么是欧姆定律？写出表示欧姆定律的公式？如何使用这些公式？

3. 把电压表接到电源的两端，可以近似测得电源的电动势，为什么？能不能把电流表接到电源的两端，为什么？

4. 什么叫电阻的串联？电阻串联的特点有哪些？电阻串联在实际中的应用有哪些？

5. 有一个电流表，内阻 $R=1000\ \Omega$，满偏电流 $I=0.1\ mA$（满偏电压为0.1 V）。现将它改装成量程为10V的电压表，需串联一个多大的电阻 R_x？

6. 什么叫电阻的并联？电阻并联的特点有哪些？电阻并联在实际中的应用有哪些？

7. 想一想：3个电阻并联，其中 $R_1>R_2>R_3$，并联后总电阻为 R_4。你知道 R_1、R_2、R_3 和 R_4 这4个电阻中，哪个阻值最大？哪个阻值最小吗？将两个电阻 $R_1=10\ \Omega$、$R_2=100\ k\Omega$ 并联，并联后的总电阻与哪个电阻的阻值最接近？

8. 一电源电动势 $E=20\ V$，内阻 $r=1\ \Omega$，外接一负载 R，求当电源输出最大功率时，外接负载的电阻值、功率。

任务2.3 基尔霍夫定律验证

2.3.1 任务描述

按提供的电路图搭建实际的电路，根据所学的理论知识计算出电路中的电压、电流值，用万用表测量出电路中的电压与电流值，并与计算值相比较，并计算出相对误差。

2.3.2 任务目标

(1)学会电路识图。
(2)理解基尔霍夫定律；能应用基尔霍夫定律进行电路计算。
(3)会使用电压表、电流表测量电压、电流。
(4)进一步熟悉相对误差的计算方法。

2.3.3 基础知识一：基尔霍夫定律

2.3.3.1 支路、节点和回路

在电子电路中，常常会遇到两个以上的有源多支路构成的多回路电路，如图2-3-1所示。不能运用电阻串、并联的计算方法将它简化成一个单回路电路，这种电路称为复杂电路。以图2-3-1所示电路为例说明常用电路名词。

1. 支路

支路指电路中有一个或几个元件首尾相接构成的无分支电路，如图2-3-1所示电路中的*ED*、*AB*、*FC*均为支路，该电路的支路数目为$b=3$。

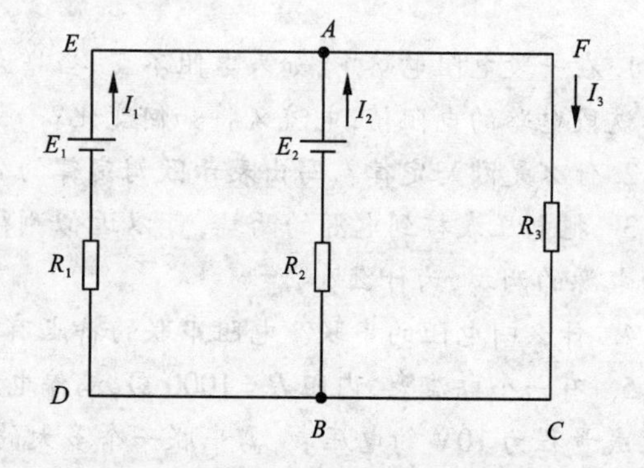

图2-3-1 常用电路名词的说明

2. 节点

节点是指电路中3条或3条以上支路的连接点。图2-3-1所示电路的节点为*A*、*B*两点，该电路的节点数目为$n=2$。

3. 回路

回路是指电路中任一闭合的路径。图2-3-1所示电路中的*CDEFC*、*AFCBA*、*EABDE*路径均为回路，该电路的回路数目为$l=3$。

4. 网孔

网孔是指不含有分支的闭合回路。图2-3-1所示电路中的*AFCBA*、*EABDE*回路均为网孔，该电路的网孔数目为$m=2$。

2.3.3.2　基尔霍夫电流定律(节点电流定律)

1. 电流定律(KCL)内容

节点电流定律的第一种表述：在任何时刻，电路中流入任一节点中的电流之和，恒等于从该节点流出的电流之和，即

$$\Sigma I_{流入} = \sum I_{流出} \quad (2-3-1)$$

在图2-3-2中，在节点A上：$I_1+I_3=I_2+I_4+I_5$。

电流定律的第二种表述：在任何时刻，电路中任一节点上的各支路电流代数和恒等于零，即

$$\sum I=0 \quad (2-3-2)$$

一般可在流入节点的电流前面取"+"号，在流出节点的电流前面取"-"号，反之亦可。例如在图2-3-2中，在节点A上：$I_1-I_2+I_3-I_4-I_5=0$。

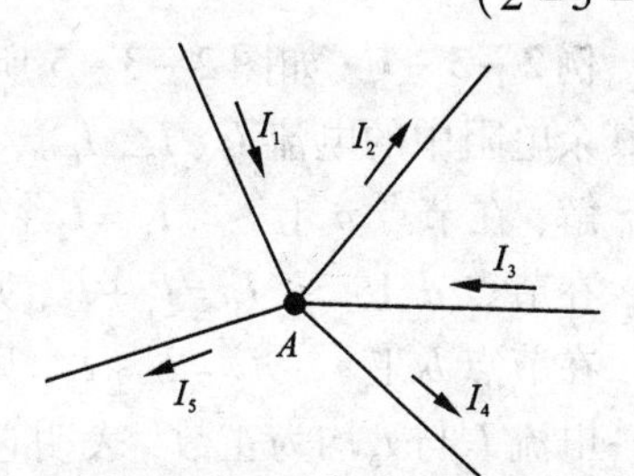

图2-3-2　电流定律的举例说明

在使用电流定律时，必须注意以下几点。

(1)对于含有n个节点的电路，只能列出$(n-1)$个独立的电流方程。如两个网孔的节点数为2，如图2-3-1所示：

根据节点A列方程得：

$$I_1+I_2-I_3=0 \quad (2-3-3)$$

根据节点B列方程得：

$$-I_1-I_2+I_3=0 \quad (2-3-4)$$

方程(2-3-4)两边同时乘-1，则为$I_1+I_2-I_3=0$，故与方程(2-3-3)完全相同。

这表明方程(2-3-4)是方程(2-3-3)的同解方程。两个节点只能列出一个独立的电流方程。

(2)列节点电流方程时，只需考虑电流的参考方向，然后再代入电流的数值。

为方便分析电路，通常需要在所研究的一段电路中事先选定(即假定)电流流动的方向叫做电流的参考方向，通常用"→"号表示。

电流的实际方向可根据数值的正、负来判断，当$I>0$时，表明电流的实际方向与所标定的参考方向一致；当$I<0$时，则表明电流的实际方向与所标定的参考方向相反。

2. 电流定律的应用举例

(1)对于电路中任意假设的封闭面来说，电流定律依然成立。如图2-3-3所示，对于封闭面S来说，有$I_1+I_2=I_3$。

(2)对于网络(电路)中之间的电流关系，仍然可由电流定律判定。如图2-3-4所示，流入电路B中的电流必等于从该电路中流出的电流。

(3)若两个网络之间只有一个导线相连，那么这根导线中一定没有电流通过。因为一根导线不能构成回路，所以导线中没有电流通过。

(4)若一个网络只有一根导线与地相连，那么这根导线中一定没有电流通过。因为一根导线不能构成回路，所以导线中没有电流通过。

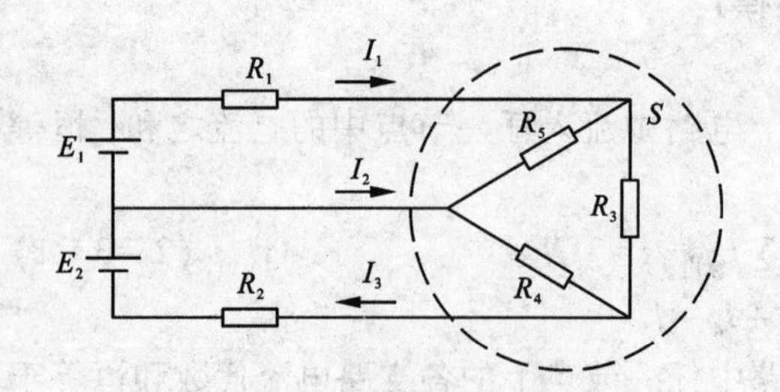

图 2-3-3 电流定律的应用举例 1

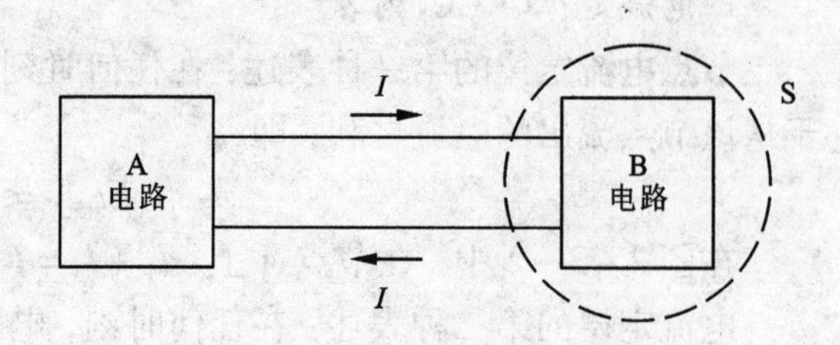

图 2-3-4 电流定律的应用举例 2

例 2-3-1 如图 2-3-5 所示电桥电路，已知 $I_1=36\ \text{mA}$、$I_3=16\ \text{mA}$、$I_4=6\ \text{mA}$，试求其余电阻中的电流 I_2、I_5、I_6。

解： 在节点 a 上 $I_1=I_2+I_3$，则 $I_2=I_1-I_3=(36-16)\ \text{mA}=20\ \text{mA}$

在节点 d 上 $I_1=I_4+I_5$，则 $I_5=I_1-I_4=(36-6)\ \text{mA}=30\ \text{mA}$

在节点 b 上 $I_2=I_6+I_5$，则 $I_6=I_2-I_5=(20-30)\ \text{mA}=-10\ \text{mA}$

电流 I_2 与 I_5 均为正数，表明它们的实际方向与图中所标定的参考方向相同，I_6 为负数，表明它的实际方向与图中所标定的参考方向相反。

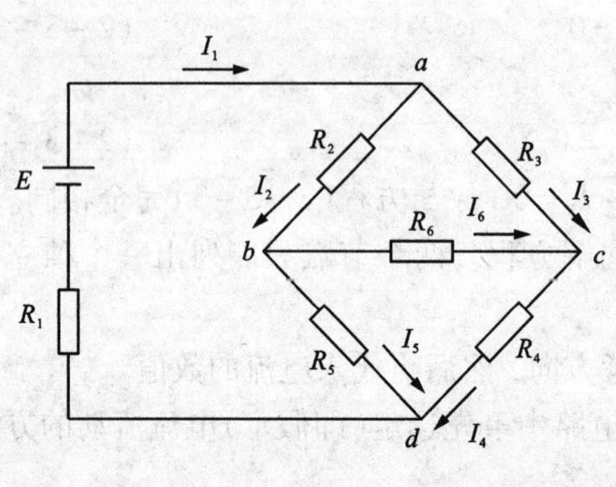

图 2-3-5 例 2-3-1 图

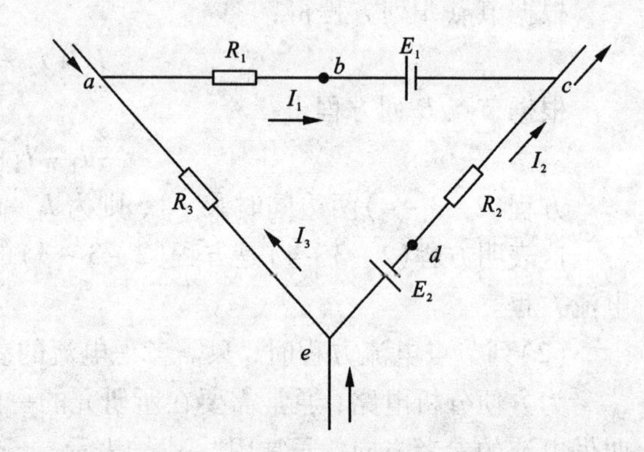

图 2-3-6 电压定律举例说明

2.3.3.3 基尔霍夫电压定律(回路电压定律)

1. 电压定律(KVL)内容

在任何时刻，沿着电路的任何一回路绕行方向，回路中各段电压的代数和恒等于零，即

$$\sum U=0 \tag{2-3-5}$$

以图 2-3-6 电路说明基尔霍夫电压定律。沿着回路 $abcdea$ 绕行方向，有

$$U_{ac}=U_{ab}+U_{bc}=R_1I_1+E_1,\ U_{ce}=U_{cd}+U_{de}=-R_2I_2-E_2,\ U_{ea}=R_3I_3$$

则

$$U_{ac}+U_{ce}+U_{ea}=0$$

即

$$R_1I_1+E_1-R_2I_2-E_2+R_3I_3=0$$

上式也可写成

$$R_1I_1 - R_2I_2 + R_3I_3 = -E_1 + E_2$$

对于电阻电路来说，任何时刻，在任一闭合回路中，各段电阻上的电压降代数和都等于该回路中各电源电动势的代数和，即

$$\sum RI = \sum E \text{ 或 } U = 0 \qquad (2-3-6)$$

利用$\sum RI = \sum E$列回路电压方程的原则(如图2-3-7所示)：

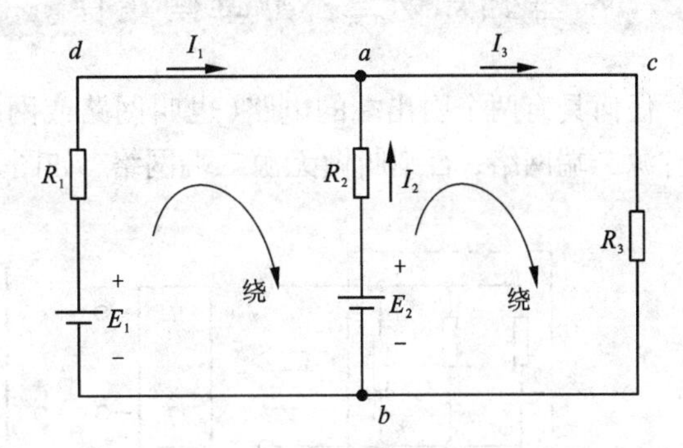

图2-3-7　原则利用

(1)标出各支路电流的参考方向并沿着回路绕行方向(即可沿着顺时针方向绕行，也可沿着逆时针方向绕行)。

(2)电压的参考方向与回路的绕行方向相同时，该电压在式中取正号，否则取负号。

(3)电源电动势为$\pm E$，当电源电动势的标定方向(电源负极指向正极)与回路绕行方向一致时，选取"+"，反之应选取"-"号。

2.3.4　基础知识二：支路电流法

如果知道各支路的电流，那么各支路的电压、电功率可以很容易地求出来，从而掌握了电路的工作状态。以支路电流为未知量，应用基尔霍夫定律列出节点电流方程和回路电压方程，组成方程组解出各支路电流的方法叫支路电流法，它是应用基尔霍夫定律解题的基本方法。

应用支路电流法求各支路电流的步骤如下：

(1)任意标出各支路的电流的参考方向和网孔回路的绕行方向。

(2)根据基尔霍夫第一定律列独立的节点电流方程。值得注意的是，如果电路有n个节点，那么只有$(n-1)$个独立的节点电流方程。

(3)根据基尔霍夫第二定律列独立的回路电压方程。为保证方程的独立，一般选择网孔来列方程(每个网孔列出的回路方程都包含了一条新支路)。

(4)代入已知数，解联立方程组求出各支路电流。

例2-3-2　如图2-3-8所示电路，已知$E_1 = 42$ V，$E_2 = 21$ V，$R_1 = 12\ \Omega$，$R_2 = 3\ \Omega$，$R_3 = 6\ \Omega$，试求各支路电流I_1、I_2、I_3。

解：该电路支路数$b=3$、节点数$n=2$，所以应列出1个节点电流方程和2个回路电压方程，并按照$\Sigma RI = \Sigma E$列回路电压方程。所列方程如下：

$I_1 = I_2 + I_3$　　(任一节点)

$R_1I_1 + R_2I_2 = E_1 + E_2$　　(网孔1)

$R_3I_3 - R_2I_2 = -E_2$　　(网孔2)

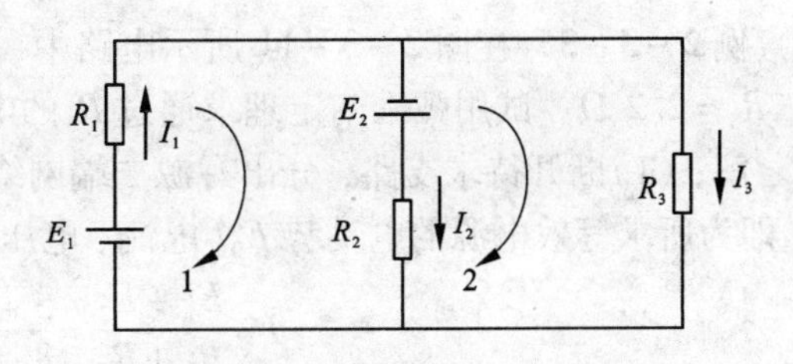

图2-3-8　例2-3-2图

代入已知数据，解得

$$I_1 = 4\ \text{A},\ I_2 = 5\ \text{A},\ I_3 = -1\ \text{A}$$

电流 I_1与 I_2均为正数，表明它们的实际方向与图中所标定的参考方向相同；I_3为负数，表明它们的实际方向与图中所标定的参考方向相反。

2.3.5 基础知识三：戴维南定律

任何具有两个引出端的电路(也叫网路或网络)都叫做二端网络。若网络中有电源叫做有源二端网络，否则叫做无源二端网络，如图 2-3-9 所示。

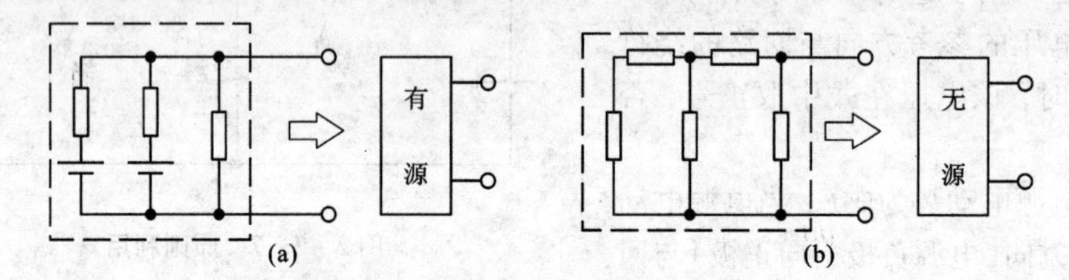

图 2-3-9 二端网络

一个无源二端网络可以用一个等效电阻 R 来代替；一个有源二端网络可以用一个等效电压源 E_0和 R_0来代替。任何一个有源复杂电路，把所研究支路以外部分看成一个有源二端网络，将其用一个等效电压源 E_0和 R_0代替，就能化简电路，避免了繁琐的电路计算。

戴维南定理：任何线性有源二端网络，对外电路而言，可以用一个等效电源代替，等效电源的电动势 E_0等于有源二端网络两端点间的开路电压 U，如图 2-3-10(a)所示；等效电源的内阻 R_0等于该二端有源网络中，各个电源置零后，即将电动势用短路代替，所得的无源二端网络两端点间的等效电阻，如图 2-3-10(b)所示。

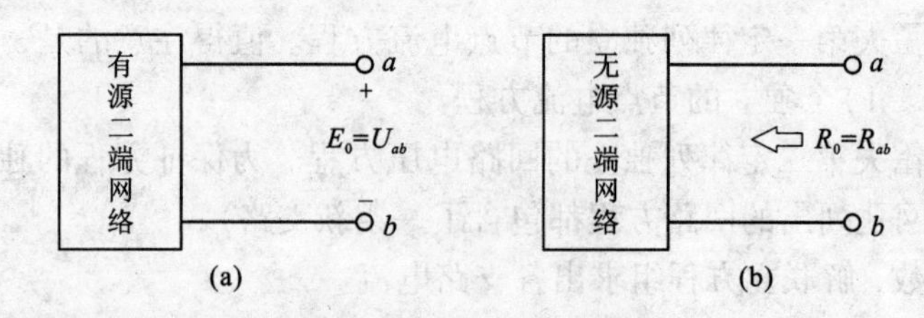

图 2-3-10 二端网络

例 2-3-3 在图 2-3-11 所示电路中，已知 $E_1 = 5$ V，$R_1 = 8$ Ω，$E_2 = 25$ V，$R_2 = 12$ Ω，$R_3 = 2.2$ Ω。试用戴维南定理求通过 R_3的电流及 R_3两端的电压。

解：(1)断开待求支路，分出有源二端网络，如图 2-3-12(a)所示。计算开路端电压 U_{ab}即为所求等效电源的电动势 E_0(电流、电压参考方向如图 2-3-12 所示)。

$$I = \frac{E_1 + E_2}{R_1 + R_2} = \frac{5 + 25}{8 + 12}\ \text{A} = 1.5\ \text{A}$$

$$E_0 = U_{ab} = E_2 - IR_2 = (25 - 1.5 \times 12)\ \text{V} = 7\ \text{V}$$

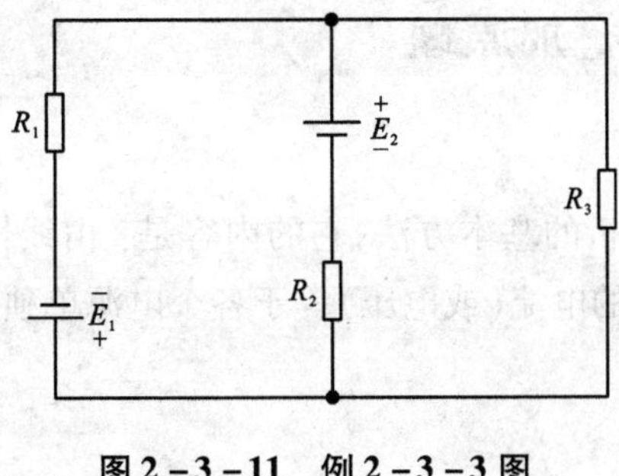

图2-3-11　例2-3-3图

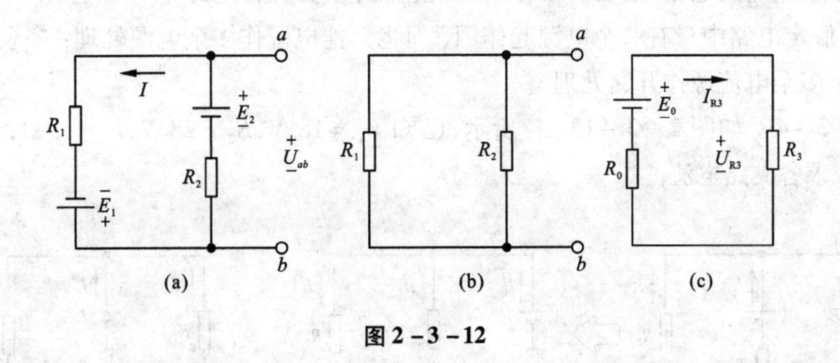

图2-3-12

(2)将有源二端网络中各电源置零后，即将电动势用短路代替，成为无源二端网络，如图2-3-12(b)。计算出等效电阻R_{ab}即为所求电源的内阻R_0。

$$R_0 = R_{ab} = \frac{R_1 R_2}{R_1 + R_2} = \frac{8 \times 12}{8 + 12}\ \Omega = 4.8\ \Omega$$

(3)将所求得的等效电源E_0、R_0与待求支路的电阻R_3连接，形成等效简化电路如图2-3-12(c)所示。计算支路电流I_{R3}和电压U_{R3}。

$$I_{R3} = \frac{E_0}{R_0 + R_3} = \frac{7}{4.8 + 2.2}\ \text{A} = 1\ \text{A}$$

$$U_{R3} = I_{R3} R_3 = 1 \times 2.2\ \text{V} = 2.2\ \text{V}$$

通过以上分析，可以总结出应用戴维南定理求某一支路的电流或电压的方法和步骤。

(1)断开待求支路，将电路分为待求支路和有源二端网络两部分。

(2)求出有源二端网络两端点间的开路电压U_{ab}，即为等效的电动势E_0。

(3)将有源二端网络中各电源置零后，将电动势用短路代替，计算无源二端网络的等效电阻，即为等效电源的内阻R_0。

(4)将等效电源E_0、R_0与待求支路连接，形成等效简化电路，根据已知条件求解。

在应用戴维南定理解题时，应当注意的是：等效电源电动势E_0的方向与有源二端网络开路时的端电压极性一致；等效电源只对外电路等效，对内电路不等效。

2.3.6 基础知识四:叠加原理

1. 叠加原理

叠加原理是线性电路分析的基本方法,它的内容是：由线性电阻和多个电源组成的线性电路中，任何一条支路中的电流(或电压)等于各个电源单独作用时，在此支路中所产生的电流(或电压)的代数和。

2. 多余电源处理

应用叠加原理求复杂电路，可将电路等效变换成几个简单电路，然后将计算结果叠加，求得原来电路的电流、电压。在等效变换过程中，要保持电路中所有电阻不变(包括电源内阻)，假定电路中只有一个电源起作用，而将其他电源作多余电源处理：多余电压源作短路处理，多余电流源作开路处理。

例 2-3-4 如图 2-3-13(a)所示,已知 $E_1=18$ V,$E_2=28$ V,$R_1=1\ \Omega$,$R_2=2\ \Omega$,$R_3=10\ \Omega$,求各支路电流。

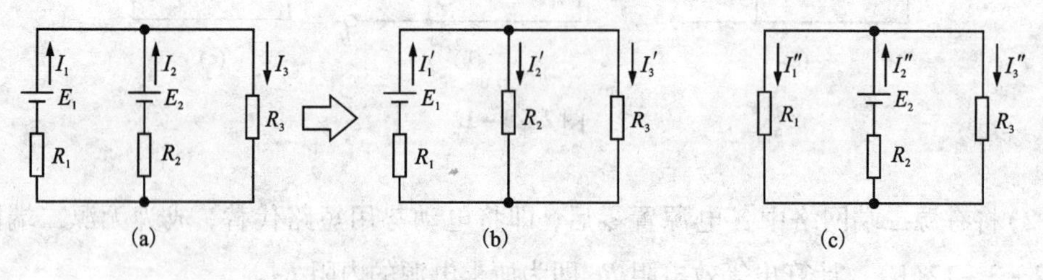

图 2-3-13 例 2-3-4 图

分析：将电路等效变换成 E_1、E_2 两个电源单独作用时的简单电路，然后将计算结果叠加求出各支路电流。

解：(1)E_1 电源单独作用时各支路电流的参考方向如图 2-3-13(b)所示。

$$R'=R_1+R_2/\!/R_3=(1+2/\!/10)\ \Omega=2.67\ \Omega$$

$$I_1'=\frac{E_1}{R'}=\frac{18}{2.67}\ \text{A}=6.74\ \text{A}$$

$$I_2'=\frac{R_3}{R_2+R_3}I_1'=\frac{10}{2+10}\times 6.74\ \text{A}=5.62\text{A}$$

$$I_3'=\frac{R_2}{R_2+R_3}I_1'=\frac{2}{2+10}\times 6.74\ \text{A}=1.12\ \text{A}$$

(2)E_2 电源单独作用时各支路电流的参考方向如图 2-3-13(c)所示。

$$R''=R_2+R_1/\!/R_3=(2+1/\!/10)\ \Omega=2.91\ \Omega$$

$$I_2''=\frac{E_2}{R''}=\frac{28}{2.91}\ \text{A}=9.62\ \text{A}$$

$$I_1'' = \frac{R_3}{R_1 + R_3} I_2'' = \frac{10}{1+10} \times 9.62\ \text{A} = 8.74\ \text{A}$$

$$I_3'' = \frac{R_1}{R_1 + R_3} I_2'' = \frac{1}{1+10} \times 9.62\ \text{A} = 0.88\ \text{A}$$

(3)应用叠加原理求各电源共同作用时的各支路电流。

$$I_1 = I_1' - I_1'' = (6.74 - 8.74)\ \text{A} = -2\ \text{A}$$

$$I_2 = -I_2' + I_2'' = (-5.62 + 9.62)\ \text{A} = 4\ \text{A}$$

$$I_3 = I_3' + I_3'' = (1.12 + 0.88)\ \text{A} = 2\ \text{A}$$

注意：叠加原理只适用于线性电路，只能用来求电路中的电压或电流，而不能用来计算功率。

2.3.7　技能实训：验证基尔霍夫定律

2.3.7.1　实训器材

完成实训所需器材有：直流稳压电源2台、电压表1只、电流表3只、实训电路板1块、电阻器5只。

2.3.7.2　实训内容与步骤

(1)根据基尔霍夫定律，计算出图2－3－14中电路中电流和各电阻两端的电压，把数据填入表2－3－1中。

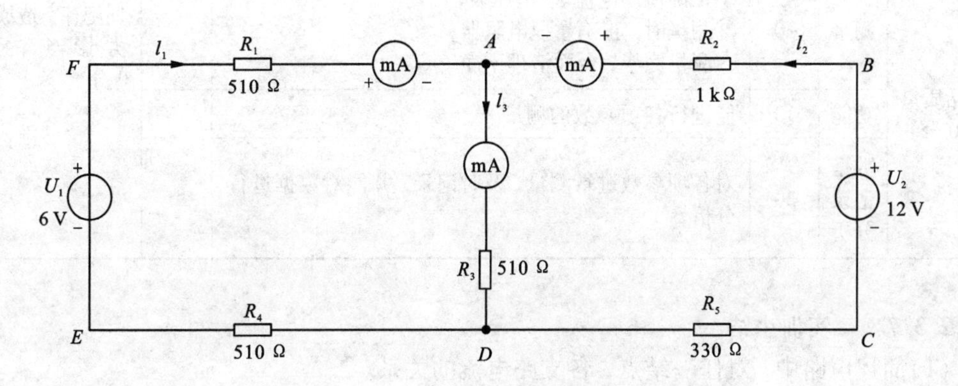

图2－3－14　实训电路接线图

(2)根据电路图2－3－14进行连线。注意连接中开关应断开，根据(1)中计算的电流值选择电流表的量程。

(3)检查连线正确后，闭合开关。记录电流表的读数于表2－3－1中。

(4)用电压表测量电路中各个电阻两端的电压和电源电压，记录电压表的读数于表2－3－1中。注意电压表连接时，开关应断开，量程应选择正确。

(5)计算相对误差并填入表2－3－1中。

2.3.7.3 实训记录

表 2－3－1 实训数据记录表

测量参数	I_1/mA	I_2/mA	I_3/mA	U_1/V	U_2/V	U_{FA}/V	U_{AB}/V	U_{AD}/V	U_{CD}/V	U_{DE}/V
计算值										
测量值										
相对误差										

2.3.7.4 实训考核

验证基尔霍夫定律考核评价如表 2－3－1 所示。

表 2－3－1 考核评价表

评价内容		配分	考核点	得分	备注
职业素养与操作过程规范（30 分）		5	正确着装，做好工作前准备		出现明显失误造成贵重元件或仪表、设备损坏；严重违反实训纪律，造成恶劣影响的记 0 分
		5	采用正确的方法选择器材、器件		
		10	合理选择工具，不浪费材料		
		5	按正确流程进行任务实施，并及时记录数据		
		5	任务完成后，整齐摆放工具及凳子、整理工作台面等并符合“6S”要求		
作品质量（70 分）	测量	30	①正确使用电流表、电压表； ②测量时，正确拿捏电阻器； ③测量完毕，台面清理干净		
	功能	10	能进行各项参数的测量		
	数据记录分析	30	对各项参数进行测量、及时记录，并能对数据进行分析		

2.3.7.5 实训小结

（1）简述电路中，对任一结点，各支路电流的关系。

（2）简述电路中，对任一回路，所有支路电压有什么关系。

（3）测量电压和电流应注意哪些事项？

2.3.8 拓展提高：惠斯通电桥测电阻

电桥法测量是一种很重要的测量技术。由于电桥法线路原理简明，仪器结构简单，操作方便，测量的灵敏度和精确度较高等优点，使它广泛应用于电磁测量，也广泛应用于非电量测量。电桥可以测量电阻、电容、电感、频率、压力、温度等许多物理量。同时，在现代自动控制及仪器仪表中，常利用电桥的这些特点进行设计、调试和控制。

电桥可分为直流电桥和交流电桥两大类。直流电桥又分为单臂电桥和双臂电桥，单臂电桥又称为惠斯通电桥，主要用于精确测量中值电阻。双臂电桥又称为开尔文电桥，主要用于精确测量低值电阻。本节主要学习应用惠斯通电桥测电阻。

2.3.8.1　**惠斯通电桥的线路原理**

惠斯通电桥的线路原理如图2-3-15所示。四个电阻R_1，R_2，R_x和R_S联成一个四边形，每一条边称作电桥的一个臂，其中：R_1，R_2组成比例臂，R_x为待测臂，R_S为比较臂，四边形的一条对角线AC中接电源E，另一条对角线BD中接检流计G。所谓“桥”就是指接有检流计的BD这条对角线，检流计用来判断B、D两点电位是否相等，或者说判断“桥”上有无电流通过。

电桥没调平衡时，“桥”上有电流通过检流计，当适当调节各臂电阻，可使“桥”上无电流，即B、D两点电位相等，电桥达到了平衡。此时的等效电路如图2-3-16所示。

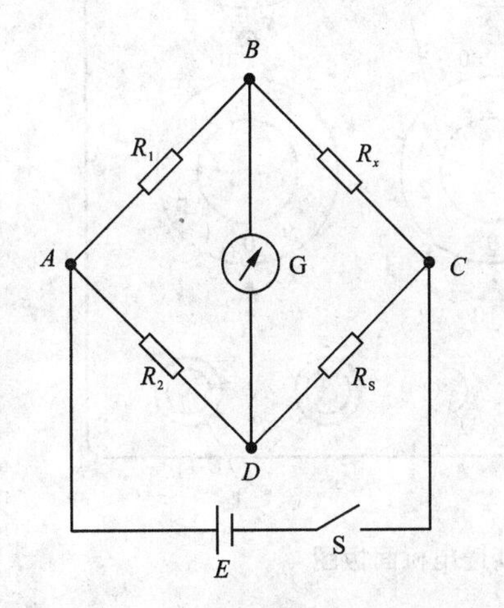

图2-3-15　惠斯通电桥的原理

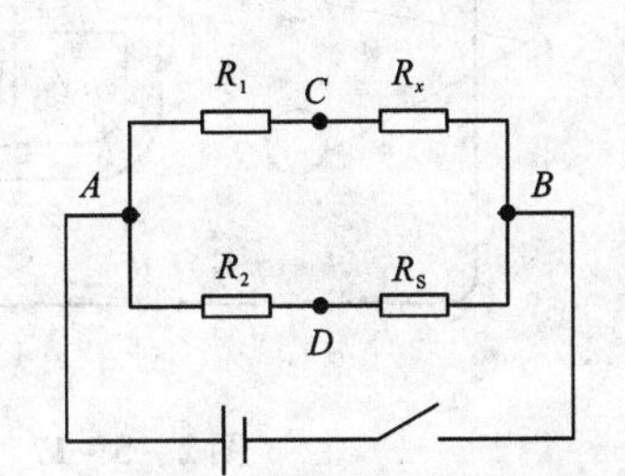

图2-3-16　电桥平衡后等效图

根据图2-3-15很容易证明

$$\frac{R_1}{R_2}=\frac{R_x}{R_S}$$

$$R_x=\frac{R_1}{R_2}\times R_S \tag{3-3-1}$$

此式即电桥的平衡条件。如果已知R_1、R_2、R_S，则待测电阻R_x可求得。设式(3-3-1)中的$R_1/R_2=K$，则有

$$R_x=K\cdot R_S \tag{3-3-2}$$

式中的K称为比例系数。在箱式电桥测电阻中，只要调K值而无需分别调R_1、R_2的值，因为箱式电桥上设置有一个旋钮调K值，并不另外分开调R_1、R_2。但在自组式电桥电路中，则需要分别调节两只电阻箱(R_1和R_2)，从而得到K值。

由电桥的平衡条件可以看出，式中除被测电阻R_x外，其他几个量也都是电阻器。因此，电桥法测电阻的特点是将被测电阻与已知电阻(标准电阻)进行比较而获得被测值的。因而测量的精度取决于标准电阻。一般来说，标准电阻的精度可以做的很高，因此，测量

的精度可以达到很高。伏安法测电阻中测量的精度要依赖电流表和电压表，而电流表和电压表准确度等级不可能做的很高，因此，测量精度不可能很高。惠斯通电桥测电阻中，测量的精度不依赖电表，故其测量精度比伏安法的测量精度高。

2.3.8.2 **QJ23 型箱式惠斯通电桥**

QJ23 型箱式惠斯通电桥面板如图 2－3－17 所示。

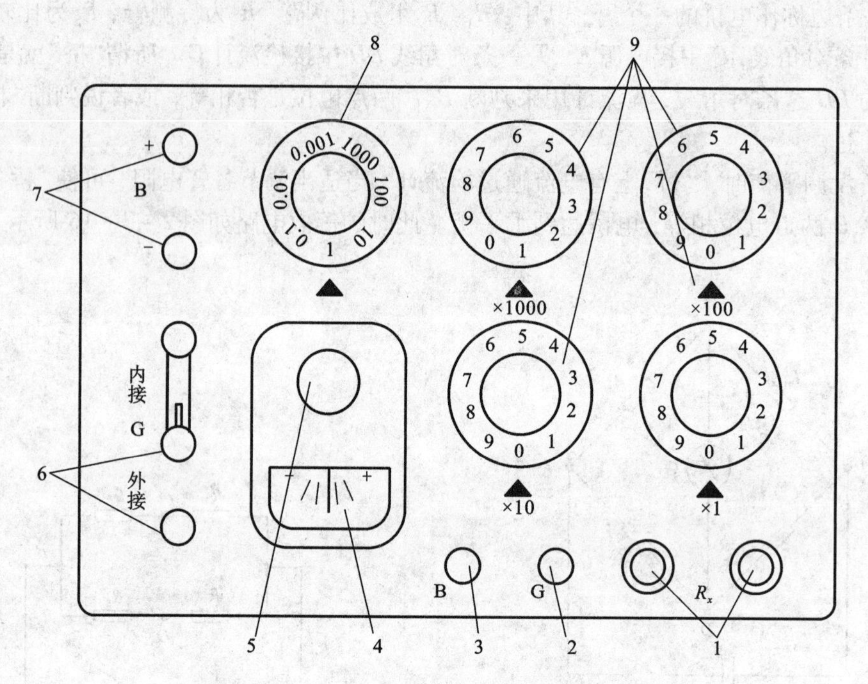

图 2－3－17　QJ23 型箱式惠斯通电桥面板图

图中的各个代码分别表示：

1—待测电阻 R_x 接线柱；2—检流计按钮开关 G：按下时检流计接通电路，松开(弹起)时检流计断开电路；3—电源按钮开关 B：按下时电桥接通电路，松开(弹起)时断开电路；4—检流计；5—检流计调零旋钮；6—外接检流计接线柱；7—外接电源接线柱；8—比例臂；9—比较臂(提供比例)。

QJ23 型箱式电桥使用说明如下：

(1)图 2－3－17 中电桥左下角的三个接线柱用来使检流计处于工作或短路状态的转换，有一个短路用的金属片，当检流计工作时，金属片应接在中、下两个(“外接”)接线柱上，使电路能够连通；当测量完毕时，金属片应接在上、中两个(“内接”)接线柱上，检流计被短路保护。

(2)电桥背后的盒子里装有三节 1 号干电池，约 4.5 V。当某个实验测量所需要的电源，比内接电源大或者小，就用外接电源，接在外接电源接线柱(7)上。(同时要取出内装干电池)。

(3) 比例臂(8)由 R_1 和 R_2 两个臂组成，R_1/R_2 之比值直接刻在转盘上；当该臂旋钮旋在不同的位置时，R_1、R_2 各有不同的电阻值，组成七挡不同的比值 K(0.001，0.01，0.1，

1，10，100，1000）。

（4）比较臂（9）由四个不同的电阻挡（×1，×10，×100，×1000）所组成。

（5）在测量时，要同时按下按钮G、B，要注意，先按G，后按B。

思考与练习

1. 简述基尔霍夫定律的内容。

2. 解释下列名词的含义：支路、节点、回路、网络。

3. 指出图2－3－19所示电路的支路数、节点数、回路数和网孔数。并列出节点b和c的电流方程及回路的电压方程。

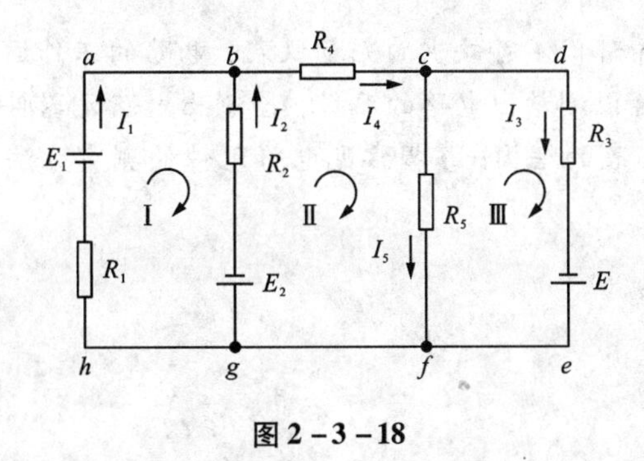

图2－3－18

4. 简述支路电流法的解题步骤。

5. 在图2－3－19中，已知$E_1=E_2=17$ V，$R_1=2\Omega$，$R_2=1\Omega$，$R_3=5\Omega$，试用支路电流法求出各支路电流的大小和实际方向。

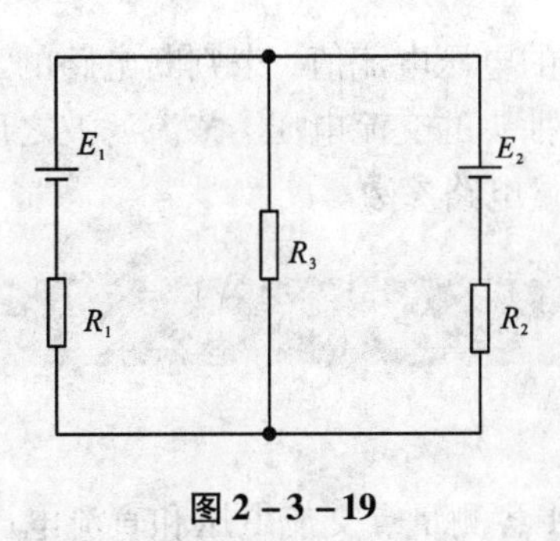

图2－3－19

6. 简述戴维南定理的内容，说明使用条件及用来分析电路的基本步骤。

7. "线性有源二端电路的戴维南等效源的内阻为R_0，则R_0上消耗的功率就是有源二端电路中所有电阻及电源所吸收的功率之和。"这种观点对吗？为什么？

8. 如图2－3－12有源二端电路，用电压表测得a和b两点间电压为40 V，把安培表接上测得电流为5 A，若把12 Ω电阻接在a和b两端，a和b两端电压为多少？

项目3 万用表的应用

项目描述

万用表是电力电子等部门不可缺少的测量仪表，电路的工作运行状态判断、线路的检修都会用到它。使用它可以测量出电路的参数，检测出电路元器件的好坏。本项目通过工作任务，让学生了解万用表的结构；掌握常见电路元件的测量方法；掌握电路元器件的焊接技能。

项目任务

任务3.1 测量电路参数

3.1.1 任务描述

我们经常通过测量电路中的电压电流值，来判断电路的工作是否正常。本任务通过测量串联型稳压电源中变压器各抽头的交流电压、整流滤波之后和稳压之后的直流电压和负载中的电流，掌握用万用表测量电路参数。

3.1.2 任务目标

(1)初步学会电路识图。

(2)会用万用表测量电路中各测量点交流电压和直流电压。

(3)会用万用表测量电路中的电流。

3.1.3 基础知识：万用表

万用表又叫多用表、三用表、复用表，是一种多功能、多量程的测量仪表。分为指针式万用表和数字式万用表。一般万用表可测量直流电流、直流电压、交流电压、电阻和音频电平等，有的还可以测交流电流、电容量、电感量及半导体的一些参数(如β)。

3.1.3.1　**指针式万用表**

1. *万用表面板的构成及功能介绍*

以 MF47 型万用表为例进行介绍，如图 3－1－1所示。主要由转换开关、欧姆零点调整旋钮、测试笔插孔、标度盘、机械调零旋钮、三极管插孔等构成。

(1) 面板上部分文字的含义

面板上"－"符号表示直流，"～"符号表示交流。

20 kΩ/－V 表示直流电压的灵敏度及电压降，⎓ 2.5～5.0 Ω 表示精度，4 kΩ/～V 表示交流电压的灵敏度及电压降。

图 3－1－1　MF47 数字万用表

面板上有四个插孔，左边"＋"表示表的正端插红表笔，测量时接被测电路的高电位点；"－"COM 表示表的负端插黑表笔，测量时接被测电路的低电位点。在测电阻时，黑表笔接万用表内部电池的正极。右边"2500 $\frac{V}{\sim}$"，"5 A"分别表示测量交/直流电压 2500 V 或直流电流 5 A 时，红表笔则应分别插到标有 2500 $\frac{V}{\sim}$或 5A 的插孔中。

(2) 主要部件及功能

①转换开关。通过改变转换开关的位置，就可完成一定的测量功能。测量功能由转换开关所指文字符号表示。

②标度盘。标度盘共有六条刻度线，第一条刻度线供测电阻用；第二条刻度线供测交/直流电压和电流用；第三条刻度线供测晶体管放大倍数用；第四条刻度线供测电容用；第五条刻度线供测电感用；第六条刻度线供测音频电平用。

③量程与倍率。量程，是指指针指向满刻度线时的测量值。如测电压时量程选 500，若指针指在第二条刻度线 200 时，则测量值为 400 V；若指针指在第二条刻度线 110 时，则测量值为 220 V。倍率，是指测电阻时，测量值与读数的比值，如倍率选择 100 Ω，若指针指在第一条刻度线的 15 时，则测量值为 15×100 Ω。

2. *使用方法*

在使用前应检查指针是否指在机械零位上，若不在零位上，应旋转表盖上的机械调零旋钮使指针指在零位上。

(1) 直流电流的测量

①选择量程。测量 0.05～500 mA 时，转动转换开关至所需电流挡；测量 5A 时，转换开关放在 500 mA 直流量限上，红插头插到 5A 的插座中。

②将测试表笔串接于被测电路中。红表笔接电流流进端，黑表笔接电流流出端。严禁将万用表直接接到电源的两端。

(2) 交/直流电压的测量

①选择量程。测量交流 10～1000 V 或直流 0.25～1000 V 时，转动转换开关至所需电压挡；测量交/直流 2500 V 时，红表笔应插在 2500 V 的插座中，转换开关应分别旋至交流

1000 V 或直流 1000 V 位置上。

②将测试表笔并接于被测电路两端。红表笔应接高电位，黑表笔接低电位。

(3)电阻的测量

①被测元器件首先要切断电源，并要与其他电路断开。

②正确选择欧姆挡和倍率。

③进行欧姆调零，将两表笔直接连接短路，此时万用表的指针应指向零。若指针未指向零，应旋动“Ω”旋钮，使指针指向零，然后再测量电阻。

④读数，换算。

3. 使用注意点

①万用表转换开关位置选择必须正确，若误用电阻挡或电流挡测电压，会造成万用表损坏。

②测量过程中，不准转动转换开关，以免电弧损坏表头。

③在测量电压或电流时，若被测线路上电压或电流的大小难以估计出来，应先把万用表的量程拨到最大位置测量，然后逐渐换小挡位。换挡时，要使两表笔离开测量体，不可带电换量程。

④测量直流电压或直流电流时，若电源的极性不清楚，可以把转换开关转到最大位置，然后将两表笔与测试点快速地搭一下。若指针正转，则说明两表笔的位置正确；若指针反转，则说明两表笔位置接反。

⑤严禁在被测电路带电情况下测量电阻。如被测电路中有大容量电容，应先将该电容器正负极短接放电。

⑥选择量程时，应尽量使指针指向均匀刻度线的 2/3 以上区域或非均匀刻度线的中间区域，测量值才相对比较准确。

⑦测电阻时不允许用手同时触及被测电阻两端，在测量的间隙，应注意不要使两支表笔相接触。每换一次倍率挡时都应重新调整零点。

⑧每次测量完毕后，应将万用表的转换开关拨到交流电压最高挡的位置。

⑨应保持万用表清洁和干燥，防止振动和较大的冲击，以免影响准确度或损坏仪表。

⑩测量时，要根据选好的测量项目和量程挡明确在哪一条标度尺上读数，并应清楚标度尺上一个小格代表多大的数值。读数时，眼睛应位于指针正上方。

3.1.3.2 **数字万用表**

现在，数字式测量仪表已成为主流，有取代模拟式仪表的趋势。与模拟式仪表相比，数字式仪表灵敏度高，准确度高，显示清晰，过载能力强，便于携带，使用更简单。下面以 VC890D 型数字万用表为例，简单介绍其使用方法和注意事项。

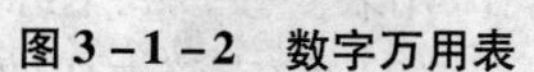
图 3-1-2 数字万用表

1. 使用方法

(1)使用前，应认真阅读有关的使用说明书，熟悉电源开关、量程开关、插孔、特殊插口的作用。

(2)将电源开关置于“ON”位置。

(3)交直流电压的测量：根据需要将量程开关拨至“DCV”(直流)或“ACV”(交流)的合适量程，红表笔插入“V/Ω”孔，黑表笔插入“COM”孔，并将表笔与被测线路并联，读数即显示。

(4)交直流电流的测量：将量程开关拨至“DCA”(直流)或“ACA”(交流)的合适量程，红表笔插入“mA”孔(<200 mA时)或“20A”孔(>200 mA时)，黑表笔插入“COM”孔，并将万用表串联在被测电路中即可。测量直流量时，数字万用表能自动显示极性。

(5)电阻的测量：将量程开关拨至“Ω”的合适量程，红表笔插入“V/Ω”孔，黑表笔插入“COM”孔。如果被测电阻值超出所选择量程的最大值，万用表将显示“1”，这时应选择更高的量程。测量电阻时，红表笔为正极，黑表笔为负极，这与指针式万用表正好相反。因此，测量晶体管、电解电容器等有极性的元器件时，必须注意表笔的极性。

2. 使用注意事项

(1)如果无法预先估计被测电压或电流的大小，则应先拨至最高量程挡测量一次，再视情况逐渐把量程减小到合适位置。测量完毕，应将量程开关拨到最高电压挡，并关闭电源。

(2)满量程时，仪表仅在最高位显示数字“1”，其他位均消失，这时应选择更高的量程。

(3)测量电压时，应将数字万用表与被测电路并联。测电流时应与被测电路串联，测直流量时不必考虑正、负极性。

(4)当误用交流电压挡去测量直流电压，或者误用直流电压挡去测量交流电压时，显示屏将显示“000”，或低位上的数字出现跳动。

(5)禁止在测量高电压(220 V以上)或大电流(0.5 A以上)时换量程，以防止产生电弧，烧毁开关触点。

(6)当显示“”、“BATT”或“LOW BAT”时，表示电池电压低于工作电压。

3.1.4　技能实训：测量串联型稳压电源中电路参数

3.1.4.1　实训器材

测量串联型稳压电源中电路参数所需器材见表3-1-1所示。

表3-1-1　所需器材

序号	名称	型号与规格	数量	备注
1	数字式万用表	VC890D	1	
2	指针式万用表	MF47	1	
2	串联型稳压电源		1	原理图如图3-1-3

3.1.4.2　实训内容与步骤

(1)分别用指针式万用表、数字式万用表测量电路中测试点*A*、*B*、*C*、*D*、*E*、*F*处的电压，记录在数据记录表3-1-2对应表格中；

(2)分别用指针式万用表、数字式万用表测量电路中负载中的电流，记录在数据记录表3-1-2对应表格中。

注意：①使用指针表测量电路参数时，一定要注意极性不能接反；

②测量电压与电流时注意挡位的选择；

③测试点*A*、*B*、*C*、*D*处电压为交流电压，*E*、*F*处电压为直流电压；

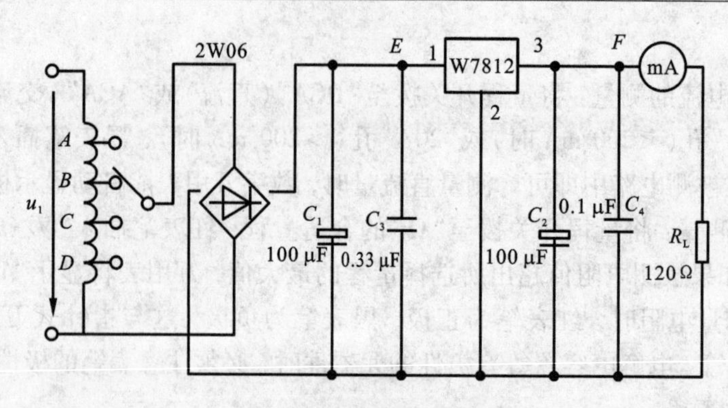

图 3－1－3 串联型稳压电源

④测量电压时将万用表并联在电路中，测量电流时将万用表串联在电路中。

3.1.4.3 实训记录

表 3－1－2 数据记录表

测量参数	负载电流 I/mA	A 点电压 U_A/V	B 点电压 U_B/V	C 点电压 U_C/V	D 点电压 U_D/V	E 点电压 U_E/V	F 点电压 U_F/V
指针表测量值							
数字表测量值							

3.1.4.4 考核评价

测量串联型稳压电源中电路参数考核评价如表 3－1－3 所示。

表 3－1－3 考核评价表

<table>
<tr><th colspan="2">评价内容</th><th>配分</th><th>考核点</th><th>得分</th><th>备注</th></tr>
<tr><td colspan="2" rowspan="5">职业素养与
操作过程规范
（30 分）</td><td>5</td><td>正确着装，做好工作前准备</td><td></td><td rowspan="8">出现明显失误造成贵重元件或仪表、设备损坏；严重违反实训纪律，造成恶劣影响的记 0 分</td></tr>
<tr><td>5</td><td>采用正确的方法选择器材、器件</td><td></td></tr>
<tr><td>10</td><td>合理选择工具，不浪费材料</td><td></td></tr>
<tr><td>5</td><td>按正确流程进行任务实施，并及时记录数据</td><td></td></tr>
<tr><td>5</td><td>任务完成后，整齐摆放工具及凳子、整理工作台面等并符合“6S”要求</td><td></td></tr>
<tr><td rowspan="3">作品质量
（70 分）</td><td>测量</td><td>30</td><td>①能正确使用万用表；
②测量电压电流极性正确；
③测量电压电流时挡位选择合理</td><td></td></tr>
<tr><td>功能</td><td>10</td><td>电路中参数的测量方法正确</td><td></td></tr>
<tr><td>数据记录分析</td><td>30</td><td>对各项参数进行测量时读数准确，记录规范，并能对数据进行分析</td><td></td></tr>
</table>

3.1.4.5　**实训考核**

(1)简述测量电流时应注意什么事项。

(2)简述测量直流电压和交流电压时操作有什么不同。

3.1.5　拓展提高：兆欧表

兆欧表又称摇表，如图3－1－4所示。它的刻度是以兆欧(MΩ)为单位的。兆欧表是电力、邮电、通信、机电安装和维修以及利用电力作为工业动力或能源的工业企业部门常用而必不可少的仪表。它适用于测量各种绝缘材料的电阻值及变压器、电机、电缆及电器设备等的绝缘电阻。

3.1.5.1　**使用前的准备工作**

(1)检查兆欧表是否能正常工作。将兆欧表水平放置，空摇兆欧表手柄，指针应该指到∞处，再慢慢摇动手柄，使L和E两接线桩输出线瞬时短接，指针应迅速指零。注意在摇动手柄时不得让L和E短接时间过长，否则将损坏兆欧表。

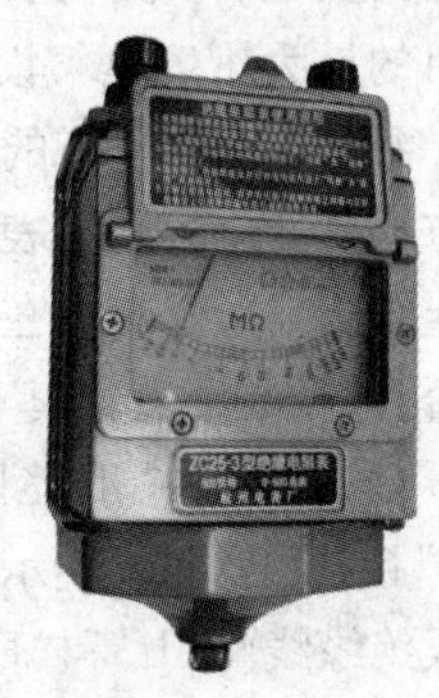

图3－1－4　兆欧表

(2)检查被测电气设备和电路，看是否已全部切断电源。绝对不允许设备和线路带电时用兆欧表去测量。

(3)测量前，应对设备和线路先行放电，以免设备或线路的电容放电危及人身安全和损坏兆欧表，这样还可以减少测量误差，同时注意将被测试点擦拭干净。

3.1.5.2　**使用注意事项**

(1)兆欧表必须水平放置于平稳牢固的地方，以免在摇动时因抖动和倾斜产生测量误差。

(2)接线必须正确无误，兆欧表有三个接线桩——“E”(接地)、“L”(线路)和“G”(保护环或叫屏蔽端子)。保护环的作用是消除表壳表面“L”与“E”接线桩间的漏电和被测绝缘物表面漏电的影响。在测量电气设备对地绝缘电阻时，“L”用单根导线接设备的待测部位，“E”用单根导线接设备外壳，如测电气设备内两绕组之间的绝缘电阻时，将“L”和“E”分别接两绕组的接线端；当测量电缆的绝缘电阻时，为消除因表面漏电产生的误差，“L”接线芯，“E”接外壳，“G”接线芯与外壳之间的绝缘层。

(3)“L”、“E”、“G”与被测物的连接线必须用单根线，绝缘良好，不得绞合，表面不得与被测物体接触。

(4)摇动手柄的转速要均匀，一般规定为120 r/min，允许有±20%的变化，最多不应超过±25%。通常都要摇动一分钟后，待指针稳定下来再读数。如被测电路中有电容时，先持续摇动一段时间，让兆欧表对电容充电，指针稳定后再读数，测完后先拆去接线，再停止摇动。若测量中发现指针指零，应立即停止摇动手柄。

(5)测量完毕，应对设备充分放电，否则容易引起触电事故。

(6)禁止在雷电时或附近有高压导体的设备上测量绝缘电阻。只有在设备不带电又不可能受其他电源感应而带电的情况下才可测量。

(7)兆欧表未停止转动以前，切勿用手去触及设备的测量部分或兆欧表接线桩。拆线时也不可直接去触及引线的裸露部分。

(8)兆欧表应定期校验。校验方法是直接测量有确定值的标准电阻，检查其测量误差是否在允许范围以内。

3.1.5.3 兆欧表的正确使用方法

(1)兆欧表的选择：主要是根据不同的电气设备选择兆欧表的电压及其测量范围。对于额定电压在500 V以下的电气设备，应选用电压等级为500 V或1000 V的兆欧表；额定电压在500 V以上的电气设备，应选用1000 ~ 2500 V的兆欧表。

(2)测试前的准备：测量前将被测设备切断电源，并短路接地放电3 ~ 5 min，特别是电容量大的，更应充分放电以消除残余静电荷引起的误差，保证正确的测量结果以及人身和设备的安全；被测物表面应擦干净，绝缘物表面的污染、潮湿，对绝缘的影响较大，而测量的目的是为了解电气设备内部的绝缘性能，一般都要求测量前用干净的布或棉纱擦净被测物，否则达不到检查的目的。兆欧表在使用前应平稳放置在远离大电流导体和有外磁场的地方；测量前对兆欧表本身进行检查。开路检查，两根线不要绞在一起，将发电机摇动到额定转速，指针应指在“∞”位置。短路检查，将表笔短接，缓慢转动发电机手柄，看指针是否到“0”位置。若零位或无穷大达不到，说明兆欧表有毛病，必须进行检修。

(3)接线：一般兆欧表上有三个接线柱，“L”表示“线”或“火线”接线柱；“E”表示“地”接线柱，“G”表示屏蔽接线柱。一般情况下“L”和“E”接线柱，用有足够绝缘强度的单根绝缘线将“L”和“E”分别接到被测物导体部分和被测物的外壳或其他导体部分(如测相间绝缘)。在特殊情况下，如被测物表面受到污染不能擦干净、空气太潮湿、或者有外电磁场干扰等，就必须将“G”接线柱接到被测物的金属屏蔽保护环上，以消除表面漏流或干扰对测量结果的影响。

(4)测量：摇动发电机使转速达到额定转速(120 r/min)并保持稳定。一般采用一分钟以后的读数为准，当被测物电容量较大时，应延长时间，以指针稳定不变时为准。

(5)拆线：在兆欧表没停止转动和被测物没有放电以前，不能用手触及被测物和进行拆线工作，必须先将被测物对地短路放电，然后再停止兆欧表的转动，防止电容放电损坏兆欧表。

(6)测量电动机的绝缘电阻时，E端接电动机的外壳，L端接电动机的绕组。

思考与练习

1. 欧姆表是由表头、干电池和调零电阻等串联而成的，有关欧姆表的使用和连接，正确的叙述是 ( )

A. 测电阻前要使红黑表笔相接，调节调零电阻，使表头的指针指零

B. 红表笔与表内电池的正极相接，黑表笔与表内电池的负极相接

C. 红表笔与表内电池的负极相接，黑表笔与表内电池的正极相接

D. 测电阻时，表针偏转角度越大，待测电阻值越大

2. 甲、乙两同学使用欧姆挡测同一个电阻时，他们都把选择开关旋到“×100”挡，并能正确操作。他们发现指针偏角太小，于是甲就把开关旋到“×1 k”挡，乙把选择开关旋到“×10”挡，但乙重新调零，而甲没有重新调零，则以下说法正确的是 ( )

A. 甲选挡错误,而操作正确　　B. 乙选挡正确,而操作错误

C. 甲选挡错误,操作也错误　　D. 乙选挡错误,而操作正确

3. 用欧姆表测一个电阻 R 的阻值,选择旋钮置于"×10"挡,测量时指针指在100与200刻度的正中间,可以确定　　(　　)

A. $R=150\Omega$　　B. $R=1500\Omega$

C. $1000\ \Omega<R<1500\ \Omega$　　D. $1500\ \Omega<R<2000\ \Omega$

4. 在使用多用电表的欧姆挡测电阻时,应　　(　　)

A. 使用前检查指针是否停在欧姆挡刻度线的"∞"处

B. 每次测量前或每换一次挡位,都要进行一次电阻调零

C. 在测量电阻时,电流从黑表笔流出,经被测电阻到红表笔,再流入多用电表

D. 测量时若发现表针偏转的角度较小,应该更换倍率较小的挡来测量

5. 如果收音机不能正常工作,需要判断干电池是否已经报废,可取出一节干电池用多用表来测量它的电动势,下列步骤中正确的是　　(　　)

①把多用表的选择开关置于交流500 V挡或置于OFF挡

②把多用表的红表笔和干电池的负极接触,黑表笔与正极接触

③把多用表的红表笔和电池的正极接触,黑表笔与负极接触

④在表盘上读出电压值

⑤把多用表的选择开关置于直流25 V挡

⑥把多用表的选择开关置于直流5 V挡

A. ⑤③④①　　B. ②⑤①④

C. ⑥③④①　　D. ⑥②④①

6. 用多用电表欧姆挡测电阻,有许多注意事项,下列说法中哪些是错误的　　(　　)

A. 测量前必须调定位螺丝使指针指零,而且每测一次电阻都要重新调零

B. 每次换挡后必须重新进行电阻调零

C. 待测电阻如果是连接在某电路中,应把它先与其他元件断开,再进行测量

D. 两个表笔要与待测电阻接触良好才能测得较准确,为此,应当用两只手分别将两支表笔与电阻两端紧紧捏在一起

E. 使用完毕应当拔出表笔,并把选择开关旋到交流电压最高挡

7. 欧姆调零后,用"×10"挡测量一个电阻的阻值,发现表针偏转角度极小,正确的判断和做法是　　(　　)

A. 这个电阻值很小

B. 这个电阻值很大

C. 为了把电阻测得更准一些,应换用"×1"挡,重新欧姆调零后进行测量

D. 为了把电阻测得更准一些,应换用"×100"挡,重新欧姆调零后进行测量

8. 一只多用电表的测量电阻部分共分×1、×10、×100、×1 k四挡,某学生用这只多用电表来测一个电阻的阻值,他选择×100挡,并按使用规则正确地调整好了多用电表,测量时表针的偏转接近最右端的"0"和"1"正中间,为使测量结果尽可能准确,他决定再测量一次,再次测量中,他应选择的是________挡。

9. 万用表一般能测量电学基本物理量________、________和电流。

任务3.2 测量电路元件

3.2.1 任务描述

作为电路中最常用的元件，电阻器、电容器、电感器几乎是任何一个电子线路中不可缺少的部件，在电路中发挥着重要的作用。那么如何识别电阻器、电容器、电感器？如何检测电阻器、电容器、电感器？下面我们通过本任务的实施，掌握电阻器、电容器、电感器的基本知识。

3.2.2 任务目标

(1)认识常用的电阻器、电容器、电感器。

(2)熟悉电阻器、电容器、电感器的功能。

(3)掌握电阻器、电容器、电感器的测量方法。

3.2.3 基础知识一：电阻器

3.2.3.1 认识电阻

电阻的定义：导体对电流的阻碍作用叫电阻，电阻是导体的一种基本性质，与导体的横截面积、材料、长度、温度有关。

我们经常所说的电阻是指电阻器件，简称电阻器，用字母 R 表示。

电阻器是一种具有一定阻值、几何形状、性能参数、在电路中起阻碍作用的实体非极性组件。它在电路中的主要作用是稳定和调节电路中的电流和电压，作为分流器、分压器和消耗电能的负载使用。

电阻的基本单位是欧姆（Ω），其他单位有：千欧(kΩ)、兆欧(MΩ)。

电阻单位换算：

1 MΩ = 1000 kΩ

1 kΩ = 1000 Ω

电阻在电路中的符号如图 3-2-1 所示。

图3-2-1 电阻器符号

3.2.3.2　电阻的分类

1. 按阻值特性

按阻值特性可分为固定电阻、可调电阻、特种电阻(敏感电阻)。

不能调节的，我们称之为定值电阻或固定电阻，而可以调节的，我们称之为可调电阻。常见的可调电阻是滑动变阻器，例如收音机音量调节的装置是个圆形的滑动变阻器，主要应用于电压分配的，我们称之为电位器。

2. 按制造材料

按制造材料可分为碳膜电阻、金属膜电阻、线绕电阻、无感电阻、薄膜电阻等。

(1)碳膜电阻

碳膜电阻(碳薄膜电阻)为最早期也最普遍使用的电阻器，利用真空喷涂技术在瓷棒上面喷涂一层碳膜，再将碳膜外层加工切割成螺旋纹状，依照螺旋纹的多寡来定其电阻值，螺旋纹愈多时表示电阻值愈大。最后在外层涂上环氧树脂密封保护而成。其阻值误差虽然较金属膜电阻高，但其价格便宜。

(2)金属膜电阻

金属膜电阻同样利用真空喷涂技术在瓷棒上面喷涂，只是将碳膜换成金属膜(如镍铬)，在金属膜车上螺旋纹做出不同阻值，并且于瓷棒两端镀上贵金属。虽然它较碳膜电阻器贵，但低杂音、稳定、受温度影响小、精确度高成了它的优势。

(3) 金属氧化膜电阻

某些仪器或装置需要长期在高温的环境下操作，使用一般的电阻未能保持其安定性。在这种情况下可使用金属氧化膜电阻(金属氧化物薄膜电阻器)，它是利用高温燃烧技术于高热传导的瓷棒上面烧附一层金属氧化物薄膜(用锡和锡的化合物喷制成溶液，经喷雾送入500℃的恒温炉，涂覆在旋转的陶瓷基体上而形成的)。

(4)合成膜电阻

将导电合成物悬浮液涂敷在基体上而得，因此也叫漆膜电阻。由于其导电层呈现颗粒状结构，所以其噪声大，精度低，主要用它制造高压、高阻、小型电阻器。

(5)绕线电阻

用高阻合金线绕在绝缘骨架上制成，外面涂有耐热的釉绝缘层或绝缘漆。绕线电阻具有较低的温度系数，阻值精度高，稳定性好，耐热耐腐蚀，主要做精密大功率电阻使用，缺点是高频性能差，时间常数大。

(6)实芯碳质电阻

用碳质颗粒状导电物质、填料和粘合剂混合制成一个实体的电阻器，并在制造时植入导线。电阻值的大小是根据碳粉的比例及碳棒的粗细长短而定。

特点：价格低廉，但其阻值误差、噪声电压都大，稳定性差，目前较少用。

3. 按安装方式

按安装方式分为插件电阻和贴片电阻。

(1)插件电阻

又叫穿孔电阻，如图3-2-2所示，焊接时电阻两端的金属管穿过电路板孔洞的表面，连接双面板上的两面电路，在多层板中还起到连接内部电路的作用。

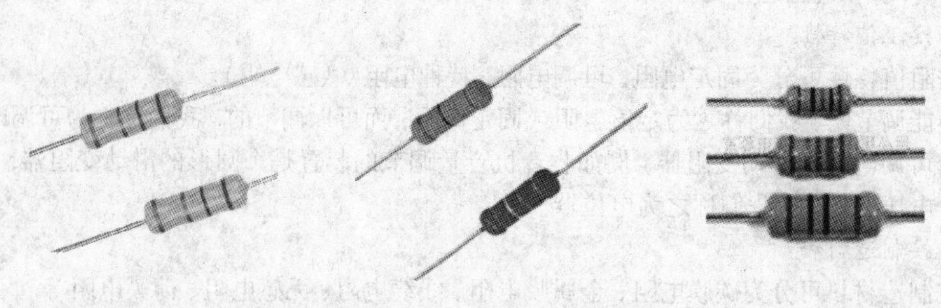

图3－2－2 插件电阻实物

(2)贴片电阻

又称片式电阻，如图3－2－3所示，是金属玻璃釉电阻器中的一种，是将金属粉和玻璃釉粉混合，采用丝网印刷法印在基板上制成的电阻器。目前手机主板多采用贴片电阻。

(a)贴片电阻及料带　(b)贴片电阻(有字码)　(c)贴片电阻(无字码)

图3－2－3 贴片电阻

4. 按功能分

按功能分为负载电阻、采样电阻、分流电阻、保护电阻等。

3.2.3.3 电阻的主要参数

1. 额定功率

在规定的环境温度和湿度下，长期连续负载而不损坏或基本不改变性能的前提下，电阻器允许消耗的最大功率称之为额定功率。

电阻的额定功率通常分19个等级。常用的有：

1/20W、1/16 W、1/8W、1/4 W、1/20 W、1W、2W、3W、5W、7W、10W。

电阻在实际运用中，一般选用的额定功率比实际消耗的功率高1～2倍。

2. 允许误差

允许误差表示电阻产品的精度，电阻器实际阻值对于标称阻值的最大允许偏差范围。允许误差的等级有：A(±0.05%)、B(±0.1%)、C(±0.25%)、D(±0.5%)、F(±1%)、G(±2%)、J(±5%)、K(±10%)、L(±15%)、M(±20%)、N(±30%)。

3. 标称阻值

标称在电阻器上的电阻值称为标称值。单位有Ω，kΩ，MΩ。标称值是根据国家制定的标准系列标注的，不是生产者任意标定的。不是所有阻值的电阻器都存在标称值。

3.2.3.4　**常见导体的电阻率以及计算**

导体的电阻与四个因素有关：导体的长度、导体的横截面积、导体的种类（材料）和温度。用公式表示为

$$R=\rho\frac{L}{S}$$

式中，L 为物体长度，S 为物体的横截面积，比例系数 ρ 叫做物体的电阻系数或是电阻率，它与物体的材料有关，在数值上等于单位长度、单位面积的物体在20℃时所具有的电阻值。常见材料的电阻率见表3－2－1。

表3－2－1　几种常见材料在20℃时的电阻率

材料		电阻率/Ω·m	主要用途
纯金属	银	1.6×10^{-8}	导线镀银、触点等
	铜	1.7×10^{-8}	制造各种导线
	铝	2.9×10^{-8}	制造各种导线
	钨	5.3×10^{-8}	电灯灯丝、电器触点
	铁	1.0×10^{-7}	电工材料、制造钢材
合金	锰铜（85%铜、12%锰、3%镍）	4.4×10^{-7}	制造标准电阻、滑线电阻
	康铜（54%铜、46%镍）	5.0×10^{-7}	制造标准电阻、滑线电阻
	镍铬合金（67.5%镍、15%铬、16%铁、1.5%锰）	1.2×10^{-6}	电炉丝
半导体	硒、锗、硅等	$10^{-4}\sim10^{7}$	制造各种晶体管、晶闸管
绝缘体	电木、塑料	$10^{10}\sim10^{14}$	电器外壳、绝缘支架等
	橡胶	$10^{13}\sim10^{16}$	绝缘手套、鞋、垫等

根据公式可以知道：

（1）导体的长度、材料相同时，横截面积越大，电阻越小；

（2）导体的横截面积、材料相同时，长度越长，电阻越大；

（3）导体的横截面积、长度相同时，导体的材料不同，电阻大小不同。

大多数金属的电阻随温度的升高而增大。

3.2.4　基础知识二：电容器

电容器跟水桶相似，都具有储存物质的作用。只不过水桶是存储水的，而电容器是用来存储电荷的。电容器和电阻一样，作为电路的基本元件，在电工和电子技术中有着非常

广泛的应用。那么电容器是如何组成的？它在实际中有哪些作用呢？

3.2.4.1　**电容器**

储存电荷的元件称为电容器，文字符号为 C，是电路的基本元件之一，在电工和电子技术中有很重要的应用。

任何两个彼此绝缘而又互相靠近的导体都可构成电容器。组成电容器的两个导体称为极板，中间的绝缘物质称为电介质。常见电容器的电介质有空气、纸、油、云母、塑料、陶瓷等。

两块正对的平行金属板，相隔很近且彼此绝缘，就组成一个最简单的电容器，叫做平行板电容器。它的结构示意图和图形符号如图 3－2－4 所示。

把电容器的两极分别与直流电源的正、负极相接后，与电源正极相接的电容器一个极板上的电子被电源正极吸引而带正电荷，电容器另一个极板会从电源负极获得等量的负电荷，从而使电容器储存了电荷。这种使电容器储存电荷的过程叫充电。充电后，电容器两极板总是带等量异种电荷。我们把电容器每个极板所带电荷量的绝对值，叫做电容器所带电荷量。充电后，电容器的两极板之间有电场，具有电场能，如图 3－2－5 所示。

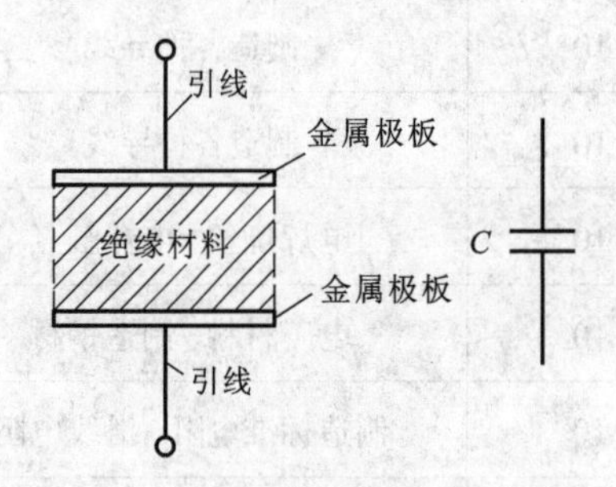

图 3－2－4　平行板电容器的示意图

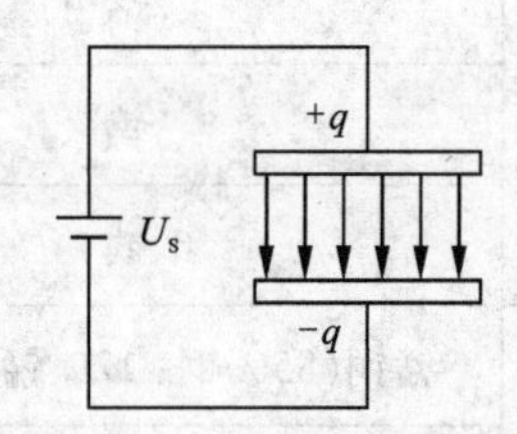

图 3－2－5　充电后的电容器

用一根导线把充电后的电容器两极板短接，两极板上所带的正、负电荷互相中和，电容器不再带电了。使充电后的电容器失去电荷的过程叫做放电。放电后，电容器两极板间不再存在电场。

3.2.4.2　**电容**

电容器充电后。两极板间便产生电压。实验证明：对任何一个电容器来说，两极板的电压都随所带电荷量增加而增加，并且电荷量与电压成正比，其比值 q/U 是一个恒量；而不同的电容器这个比值一般是不同的。可见，比值 q/U 表征了电容器的固有特性。我们把电容器所带电荷量跟它的端电压的比值叫做电容器的电容量，简称电容。显然，当电容器两极板电压 U 一定时，这个比值越大，电容器容纳的电荷量越多，所以电容器的电容表征了电容器容纳电荷的本领，这就是电容的物理意义。

如果用 q 表示电容器所带电荷量，用 U 表示它两极板间的电压，用 C 表示它的电容。则

$$C = q/U$$

在国际单位制中，电量 q 的单位是库仑(C)，电压 U 的单位是伏特(V)，电容 C 的单位是法拉(F)，简称法。

电容在数值上等于在单位电压作用下电容器每个极板所储存的电荷量。如果在电容器

两极板间加 1 V 电压，每个极板所储存的电荷量为 1 C，则其电容就为 1 F。

$$1\ \mathrm{F}=1\mathrm{C/V}$$

法拉(F)是个很大的单位，在实际应用中常用较小的辅助单位微法(μF)和皮法(pF)，它们之间的换算关系是

$$1\mathrm{F}=10^{6}\mu\mathrm{F}=10^{12}\mathrm{pF}$$

若电容器的电容为 C(F)，端电压为 U(V)，则该电容器所带电荷量为

$$q=CU$$

习惯上电容器常简称为电容，所以文字符号 C 具有双重意义：它既代表电容器元件，也代表它的重要参数电容量。

此外，电量单位库仑也用字母 C 表示，但用正体表示，应用时要分清物理意义，不可混淆。

例 3-2-1　将一个电容量为 4.7 μF 的电容器接到电动势为 1000 V 的直流电源两端，充电结束后，求电容器极板上所带的电荷量。

解：由电容公式可得

$$q=CU=4.7\times10^{-3}\times1000\mathrm{C}=4.7\mathrm{C}$$

3.2.4.3　平行板电容器的电容

平行板电容器是最常见的一种电容器。我们知道，电阻是导体固有的特性，其大小仅由导体本身因素决定($R=\rho l/S$)；同样，电容是电容器的固有特性，其大小也由电容器的结构决定，而与外界条件变化无关。经过理论推导和实践证明：平行板电容器的电容与两极板的正对面积 S 成正比，与两极板间的距离 d 成反比，还与极板间的电介质的性质有关，即

$$C=\varepsilon\frac{S}{d}=\varepsilon_r\varepsilon_0\frac{S}{d}$$

式中：S——表示两极板的正对面积(m^2)；

d——表示两极板间距离(m)；

ε——表示电介质的介电常数(F/m)；

C——表示电容器的电容(F)。

介电常数 ε 又称电容率。大小由电介质的性质决定。实验测出真空中的介电常数 $\varepsilon_0=8.86\times10^{-12}\mathrm{F/m}$，是个恒量。某电介质的介电常数 ε 与 ε_0 的比值称为该电介质的相对介电常数，用 ε_r 表示，即 $\varepsilon_r=\frac{\varepsilon}{\varepsilon_0}$ 或 $\varepsilon=\varepsilon_r\varepsilon_0$。因为介质为真空时，电容 $C_0=\frac{\varepsilon_0 S}{d}$，插入介电常数为 ε 的电介质后，电容为 $C=\frac{\varepsilon S}{d}=\frac{\varepsilon_r\varepsilon_0 S}{d}$ 可得 $\varepsilon_r=\frac{C}{C_0}$ 或 $C=\varepsilon_r C_0$，即相对介电常数 ε_r 的物理意义是：表示在原为真空的两极板间插入某电介质后电容增大的倍数。表 3-2-2 中列出了常用电介质的相对介电常数，在电工手册等工具书中也可查到。

表 3－2－2　常用电介质的相对介电常数

介质名称	ε_r	介质名称	ε_r
空气	1	聚苯乙烯	2.2
云母	6～7.3	三氧化二铝	8.5
石英	4.2	酒精	35
电容纸	4.3	纯水	80
超高频陶瓷	7.0～8.5	五氧化二钼	11.6
变压器油	2.2	钛酸钡陶瓷	10^3～10^4

值得注意的是，由于任何两个相互绝缘的导体间都存在着电容，所以在电气设备中，常存在着并非人们有意识设置，然而又均匀分布在带电体之间的电容，称之为分布电容。例如在输电线之间，输电线与大地之间，电子仪器的外壳与导线之间及线圈的匝与匝之间都存在分布电容。虽然，一般分布电容的数值很小，其作用可忽略不计。但在长距离传输线路中，或传输高频信号时，分布电容的存在有时会对正常工作产生干扰，在工程设计时必须加以预防。

3.2.4.4　**电容器的检测方法**

(1)用数字万用表的电容挡可测量电容器的电容量。

(2)用指针式万用表的欧姆挡可粗略检测大电容的质量。

利用万用表表针摆动情况检测电容器的好坏，如图 3－2－6 所示。而对于小容量电容器，用万用表欧姆挡检测时，测得的电阻值越大越好，一般在几百千欧～几千千欧；若测的电阻值很小甚至为零，说明电容器内部已经短路。电容器断路是指电容器内部的引线与极板断开，用万用表欧姆挡检测时，指针不动；电容器击穿就是指电容器内部介质材料被损坏后，两极板之间出现短路现象，用万用表欧姆挡检测时，指针指示为零；电容器漏电是指电容器两极板间介质的绝缘性能下降，存在漏电阻，电容量减小，此时用万用表欧姆挡检测时，其电阻值不定，电阻值随漏电的增大而减小。

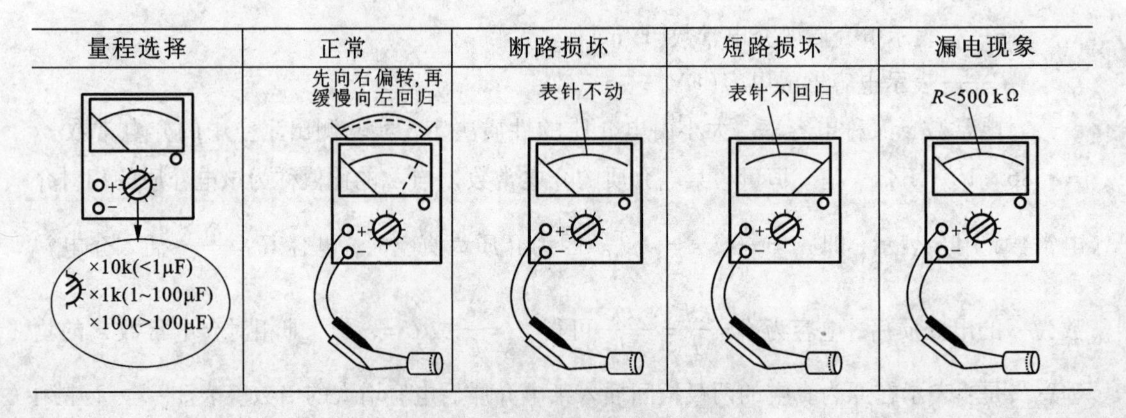

图 3－2－6　大容量电容器的检测

3.2.4.5　电容器的连接

在实际应用中，电容器的选择主要考虑电容器的容量和额定工作电压。如果电容器的容量和额定工作电压不能满足电路要求，可以将电容器适当连接，以满足电路工作要求。

1. 电容器串联电路

将两只或两只以上的电容器首尾依次相联，中间无分支的连接方式叫做电容器的串联，如图3－2－7所示。

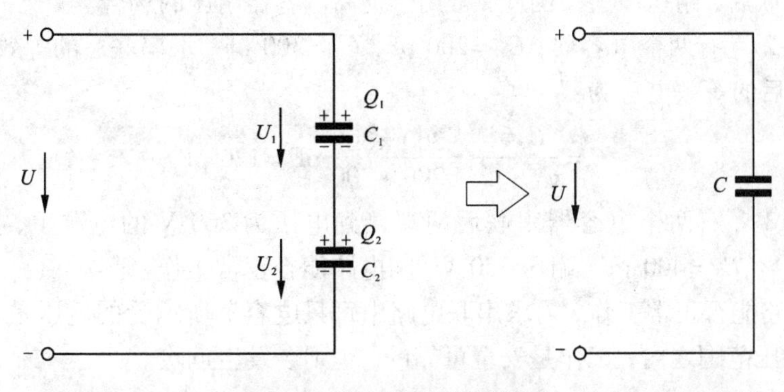

图3－2－7　电容器串联电路

(1)电容器串联电路特点

①电量特点。电容器串联电路各电容器所带的电量相等。

在电容串联电路中，将电源接到这个电容器组的两个极板上，当给电容器 C_1 上面的极板充上电荷量 $+Q$ 时，则下面的极板由于静电感应而产生电荷量 $-Q$，这样电容器 C_2 上面的极板出现电荷量 $+Q$，下面的极板带电量 $-Q$。因此，每个电容器的极板上充有等量异种电荷，各电容器所带的电量相等，并等于串联后等效电容器上所带的电量，即：

$$Q = Q_1 = Q_2$$

②电压特点。电容器串联电路的总电压等于每个电容器两端电压之和。即

$$U = U_1 + U_2$$

③电容特点。将上式同除以电量 Q，得

$$\frac{U}{Q} = \frac{U_1}{Q} + \frac{U_2}{Q}$$

因为

$$Q = Q_1 = Q_2$$

所以

$$\frac{1}{C} = \frac{1}{C_1} + \frac{1}{C_2}$$

即电容器串联电路的等效电容的倒数等于各个分电容的倒数之和。

注意： 电容器串联电路的电容特点与电阻并联电路的电阻特点类似，实际应用中要加以区别。

当有 n 个等值电容串联时，其等效电容为 $C = C_0/n$。

(2)电压分配。因为

$$Q=Q_1=Q_2$$

所以

$$C_1U_1=C_2U_2$$

即电容器串联电路中各电容器两端的电压与电容量成反比。

同学们可以对照两个电阻并联的分流公式推导出两个电容器串联的分压公式。

(3)电容器串联电路的应用

电容器串联后，耐压增大。因此，常用于提高电容器耐压的场合。

例3-2-2 有两个电容器，$C_1=200$ pF，$C_2=300$ pF，求串联后的等效电容。

解：串联后的等效电容为：

$$C=\frac{C_1C_2}{C_1+C_2}=\frac{200\times300}{200+300}\ \text{pF}=120\ \text{pF}$$

例3-2-3 有两个电容器串联后两端接到电压为360 V的电源上，其中$C_1=100$ pF，耐压100 V，$C_2=400$ pF，耐压350 V，问电路能否正常工作？

解析：电路能否正常工作，需求串联电路中每只电容器所承受的电压是否超过自身的耐压。若在耐压范围之内，工作是安全可靠的，否则会发生危险。

解：总电容

$$C=\frac{C_1C_2}{C_1+C_2}=\frac{100\times400}{100+400}\ \text{pF}=80\ \text{pF}$$

各电容所带电荷量

$$Q=Q_1=Q_2=CU=80\times10^{-12}\times360\ \text{C}=2.88\times10^{-8}\ \text{C}$$

电容器C_1承受的电压

$$U_1=\frac{Q}{C_1}=\frac{2.88\times10^{-8}}{100\times10^{-12}}\ \text{V}=288\ \text{V}>100\ \text{V}$$

电容器C_2承受的电压

$$U_2=\frac{Q}{C_2}=\frac{2.88\times10^{-8}}{400\times10^{-12}}\ \text{V}=72\ \text{V}$$

由于电容器C_1所承受的电压是288 V，超过了它的耐压，C_1会被击穿，导致360 V电压全部加到C_2上，C_2也会被击穿。因此，电路不能正常工作。

2. 电容器并联电路

将两个或两个以上电容器接在相同的两点之间的连接方式叫做电容器的并联，如图3-2-8所示。

(1)电容器并联电路特点

①电压特点。电容器并联电路每个电容器两端的电压相同，并等于外加电源电压，即

$$U=U_1=U_2$$

②电量特点。由于并联电容器两端的电压相同，每个电容器所充有的电荷量为

$$Q_1=C_1U,\ Q_2=C_2U$$

所以，总电荷量为

$$Q=Q_1+Q_2$$

③电容特点。电容器并联后的等效电容量等于各个电容器的电容量之和。

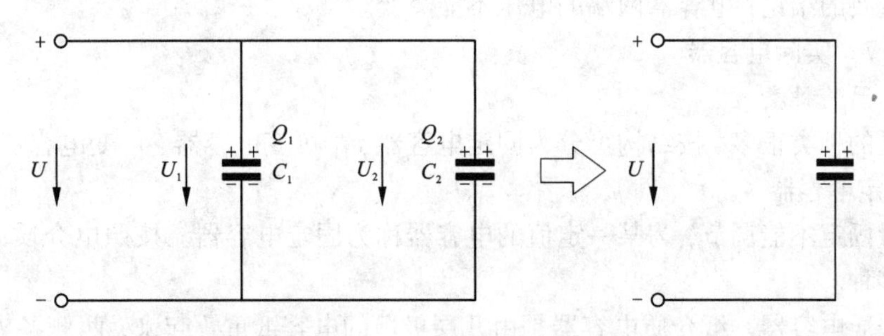

图3-2-8　电容器并联电路

$$C = \frac{Q}{U} = \frac{Q_1 + Q_2}{U} = \frac{C_1U + C_2U}{U} = C_1 + C_2$$

即

$$C = C_1 + C_2$$

当 n 个等值电容并联时，其等效电容为 $C = nC_0$。

(2)电容器并联电路的应用

电容器并联后，电容量增大，因此，常用于增大电容器容量的场合。

电容器并联电路中，每只电容器均承受外加电压，因此每只电容器的耐压均应大于外加电压。如果一只电容器被击穿，整个并联电路被短路，会对电路造成危害。所以，等效电容的耐压值为并联电路中耐压最小的电容耐压值。

例3-2-3　有两个电容器并联，已知 $C_1 = 2\ \mu F$，耐压100 V，$C_2 = 10\ \mu F$，耐压200 V，求并联后的等效电容及耐压。

解：电路能否正常工作，每只电容器的耐压均应大于外加电压，所以等效电容耐压值应保证每个电容都能承受。

并联后的等效电容为 $C = C_1 + C_2 = (2 + 10)\ \mu F = 12\ \mu F$

并联后的耐压 $U_C = 100\ V$

3.2.4.6　**电容器中的电场能**

由于充电后的电容器的两极板上储存着等量而异号的电荷，所以电容器两极板间就存在着电场，并在其中储存着电场能量。实际上，电容器充电的过程就是吸收电源输出的能量，并转换成电场能量储存于电容器中的过程；而放电过程是电容器把在充电时储存的电场能量释放出来，又转换成其他形式能量的过程。可见，电容器在充放电过程中，只是吸收和释放能量，本身并不消耗能量，所以电容器和一般的水容器一样，是一种储能元件。

电容器所储存的电场能量 W_C 与电容器的电容量 C 和两极板之间的电压 U 有关，其关系是：

$$W_C = \frac{1}{2}CU^2$$

式中：C——电容器的容量(F)；

U——电容器两极板之间的电压(V)；

W_C——电容器存储的电场能量(J)。

电场能量和其他能量一样，只能逐渐积累，或逐渐释放，不能产生突变。因此，可以得出一个重要的结论：电容器两端的电压不能突变。

3.2.4.7 实际电容器

1. 电容器的种类

电容器的种类很多，按结构可分为固定电容器、半可变电容器、可变电容器三类。

(1)固定电容器

电容量固定不能调节，为某一定值的电容器称为固定电容器。按照电介质的不同，又可分为许多种。

①纸介质电容器。纸介质电容器是由几层极薄的电容纸重叠起来，两侧各夹着一条长铝箔作为极板，卷成圆筒形，装在纸壳、玻璃壳或瓷管内，用蜡或火漆密封而成。其外形如图3－2－9所示。纸介质电容器的成本低，电容量可做得稍大，从几百皮法到几微法；但该电容器损耗较大，易受潮漏电甚至腐烂。多用于低频电路。

②金属化纸介质电容器。它的电极不用金属箔，而是直接在电容纸上覆盖一层极薄的金属膜，卷成筒形，如图3－2－10所示。它的体积较小、容量较大。其突出特点是它的“自愈作用”，即当电容器被击穿时，击穿处的金属膜发生蒸发，将击穿处与极板隔离开来，因而电容器仍能照常工作。

图3－2－9 纸介质电容器　　**图3－2－10 金属化纸介质电容器**

③油浸电容器。油浸电容器是将纸介质电容浸在绝缘油中，外层用铁壳封闭，形状如图3－2－11所示。它的绝缘性能好，耐压较高，电容量也较大，可做到几千皮法到几微法，但价格较贵。

图3－2－11 油浸电容器　　**图3－2－12 陶瓷电容器**

④陶瓷电容器。陶瓷电容器是用特种高频瓷作为介质，在两面喷涂银层，然后烧成银质薄膜，加引线后外表涂漆，外形如图3－2－12所示。它体积小，耐热性好，损耗极小，稳定性好，特别适合于高频电路中使用，并可做成负温度系数的电容器。

⑤云母电容器。云母电容器是用锡箔或喷涂银层和云母片交替叠成，两侧用金属板夹

紧，外壳用胶木或塑料等绝缘材料压紧制成，外形如图3－2－13所示。云母电容器的绝缘性能良好，能承受的电压较高，损耗小，电容量稳定，但成本较高，其电容量从几十皮法到几千皮法。

⑥有机薄膜电容器。它采用聚苯乙烯或涤纶作为介质，外形如图3－2－14所示。聚苯乙烯介质电容损耗小，稳定性好，但耐压低，温度系数大。涤纶电容介电常数高，体积小，容量大，宜用于作旁路电容。

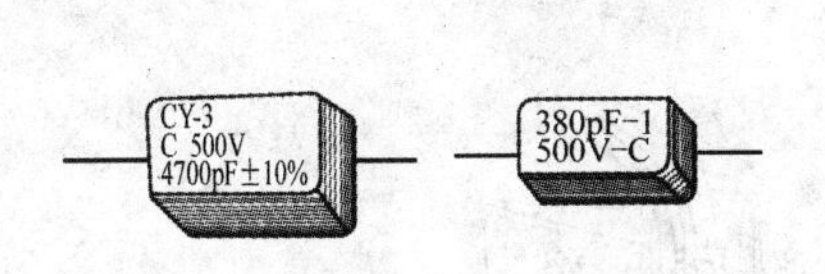

图3－2－13　云母电容器

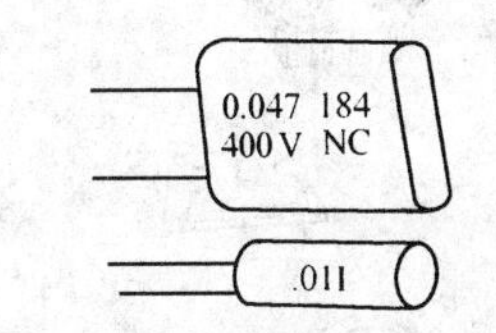

图3－2－14　有机薄膜电容器

⑦电解电容器

铝电解电容器：铝电解电容器是用铝箔和浸有电解液的纤维带交替叠好，卷成圆筒形，外面再用铝壳封装而成，其外形如图3－2－15所示。这种电容器的电容量较大，可达到几千微法甚至几万微法，但耐压较低，而且漏电现象较严重。

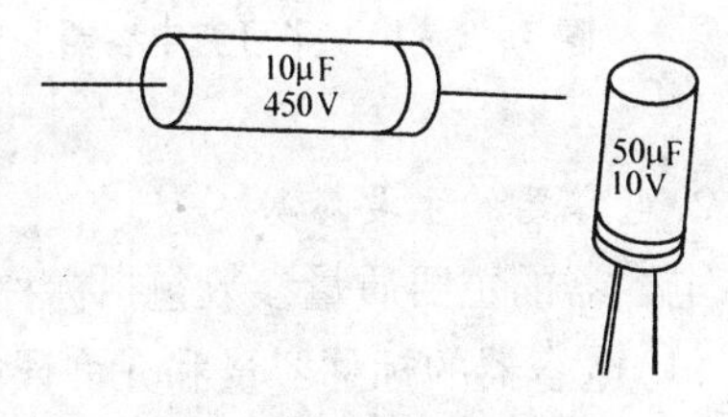

图3－2－15　铝电解电容器

钽电解电容器：它的结构与铝电解电容相似，用钽箔和浸有电解液的纤维带交替叠好，卷成筒形，装到银制或铜制镀银的外壳中密封起来。它的损耗小，体积小，寿命长，性能稳定可靠，但价格较贵。

提示：电解电容器具有固定的极性，其引线极性的确定，与其结构有关。在使用时，电容器的正极必须接高电位，负极接低电位。其他各类电容器是用两片同类材料的金属片做极板，而电解电容器则不同，例如铝电解电容器的正极板是用铝箔制成的，负极却是由工作电解质形成。铝箔或钽箔的表面有一层氧化薄膜，它就是使两极分开的介质。然而，由于氧化层薄膜具有单向导电特性，也就是说只有当电容器的正极接高电位，负极接低电位时，氧化膜介质才能起绝缘作用。如果极性接反，氧化膜介质则不能起绝缘作用，这时电容器中就会有很大的电流通过，使电容器发热，以至损坏。所以，我们在使用电解电容器时，必须注意极性，不要接反。

电解电容器只能用于直流或脉动电路，不宜接在纯交流电路中使用，这是因为在交流信号的负半周相当于电容器的极性接反。

(2)半可变电容器

半可变电容器又叫微调电容器，其中电容量能在一个较小的范围内变动，而且在使用中不经常改变。它是采用陶瓷、云母以及空气作介质，外形如图3－2－16(a)所示，在电路图中用图3－2－16(b)所示的符号表示。调整电容器的方法是旋转压在动片上的螺钉，以改变动片和定片之间的距离或相对面积。

(3)可变电容器

可变电容器是一种电容量在一定范围内可以调节的元件，适用于电容量需要随时改变的电路。它是采用空气或低损耗的塑料薄膜作介质。空气介质的可变电容器应用较广泛，它由两组互相平行的铜或铝金属片组成，固定不动的一组叫定片，附着手柄可以控制旋转的一组叫动片，其外形及符号如图 3－2－17 所示。电容量的大小取决于动片与定片间的相对面积，当动片旋入使两组极板的相对面积增大时，电容量增大，反之电容量减小。

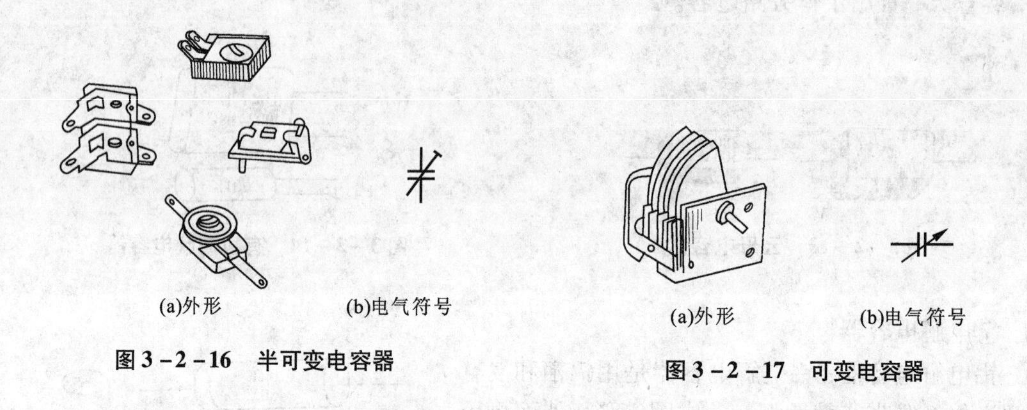

(a)外形　(b)电气符号

图 3－2－16　半可变电容器

(a)外形　(b)电气符号

图 3－2－17　可变电容器

2. 电容器的主要参数

电容器的主要质量参数包括标称容量的允许误差、耐压值、绝缘电阻和介质损耗等。

(1)电容器的标称容量和允许误差

电容器上所标明的电容值称为标称容量。电容器的实际容量和标称容量之间是有差额的，这一差额限定在它所允许的误差范围之内。

电容器的允许误差按其精密度分为五级：00 级允许误差为 ±1%；0 级允许误差为 ±2%；Ⅰ级允许误差为 ±5%；Ⅱ级允许误差为 ±10%；Ⅲ级允许误差为 ±20%。电容器的误差有的用百分数表示，有的用误差等级表示，一般都直接标在电容器的外壳上。

一般电解电容器的允许误差范围比较大，如铝电解电容器的允许误差范围是 －20% 到 +100%。

(2)电容器的耐压值

选用电容器时，电容器的耐压值一定要满足要求。如果一只电容器两极板间所加的电压高到电容器介质所不能承受的程度，介质就会被击穿。电容器两极板间所允许的最大电场强度叫击穿电场强度，这时电容器两极板间的电压叫电容器的击穿电压。一般电容器被击穿后，介质就不再绝缘，该电容器也就不能再使用了(金属化介质电容器及空气介质电容器除外)。

电容器的耐压值一般分额定电压和试验电压两种。额定电压是指电容器长期可靠工作的最高电压。试验电压是电容器在短时间内(一般为 1 s～1 min)能承受的不被击穿的电压。额定电压一般为试验电压的 50%～70%。使用时不应使加在电容器上的电压超过额定电压。电容器的额定电压通常是指直流电压，如果在交流电路中，应使所加的交流电压的最大值不超过它的额定工作电压值。

(3)电容器的绝缘电阻和介质损耗

衡量一个电容器性能和质量的好坏，除了电容量和耐压值这两个主要参数外，还有绝缘电阻和介质损耗。理想的电容器，两极板之间的电阻应是无穷大。但是，任何介质都不是绝对的绝缘体。所以，它的电阻也不会是无穷大，而是有限的数值。实验测得该数值为4 MΩ以上。我们把这个电阻称为电容器的绝缘电阻或漏电阻。在实际使用中，电容器的绝缘电阻越大越好，绝缘电阻越大，漏电流越小，绝缘性越好。一般情况下，漏电流的路径有两条：一是通过绝缘介质的内部；二是通过表面。如果电容器的质量不良，会使漏电流增加(绝缘电阻减少)，影响电路正常工作。另外，由于电容器的绝缘介质在交变电压作用下，周期性极化，使分子产生内部的摩擦等原因，也会引起能量损耗，这种能量损耗叫电容器的介质损耗，这种介质损耗同样是有害的。因为损耗大，会使介质温度升高，降低电容器的使用寿命，改变原电路的工作状态，严重时会烧坏电容器。

3. 电容器的型号与区别

固定电容器的类别、耐压值、标称电容量以及允许误差，通常都直接标在它的外壳上。其中，耐压值和允许误差很容易识别。电容器的类别一般用三个或四个字母来表示，左起第一个字母为主称，是英文字母C，代表电容器；第二个字母代表电容器所用的介质材料；第三、第四个字母代表形状和结构特征以及序号等。为了便于识别，现将电容器的符号及意义列于表3-2-2中。

表3-2-2　电容器的符号意义

主称		材料		形状和结构特征		序号
符号	意义	符号	意义	符号	意义	
C	电容器	C	瓷介	X	小型	
		Y	云母	T	铁电	
		I	玻璃釉	W	微调	
		O	玻璃膜	Y	圆片	
		B	聚苯乙烯	G	管形	
		F	聚四氟乙烯	J	金属化	
		L	涤纶	Y	高压	
		S	聚碳酸脂			
		Q	漆膜			
		Z	纸介			
		H	混合介质			
		D	铝电解			
		A	钽电解			
		N	铌			
		T	钛			
		M	纸膜			

3.2.5 基础知识三：电感器

3.2.5.1 认识电感

用绝缘导线绕制的各种线圈称为电感，我们经常所说的电感是指电感器件，简称电感器，用字母 L 表示。电感器又称扼流器、电抗器、动态电抗器。电感器是能够把电能转化为磁能而存储起来的组件。常见电感器如图 3－2－18 所示。

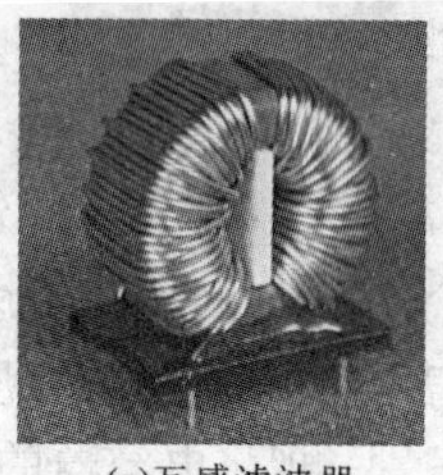

(a)互感滤波器

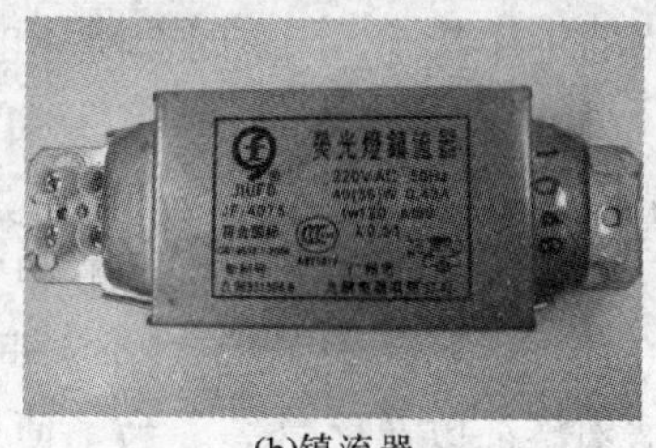

(b)镇流器

(c)变压器

图 3－2－18 常见电感器

电感是无极性的元器件，电感量的基本单位是“亨利”，简称“亨”，用字母“H”表示。

电感的单位有：亨利（H）、毫亨（mH）、微亨（μH）、纳亨（nH）。

它们的换算关系为：

1 H＝1000 mH

1 mH＝1000μH

1μH＝1000 nH

常用电感电路符号如图 3－2－19 所示。

图 3－2－19 常用电感符号

3.2.5.2 电感的特性

1. 阻交流通直流

在电子线路中，电感线圈对交流有阻碍作用。在线圈中有电流流过时线圈周围就会产生感应磁场，当线圈中的电流发生变化时磁场也跟着产生变化，变化的磁场产生感应电动势会阻碍电流的变化，因为交流电流的方向和大小是随着时间变化而变化的，所以电感对交流有阻碍作用。而直流电是恒定电流所以电感对其影响非常小。

2. 通低频阻高频

当高频信号通过电感时电感会产生很高的感抗去阻碍信号的传递，其感抗的大小与频率的高低成正比。频率越高感抗越大，频率越低感抗越小。这就是电感通低频阻高频的原因。

3.2.5.3 电感的作用

电感在电路中的作用有滤波、振荡、储能、扼流等。

1. 滤波

经过整流后的交流信号变成了脉动直流信号，在未经滤波之前信号中蕴含的干扰信号很多，并非单纯的脉动直流信号。利用电感具有通直流阻交流的特性，信号在经过电感后其中的交流成分大部分被滤除起到滤波作用，如图3－2－20。再利用电容具有通交流隔直流的特性对由电感滤波后的信号再一次进行滤波从而得出平滑的直流电压。

2. 振荡

电感是LC谐振电路中的重要组成部分，与电容一起组成并联或串联谐振电路，用以产生高频正弦波振荡信号，如图3－2－21所示。

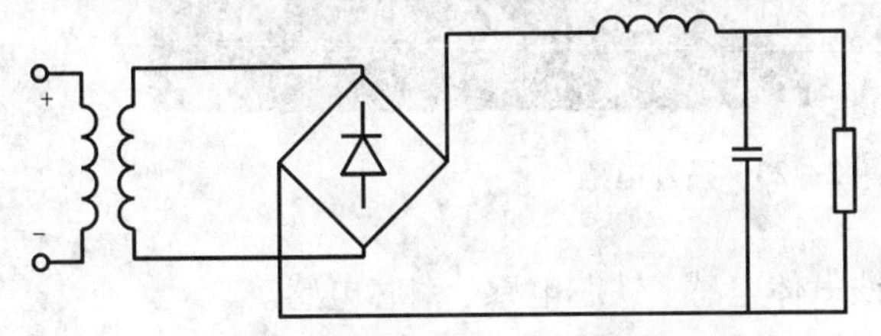

图3－2－20　电感滤波电路原理图

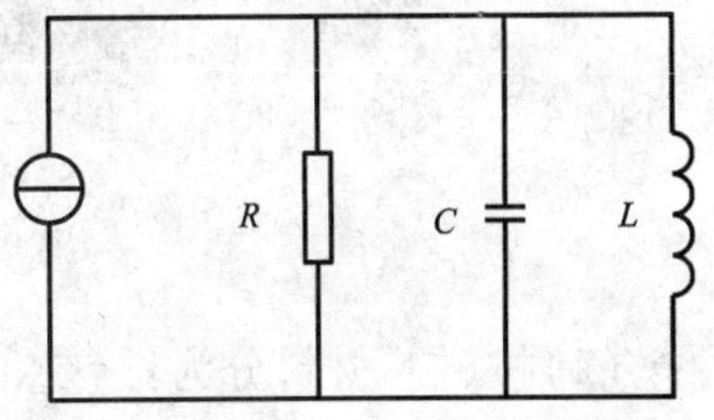

图3－2－21　LC并联谐振电路

3. 储能

电感的特点是通过的电流不能突变，储能的过程就是电流从零至稳态最大值的过程，以磁场方式储能。其储存的电能与自身的电感和流过它本身的电流的平方成正比。

4. 扼流

电感常应用于电流电路、音频电路或场输出电路等，其作用是阻止低频交流电流通过，我们称为扼流。低频阻流线圈也称低频扼流圈。

3.2.5.4　**电感的分类**

（1）按封装、焊接工艺可分为插件电感、贴片电感2大类。如图3－2－22、图3－2－23所示。

图3－2－22　插件电感

图3-2-23 贴片电感

(2)按磁芯材料分为：空芯电感、铁氧体电感、铁芯电感、铜芯电感。

(3)按绕线结构分为：单层电感、多层电感、蜂房式电感。

(4)按标示方法分为：文字符号电感、色标电感。

3.2.5.5 电感的测量

电感器电感量的测量需要专业量测工具，在实际维修当中很少对电感器的电感量进行专门的测量。实际维修中电感的测量十分简单，常用方法有：

1.用数字万用表或指针万用表欧姆(Ω)挡测量电感直流阻抗

将万用表调至欧姆挡，用万用表表笔量测电感引脚，观察读数，一般如果阻值小于10Ω则可判断电感基本正常，反之则可判断电感异常。对于测量异常的电感，维修时通常采用替换的方法。

2. 用数字万用表蜂鸣挡(·)))) 测量电感通断性

首先将数字万用表调节到蜂鸣挡，用表笔碰触电感两端的管脚，如果有蜂鸣声，则可判断电感基本正常；反之电感损毁，直接进行更换。

3.2.6 技能实训：识别与检测电阻、电容和电感

3.2.6.1 实训器材

完成实训任务所需器材如表3-2-3所示。

表3-2-3 所需器材

序号	名称	型号与规格	数量	备注
1	电阻器	常见类型	若干	
2	电容器	常见类型	若干	
3	电感器	常见类型	若干	
4	指针万用表	MF47	1	
4	数字万用表	VC890D	1	

3.2.6.2　实训内容与步骤

1. 电阻的识别与检测

(1)根据电阻器的外形特征、标识等识别其类型和参数,将数据填入表3－2－4中；

(2)分别用数字万用表和指针万用表测量各电阻器的阻值，记录测量数据于表3－2－4中；

(3)计算其相对误差。

注意：测量时不要用手接触电阻器的引脚，指针表测量时，每换一次挡位，必须进行调零。

表3－2－4　数据记录表

序号	类型	参数		测量	
		阻值	误差	阻值	相对误差
R_1					
R_2					
R_3					
R_4					
R_5					

2. 电容的识别与检测

(1)根据电容器的外形特征、标识等识别其类型和参数,将数据填入表3－2－5中。

(2) 用数字万用表测量

①用数字万用表判断电容质量。量测时把万用表调至Ω挡，用万用表表笔直接接至电容的两脚进行量测,如果显示有数字变化，最后显示“1”可基本判定电容器正常；反之，如果显示有阻值(在几十欧到几百千欧则电容漏电不良，如果显示阻值小于10 Ω，则可判定电容被击穿短路。

由于和电容并联有其他元件等因素，电容的在路测量并不完全准确，必要时须拆下被测电容确认。

也可以把万用表调至蜂鸣挡(·))))或二极体挡(→|—)进行以上类似的测量。

②用数字万用表电容挡测量电容量。量测时将数字万用表调至电容挡(—|(—)，把万用表表笔直接接至电容的管脚进行量测,将数据记入表3－2－6中。然后将读数与标称值进行比较，与标称值一致(包括允许误差)，可判定电容器正常；反之大于或小于标称值则判定电容器不正常。

注意：电容器测量时，必须先将两个引脚短路放电，防止损坏仪表。

(3)用指针式万用表判断质量

①10 pF以下固定电容：使用指针式万用表R×10 k挡，任意接两脚，阻值均应为无穷大。检测10 pF～0.01 μF固定电容的方法同上，其区别是阻值很大，大于20 MΩ，但不是无穷大。

②0.01 μF以上的固定电容器：使用指针式万用表R×10 k挡，先两表笔任意触碰两脚，后调换表笔再触碰一次，如果电容是好的，指针会向右摆动一下，随即向左返回到无穷大位置，电容量越大，指针摆动幅度越大。

③1～47 μF电解电容器，用R×1 k挡，大于47 μF用R×100挡，红接负，黑接正，在刚接触瞬间，指针即向右偏转较大幅度，接着慢慢向左回转到某一位置，此阻值为正向漏电阻，此值越大越好，然后红黑对调，指针将重复上述摆动现象，此值为反向漏电阻，略小于正向漏电阻。电解电容的漏电阻值一般为几百千欧以上。

表3－2－6　数据记录表

序号	类型	参数		测量	
		容量	误差	容量	是否损坏
C_1					
C_2					
C_3					
C_4					
C_5					

3. 电感的识别与检修

(1)根据电感器的形状、标识等识别其类型和参数；

(2)分别用数字万用表和指针万用表测量各电感器，并判断其好坏，记录测量数据于表3－2－7中；

(3)根据测量值，初步判断电感器是否正常。

表3－2－7　数据记录表

序号	类型	参数		测量	
		电感量	误差	直流电阻	是否损坏
L_1					
L_2					
L_3					
L_4					
L_5					

3.2.6.3　实训考核

识别与检测电阻、电容和电感考核评价如表3－2－4所示。

表3－2－4　考核评价表

<table>
<tr><th colspan="2">评价内容</th><th>配分</th><th>考核点</th><th>得分</th><th>备注</th></tr>
<tr><td colspan="2" rowspan="5">职业素养与
操作过程规范
（30分）</td><td>5</td><td>正确着装，做好工作前准备</td><td></td><td rowspan="8">出现明显失误造成贵重元件或仪表、设备损坏；严重违反实训纪律，造成恶劣影响的记0分</td></tr>
<tr><td>5</td><td>采用正确的方法选择器材、器件</td><td></td></tr>
<tr><td>10</td><td>合理选择工具，不浪费材料</td><td></td></tr>
<tr><td>5</td><td>按正确流程进行任务实施，并及时记录数据</td><td></td></tr>
<tr><td>5</td><td>任务完成后，整齐摆放工具及凳子、整理工作台面等并符合“6S”要求</td><td></td></tr>
<tr><td rowspan="3">作品质量
（70分）</td><td>测量</td><td>30</td><td>①正确使用万用表；
②测量时，正确拿捏元器件；
③能正确测量出元件的参数；
④测量完毕，台面清理干净</td><td></td></tr>
<tr><td>功能</td><td>10</td><td>能进行各项参数的测量</td><td></td></tr>
<tr><td>数据记录分析</td><td>30</td><td>能对各项参数进行测量、及时记录，并能对数据进行分析</td><td></td></tr>
</table>

3.2.6.4　**实训小结**

(1)简述用万用表判断电阻器好坏的方法。

(2)简述用万用表判断电容器好坏的方法。

(3)简述用万用表判断电感器好坏的方法。

3.2.7　拓展提高：数字电容表

使用数字万用表测量电容器的容量时，一般都只能测量到200 μF，容量超过200 μF的电容器的测量只能使用电容表，现在一般采用数字电容表(图3－2－24)，数字电容表的测量范围可以从0.1 pF到20000 μF。

图3－2－24　数字电容表

数字电容表的使用方法：

1. 测量前准备

确认电池和保险丝已正确安装；要测量的电容在测量前已充分放电；要测量的电容，其极性要与测量端子的极性一致；请一定注意，不要在测量端子加载电压，否则将导致严重的损害；不要尝试短接两个输入端子，否则将极大地浪费电池电量，并以过载显示；如果被测量的电容器是未知的，请从最小量程开始测量，并逐步加大直到得到合适的值。

2. 测量方法

将量程拨到合适的位置；测量电容值较小的电容时，需要调整“ZERO ADJ”旋钮来校零，以提高精度；将电容器按极性连接到电容输入插座或端子；当仅显示“1”时，仪表已过载，请将量程拨到更高的量程；当在最高位有“0”显示时，可以提高测量分辨力和精度。

3. 测量时注意事项

- 当电容器短路时，仪表指示过载，并只显示“1”；
- 当电容漏电时，显示值可以高于其真实值；
- 当电容开路时，显示值为“0”(在 200 pF 量程，可能显示 ±10 pF)；
- 当一个漏电的电容接入时，显示值可能跳动不稳定；
- 当使用其他测试表笔来测量电容器时，表笔可能带入电容值，在测量前记下数值，并于测量后减掉。

思考与练习

1. 试画出三个电容器串联的电路图。说明三个电容器电容、电压和电量之间的关系。试比较电容器串联与电阻串联时特性的异同。

2. 试画出三个电容器并联的电路图。说明三个电容器电容、电压和电量之间的关系。试比较电容器并联与电阻并联时特性的异同。

3. 为什么说电容是一种储能元件?

4. 电解电容在使用时应注意哪些问题?

5. 现有一个电容器,它的电容为 30 μF,加在电容器两端的电压为 500 V,求该电容器极板上存储的电荷量为多少?

6. 一个空气平行板电容器,给它充电至 200 V 后,把它浸在某一电介质中,这时电压为 20 V,求该电介质的相对电常数。

7. 将两个带有相等电量,电容分别是 3 μF 和 2 μF 的电容器并联起来,这时电容器两端电压是 100V,求:①并联以后每个电容器的电量;②并联以前每个电容器的电量。

8. 常见的电感器有哪些?

9. 怎样用万用表初步判断电感器的好坏?

任务3 MF47 型指针式万用表的组装与调试

3.3.1 任务描述

通过本任务——MF47 型指针式万用表的组装与调试，掌握通孔元件的测量、成形与焊接,能基本掌握电路的检测与调试工作。

3.3.2 任务目标

(1)掌握电烙铁的使用方法。

(2)熟悉通孔焊接工艺过程。

(3)了解基本安装工艺；熟悉部件组装方法。

(4)进一步熟悉工具的使用；较熟练地掌握电路元件手工焊接方法。

3.3.3　基础知识：焊接工具与材料

电烙铁是手工焊接的主要工具。电烙铁一般分为外热式和内热式，主要区别是电烙铁的发热芯与烙铁头的位置不同。

3.3.3.1　电烙铁的外形和结构

电烙铁的外形及其结构如图3－3－1和图3－3－2所示。

(a)外热式电烙铁　(b)内热式电烙铁

图3－3－1　外热式电烙铁和内热式电烙铁外形

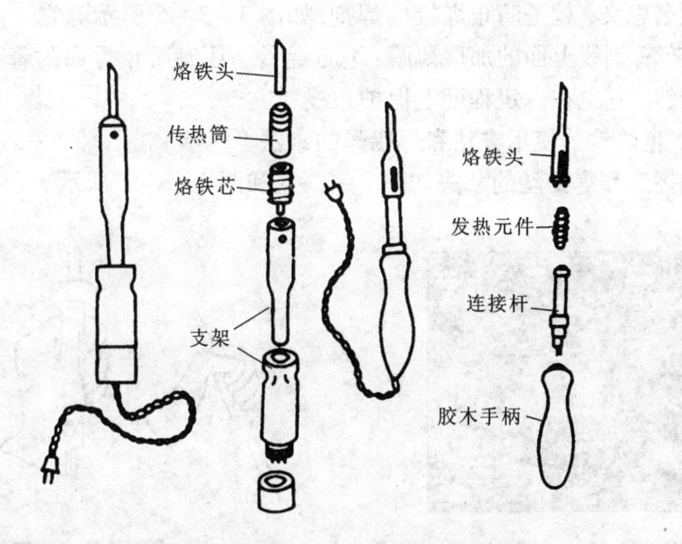

(a)外热式电烙铁　(b)内热式电烙铁

图3－3－2　外热式电烙铁和内热式电烙铁结构

3.3.3.2　焊接材料

焊接材料有焊料、助焊剂、阻焊剂等。

1. 焊料

手工焊接所使用的焊料为锡铅合金。它具有熔点低、机械强度高、表面张力小和抗氧化能力强等优点。焊锡丝则是焊料与焊剂的结合物，如图3－3－3所示。

2. 助焊剂

助焊剂在焊接工艺中能帮助和促进焊接过程，同时具有保护作用、阻止氧化反应。助焊剂有固体、液体和气体等形态。主要有"辅助热传导"、"去除氧化物"、"降低被焊接材质表面张力"、"去除被焊接材质表面油污、增大焊接面积"、"防止再氧化"等几个方面的作用。在这几个方面中比较关键的作用有："去除氧化物"与"降低被焊接材质表面张力"。手工焊接常用的助焊剂有松香(图 3－3－4(a))和焊油(图 3－3－4(b))等。

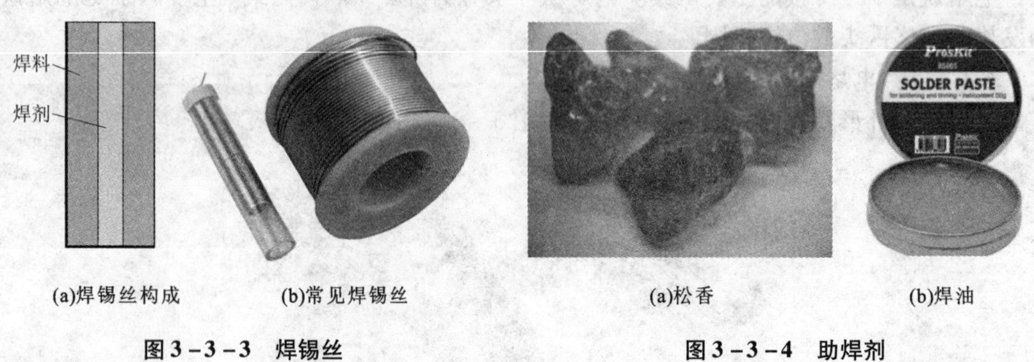

(a)焊锡丝构成 (b)常见焊锡丝

图 3－3－3 焊锡丝

(a)松香 (b)焊油

图 3－3－4 助焊剂

3. 阻焊剂

阻焊剂顾名思义，就是防止焊接的焊剂，如图 3－3－5 所示。它一般是绿色或者其他颜色，覆盖在布有铜线上面的那层薄膜，它起绝缘，还有防止焊锡附着在不需要焊接的一些铜线上。当然，它也在一定程度上保护布线层。

3.3.3.3 电烙铁的使用方法和焊锡丝的拿法

电烙铁的握法和焊锡丝的拿法如图 3－3－6 和图 3－3－7 所示。

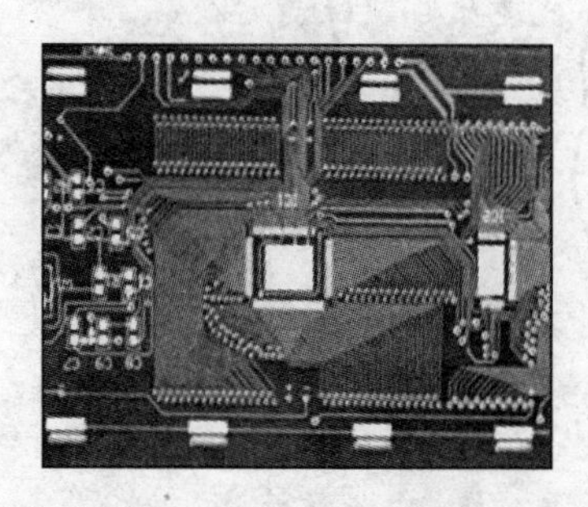

图 3－3－5 阻焊剂

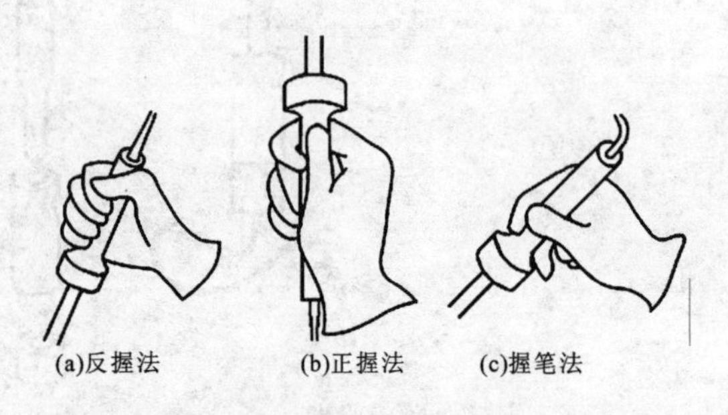

(a)反握法 (b)正握法 (c)握笔法

图 3－3－6 电烙铁握法

使用电烙铁手工焊接，一般采用五步法或三步法，实施步骤如下：

第一步：准备施焊(图 3－3－8)。

第二步：加热焊点(图 3－3－9)。

第三步：加焊锡丝(图 3－3－10)。

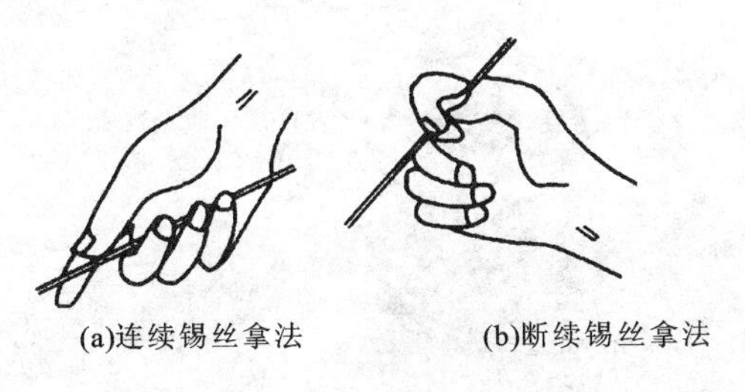

图3－3－7　焊锡丝拿法

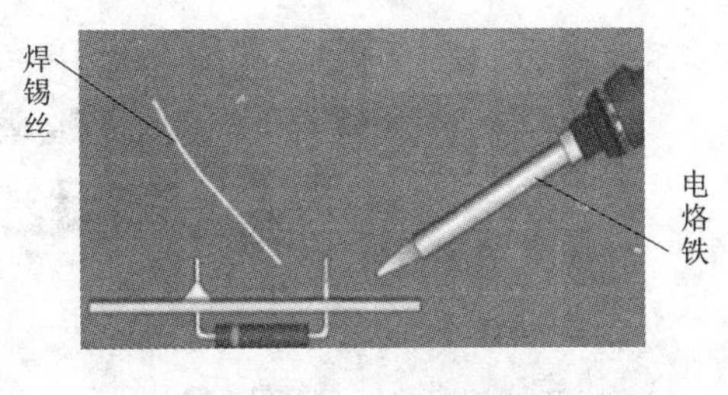

图3－3－8　准备施焊

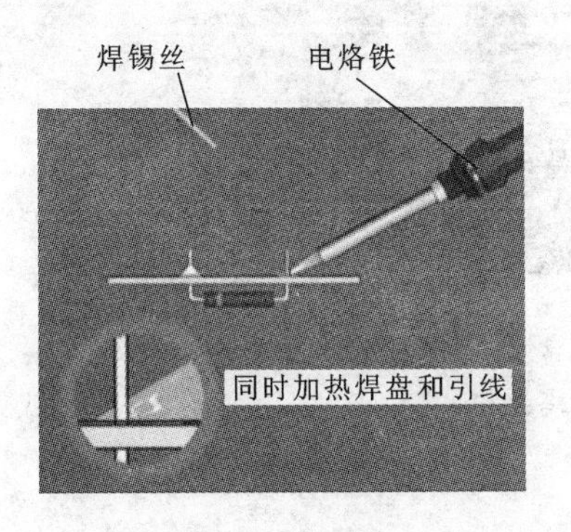

图3－3－9　加热焊点

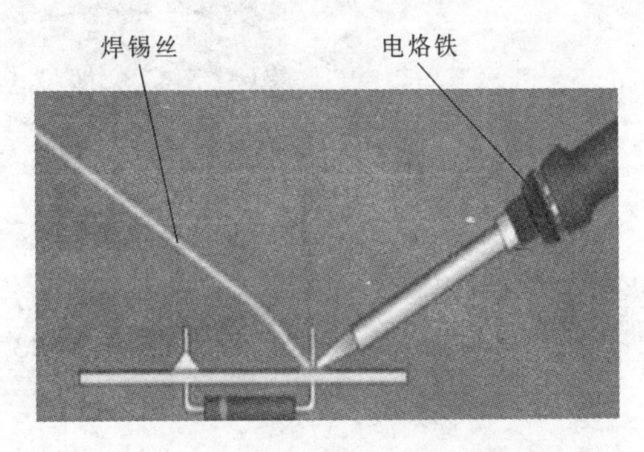

图3－3－10　加焊锡丝

第四步：移开焊锡丝(图3－3－11)。

第五步：移开电烙铁(图3－3－12)。

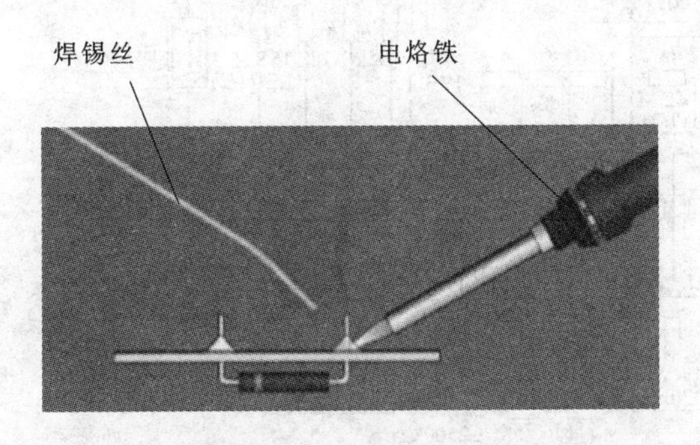

图3－3－11　移开焊锡丝

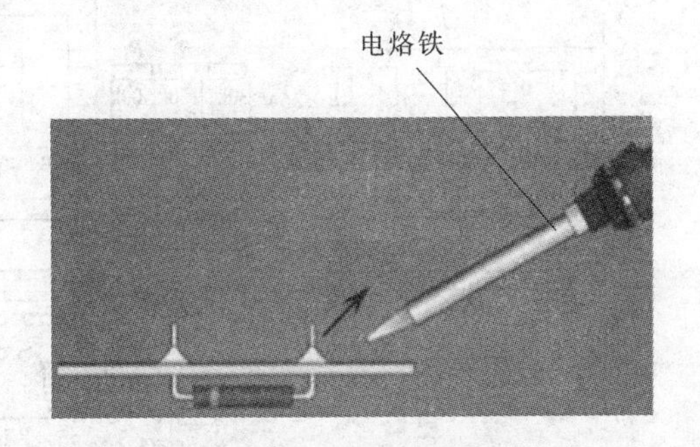

图3－3－12　移开电烙铁

3.3.4　技能实训：MF47型指针式万用表的组装与调试

3.3.4.1　实训器材

根据任务要求准备如图3－3－13所示器材。

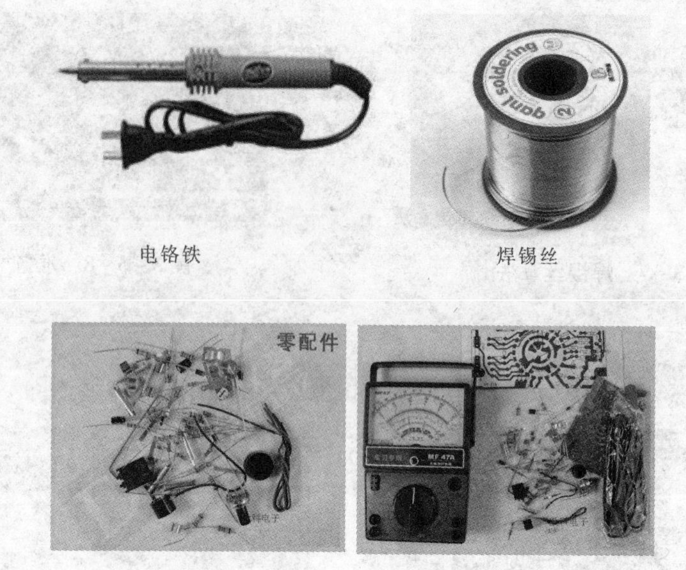

电铬铁　　　　焊锡丝

(c)MF47 型指针万用表套件(含元件清单)

图 3-3-13　实训所需器材

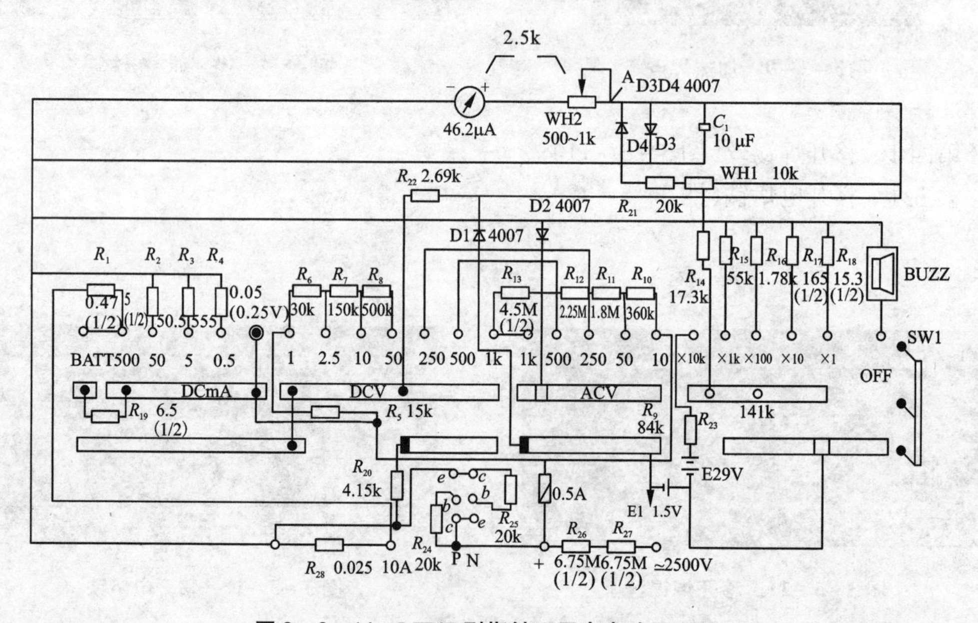

图 3-3-14　MF47 型指针万用表电路原理图

3.3.4.2　实训准备

1. 器材清点

根据 MF47 型指针万用表电路原理图 3-3-14 清点器材。

2. 元件识别

(1)二极管极性的识别与检测

识别:看外壳上的符号标记：通常在二极管的外壳上标有二极管的符号。标有色道(一般黑壳二极管为银白色标记，玻壳二极管为黑色银白或红色标记）一端为负极，另一端为正极。如图 3-3-16 所示。

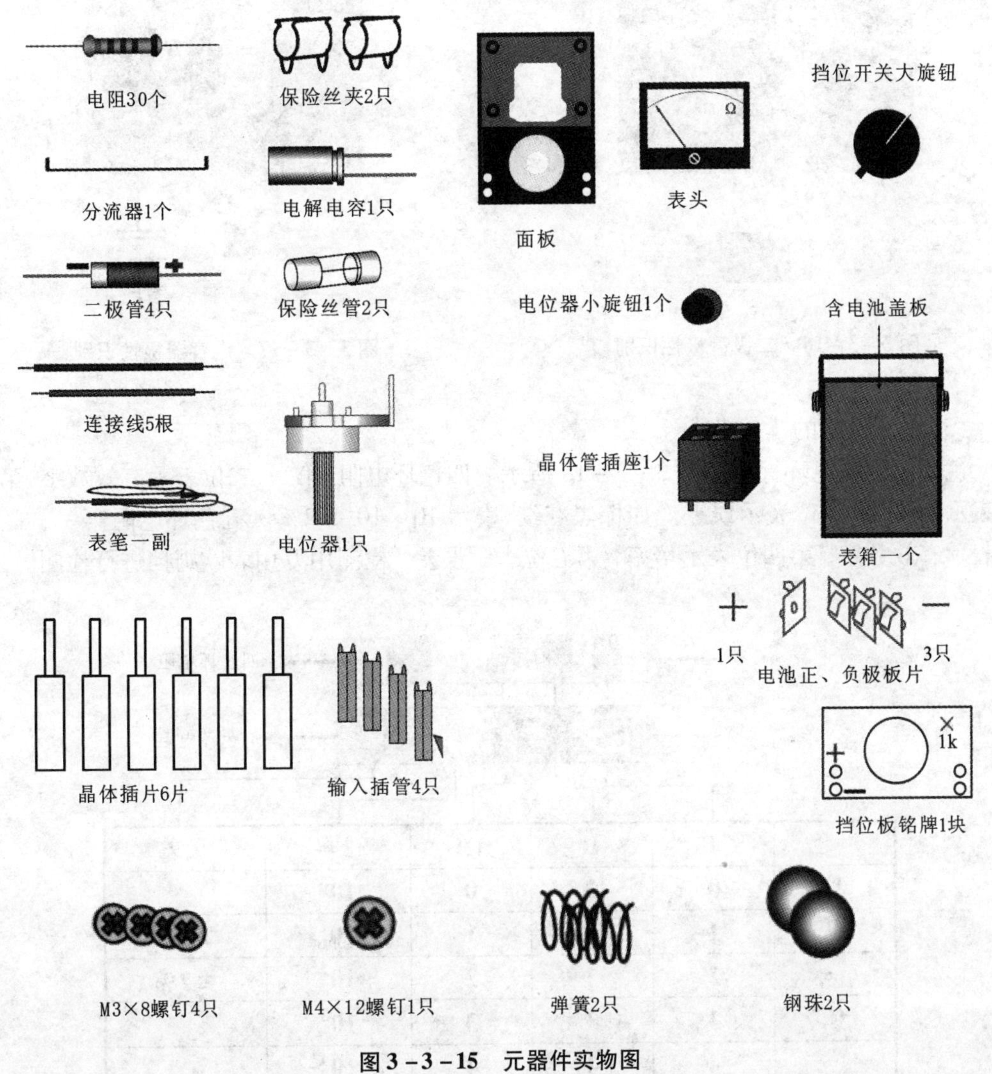

图 3-3-15　元器件实物图

检测：用万用表欧姆挡的 R×100，将黑表笔接正极，红表笔接负极，电阻应比较小；交换表笔测量，电阻应为无穷大，或接近无穷大，否则二极管已损坏。

（2）电解电容极性的识别与检测

插件电解电容两个引脚中长的一脚为正极，短的一引脚为负极，且在负极引脚正对的方向有负的符号标识。如图 3-3-17 所示。

电容的检测方法见任务 3.2。

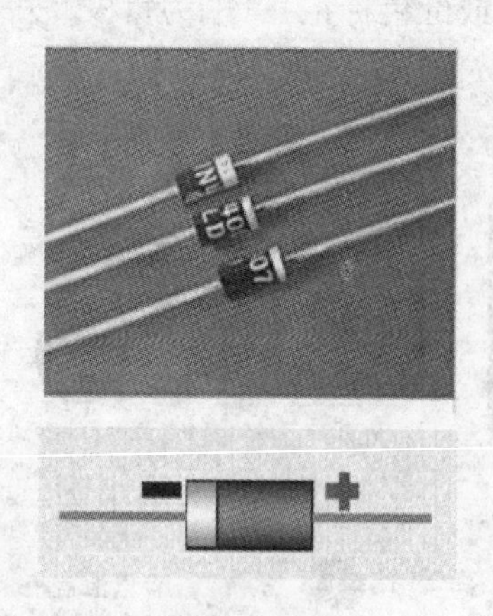

图 3-3-16　二极管极性识别

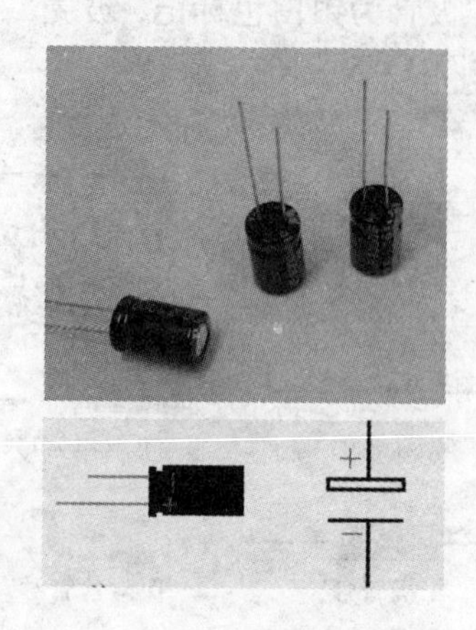

图 3-3-17　电容器极性识别

(3)色环电阻的读数

色环电阻器色环标记如图 3-3-18 所示。四色环电阻:第一、二位表示有效数字,第三位表示倍率,第四位表示误差。如棕黑红红,表示 $10\times10^2\pm2\%$。五色环电阻第一、二、三位表示有效数字，第四位表示倍率，第五位表示误差。检测用万用表欧姆挡进行检测。

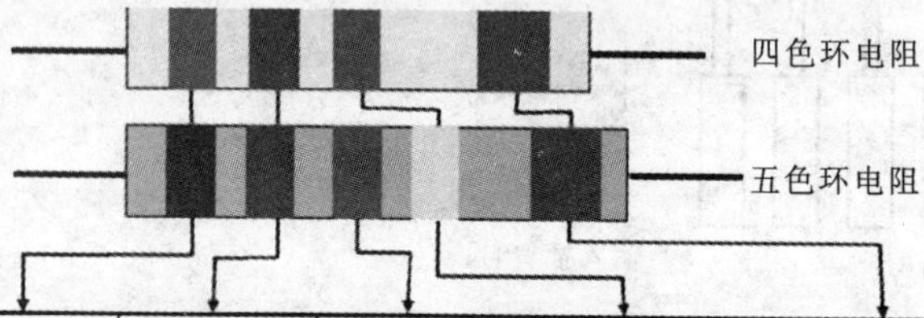

四色环电阻

五色环电阻

颜色	I	II	III	倍率	误差
黑	0	0	0	10^0	
棕	1	1	1	10^1	±1%
红	2	2	2	10^2	±2%
橙	3	3	3	10^3	
	4	4	4	10^4	
绿	5	5	5	10^5	±0.5%
蓝	6	6	6		±0.25%
紫	7	7	7		±0.1%
灰	8	8	8		
白	9	9	9		
金				10^{-1}	±5%
银				10^{-2}	±10%

图 3-3-18　色环电阻器色环标志

3.3.4.3　实训内容与步骤

1. 清除氧化层

元器件在焊接前应将元件的引线刮净，用锯片轻轻刮去元件引脚上的氧化层，再涂上一层薄薄的焊锡，对被焊物的表面要清除氧化物及杂质。如图 3－3－19 所示。

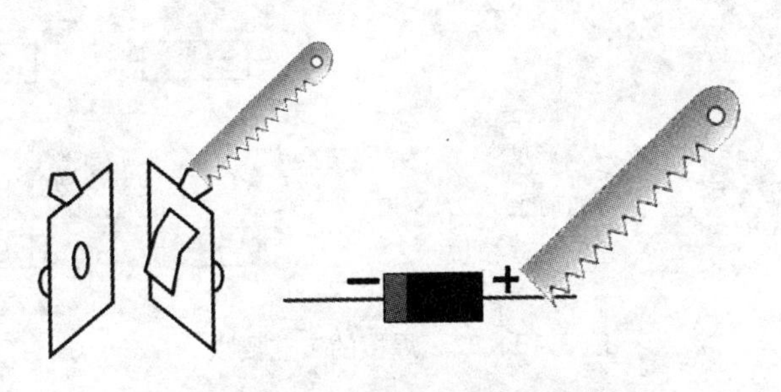

图 3－3－19　清除元件表面氧化层

2. 元件成形

注意在手工成形过程中任何弯曲处都不允许出现直角，即要有一定的弧度，否则会使得折弯处的导线截面变小，电器特性变差。引线的标准成形方法，要求引线打弯处距元件根部大于 2 mm，半径 r 大于元件的直径的两倍，元件根部和插孔的距离 R 大于元件直径。辅助弯制成形如图 3－3－20、图 3－3－21 所示。

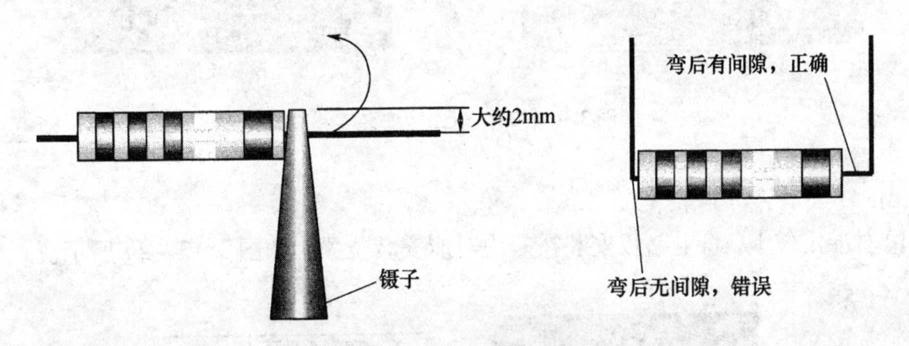

图 3－3－20　用镊子辅助弯制成形图

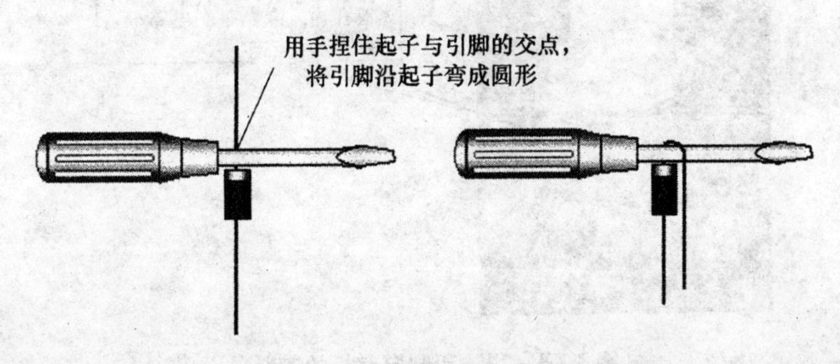

图 3－3－21　用螺丝刀辅助弯制成形图

3. 元件的焊接

对元件焊接应该严格地按照五步法来进行操作，所焊接的元器件的焊点适中，无漏、假、虚、连焊，焊点光滑、圆润、干净，无毛刺，焊点基本一致，引线加工尺寸及成形符合工艺要求；导线长度、剥线头长度符合工艺要求，芯线完好，捻线头镀锡。焊接工艺要求如图3-3-22所示；电路板安装实物图如图3-3-23所示。

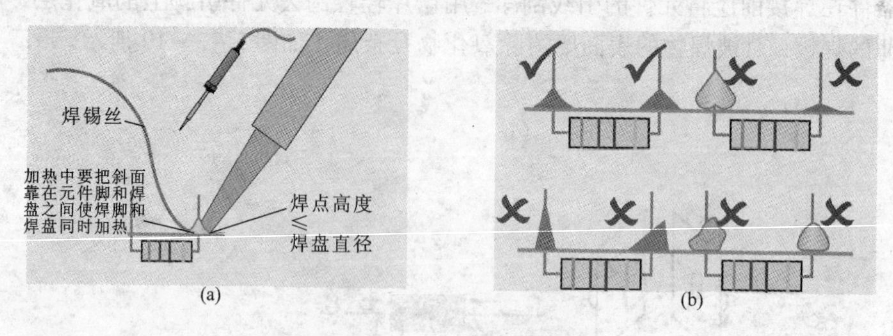

图3-3-22 焊接的工艺要求

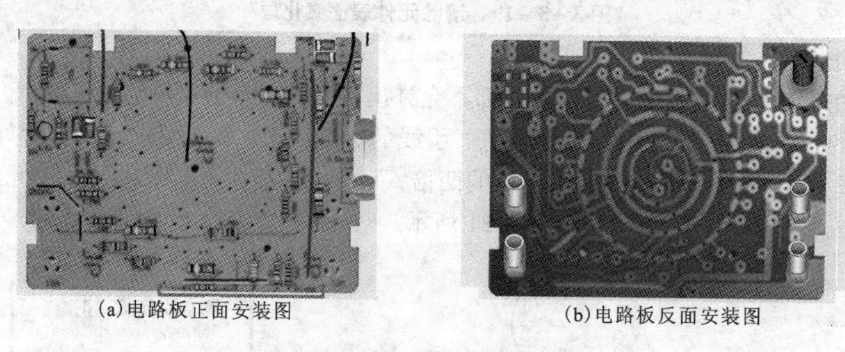

图3-3-23 电路板安装实物图

4. MF47指针式万用表装配

(1)对准定位卡，将电路板安装在表内对应安装位置。如图3-3-24所示。

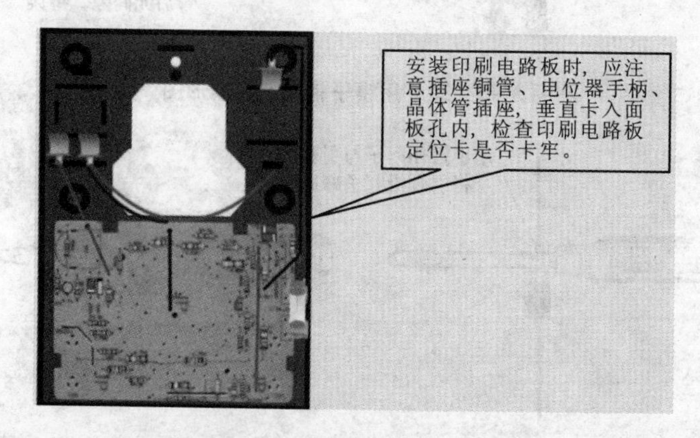

图3-3-24 印制电路板的安装

(2)将表头安装对应位置，旋紧固定螺丝。如图3-3-25所示。

(3)接好连接导线，合上后盖，完成装配。

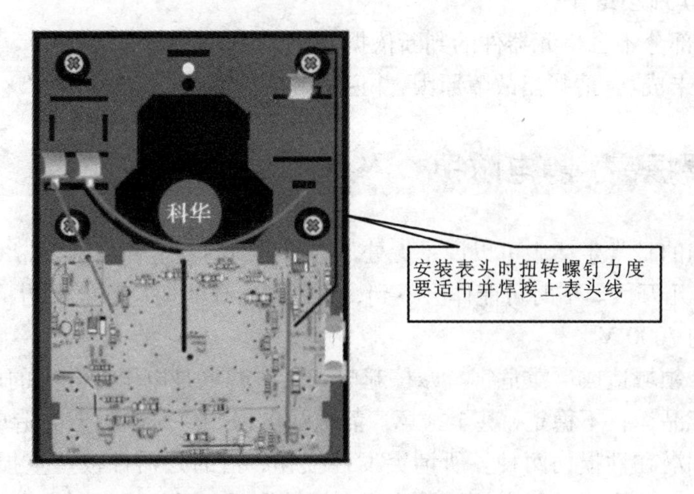

图3－3－25　表头的安装

5. 万用表的调试

(1)调试前必须保证焊接装配无误。核对元器件安装位置是否正确,焊点有无虚焊。

(2)将表头机械调零。

(3)校准基准挡50 μA。可把万用表置直流50 μA挡,接入50 μA的标准直流电源,万用表指针应满偏,若不对,应检测表头。

(4)调试680 Ω可调电阻器,校正直流电流挡,使直流电流挡读数正确。

(5)对万用表的交、直流电压挡进行校验。

(6)在万用表的反面,将安装螺丝用塑料帽扣上。

3.3.4.4　实训考核

MF47型指针式万用表的组装与调试,考核评价如表3－3－1所示。

表3－3－1　考核评价表

评价内容		配分	考核点	得分	备注
职业素养与操作过程规范(30分)		5	正确着装和佩戴防护用具,做好工作前准备		出现明显失误造成贵重元件或仪表、设备损坏;出现严重短路、跳闸事故,发生触电等安全事故;严重违反实训纪律,造成恶劣影响的记0分
		5	采用正确的方法选择器材、器件		
		10	合理选择工具进行安装、连接		
		5	按正确流程进行任务实施,并及时记录数据		
		5	任务完成后,整齐摆放工具及凳子、整理工作台面等并符合“6S”要求		
作品质量(70分)	安装	40	①能正确地识别检测元器件; ②元件成形工作符合工业标准; ③焊接操作合格; ④机械部分安装完整; ⑤安装完毕,台面清理干净		
	功能	30	MF47型万用表能正常工作且测量数量的误差值在允许范围内		

3.3.4.5 实训小结

(1)检测出部分不合格元器件的判断依据是什么。

(2)调试如未成功,请找出故障原因,并说明解决的办法。

3.3.5 拓展提高:静电防护

静电在我们的日常生活中可以说是无处不在,我们的身上和周围就带有很高的静电电压,几千伏甚至几万伏。平时可能体会不到,人走过化纤的地毯静电大约是35000 V,翻阅塑料说明书大约7000 V。

静电在多个领域造成严重危害。摩擦起电和人体静电是电子工业中的两大危害,常常造成电子电器产品运行不稳定,甚至损坏。静电放电(ESD)对电子产品造成的破坏和损伤有突发性损伤和潜在性损伤两种。所谓突发性损伤,指的是器件被严重损坏,功能丧失。这种损伤通常能够在生产过程中的质量检测中能够发现,因此给工厂带来的主要是返工维修的成本。而潜在性损伤指的是器件部分被损,功能尚未丧失,且在生产过程的检测中不能发现,但在使用当中会使产品变得不稳定,时好时坏,因而对产品质量构成更大的危害。这两种损伤中,潜在性失效占据了90%,突发性失效只占10%。也就是说90%的静电损伤是没办法检测到,只有到了用户手里使用时才会发现。手机出现的经常死机、自动关机、话音质量差、杂音大、信号时好时差、按键出错等问题有绝大多数与静电损伤相关。也因为这一点,静电放电被认为是电子产品质量最大的潜在杀手,静电防护也成为电子产品质量控制的一项重要内容。而国内外不同的手机使用时稳定性的差异也基本上反映了他们在静电防护及产品的防静电设计上的差异。

静电防护的基本方法是接地、静电屏蔽和离子中和。接地就是将静电通过一条线的连接放入大地,这是防静电措施中最直接最有效的。导体常用的接地方法有:带防静电手腕及工作表面接地等。静电屏蔽是指静电敏感元件在储存或运输过程中会暴露于有静电的区域中,用静电屏蔽的方法可削弱外界静电对电子元件的影响。最通常的方法是用静电屏蔽袋来保护。离子中和主要针对绝缘体,绝缘体往往是易产生静电的,对绝缘体静电的消除,用接地方法是无效的,通常采用的方法是离子中和,即在工作环境中使用离子风机、离子气枪。在生产过程中静电防护的主要措施为静电泄露、耗散、中和、增湿、屏蔽与接地。人体静电防护系统主要由防静电手腕带、脚腕带、脚跟带、工作服、鞋袜、帽、手套或指套等组成,具有静电泄放、中和与屏蔽等功能。

思考与练习

1. 简述电烙铁手工焊接五步操作方法。
2. 简述二极管、电解电容极性的判断方法。
3. 如何检测电阻、电容、电感质量的好坏?

项目4　单相交流电路的分析与应用

项目描述

单相交流电路是电工技术中常见的电路，与我们的日常生活密切相关，比如我们家用照明线路就是单相交流电路。通过本项目的学习，熟悉单相交流电，了解单相交流电基本原理，能进行一般单相交流电路的安装与检修。

项目任务

任务4.1　变压器的识别与检测

4.1.1　任务描述

电子电器产品的电源电路中，经常有使用到电源变压器，变压器是什么模样？是怎样进行工作的？怎样对它进行检测呢？

4.1.2　任务目标

(1)理解电磁感应现象和电磁感应定律。
(2)熟悉变压器的工作原理；会画变压器的电路符号。
(3)熟悉变压器的结构和简单工作原理；能识别常见的变压器。
(4)能用万用表对小型变压器进行检测。

4.1.3　基础知识一：电磁感应

4.1.3.1　电磁感应现象

自从丹麦物理学家奥斯特发现了电流的磁效应以后，许多科学家开始寻找它的逆效应。在1831年，英国科学家法拉第发现了磁能转换为电能的重要事实及其规律——电磁感应定律。

为了理解电磁感应及其定律，我们来观察以下实验现象。

如图 4 - 1 - 1 所示，如果让导体 ab 在磁场中向左或向右运动时，电流表指针偏转，表明电路中有了电流。导体 ab 静止或做上下运动时，电流表指针不偏转，表明电路中没有电流。我们可以借助磁力线的概念来说明上述现象。导线 ab 向左或向右运动时要切割磁力线，导线 ab 静止或上下运动时不切割磁力线。可见，闭合电路中的一部分导体做切割磁力线运动时，电路中有感应电流产生。

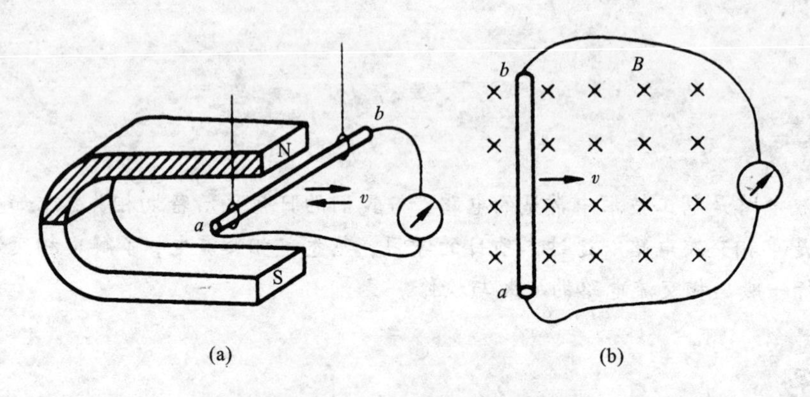

图 4 - 1 - 1 导体切割磁力线

在以上实验中，导体 ab 作切割磁力线的运动。如果导体不动，让磁场运动，会不会在电路中产生感应电流呢？我们看下面的试验。

如图 4 - 1 - 2 所示，把磁铁插入线圈（见图 4 - 1 - 2(a)），或把磁铁从线圈中抽出时（见图 4 - 1 - 2(b)），电流表指针发生偏转，这表明闭合电路中产生了感应电流。如果磁铁插入线圈后静止不动（见图 4 - 1 - 2(c)），或将磁铁和线圈以同一速度运动，电流表指针亦不偏转，表明闭合电路中没有感应电流。可见，不论是导体运动还是磁场运动，只要闭合电路的一部分导体切割磁力线，电路中就有感应电流产生。

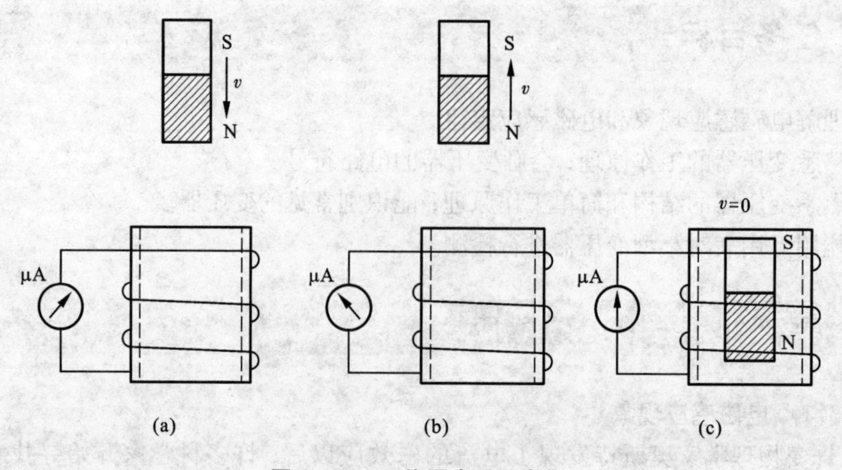

图 4 - 1 - 2 线圈中磁通变化

闭合电路的一部分导体切割磁力线时，穿过闭合电路的磁力线条数发生变化，即穿过闭合线圈的磁通发生变化。由此提示我们：如果导体和磁场不发生相对运动，而让穿过闭合电路的磁场强弱发生变化，会不会在电路中产生电流呢？为了研究这个问题，我们看下面的实验。

如图4－1－3所示，把线圈A放在线圈B的上面，当线圈A通电、断电的瞬间，线圈B中产生感应电流，当线圈A中的电流稳定不变，线圈B中的电流消失。如果用变阻器RP来控制线圈A中的电流，使线圈A中的电流发生变化，线圈B中也有感应电流产生。这个实验表明：在导体和磁场不发生相对运动的情况下，只要穿过闭合电路(B线圈)的磁通发生变化，闭合电路中也产生感应电流。总之，不论用什么方法，只要穿过闭合回路的磁通发生变化，闭合回路中就有感应电流产生。这种通过磁场的变化产生感应电流的现象称为电磁感应，产生的电流称为感应电流。

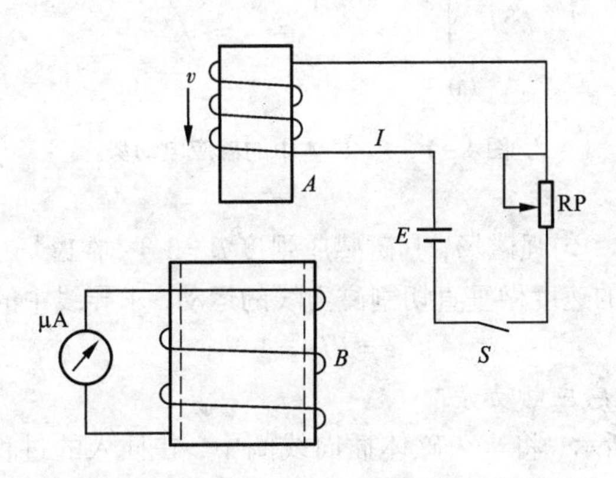

图4－1－3　穿过闭合电路的磁通发生变化

4.1.3.2　电磁感应定律

以上实验中，闭合回路中均产生感应电流，则回路中必然存在着电动势。由电磁感应产生的电动势称为感应电动势。

实验指出，当导体对磁场做相对运动切割磁力线时，导体中便有感应电动势产生；当闭合回路的磁通量发生变化时，回路中便有感应电动势产生。

从形式上看，产生感应电动势有两种方法(实质是一样的)——切割磁感线和磁通量变化。

1. 切割磁力线产生感应电动势

如图4－1－4(a)所示，当处在匀强磁场B中的直导线l以速度v垂直于磁场方向运动切割磁力线时，导线中便产生感应电动势，其表达式为

$$e = Blv \qquad (4-1-1)$$

式中：e——导体中的感应电动势，单位为V；

B——匀强磁场的磁感应强度，单位为T；

l——磁场中导体的有效长度，单位为m；

v——导体的运行速度，单位为m/s。

感应电流的方向可由右手定则来判断。即伸出右手，让拇指和其余四指在同一平面内并且拇指和其余四指垂直，让磁力线从手心中穿过，拇指指向导体的运动方向，四指所指的方向就是感应电流的方向，如图4-1-4(b)所示。如果导体没有构成闭合回路，感应电动势是存在的，那么这时四指就指向感应电动势的正极。

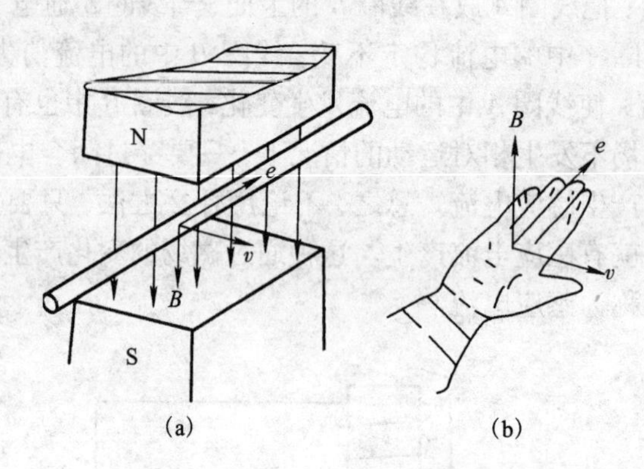

图4-1-4 导体中的感应电动势

例4-1-1 已知一匀强磁场，其磁感应强度 $B=1$ T，在磁场中有一长度 $l=0.1$ m 的直导线，以 $v=10$ m/s 的速度做垂直切割磁力线的运动，求导线中的感应电动势。

解：

$$e=BLv=1\ \text{V}$$

2. 磁通量变化产生感应电动势

如图4-1-5(a)所示，将永久磁体插向线圈中，在插入的过程中穿入线圈的磁通 Φ 发生变化，在线圈中产生感应电动势，检流计指针偏转；在图4-1-5(b)中，改变线圈 A 中的电流大小，同样可使穿过线圈 B 的磁通 Φ 发生变化，在线圈 B 中产生感应电动势，使检流计指针发生偏转。实验可知，线圈中感应电动势的大小与穿过线圈的磁通的变化率成正比，即穿过线圈的磁通变化越快，产生的感应电动势越大；穿过线圈的磁通变化越慢，产生的感应电动势越小；磁通不变化时，感应电动势为零。这一变化规律称为法拉第电磁感应定律。

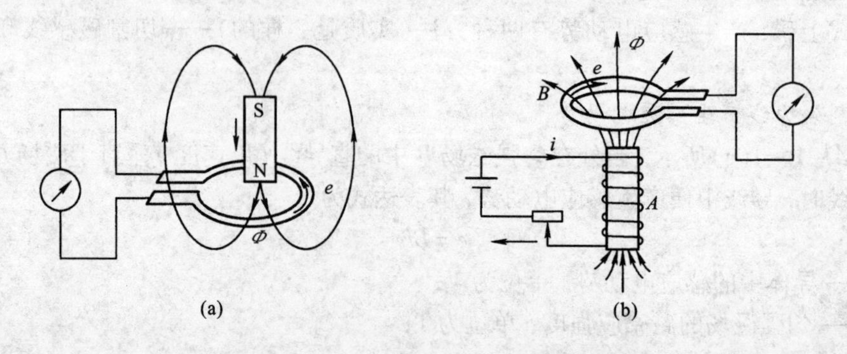

图4-1-5 变化的磁通产生感应电动势

我们知道了感应电动势的大小和磁通的变化率成正比，感应电动势的方向怎样确定呢？俄国物理学家楞次在大量实验的基础上，总结出了确定感应电流方向的楞次定律：如果回路中的感应电动势是由于穿过回路的磁通量变化产生的，则感应电动势在闭合回路中将产生一电流，由这一电流产生的磁通总是阻碍原磁通的变化。根据楞次定律，在图4-1-6(a)中，当磁体向下移动，穿过线圈的磁通增加，则线圈中感应电流产生的磁通应阻止原磁通的增加，其方向向上(图中虚线)。在图4-1-6(b)中，当磁体向上移动，穿过线圈的磁通减少，则线圈中感应电流产生的磁通阻止原磁通的减少，其方向向下。

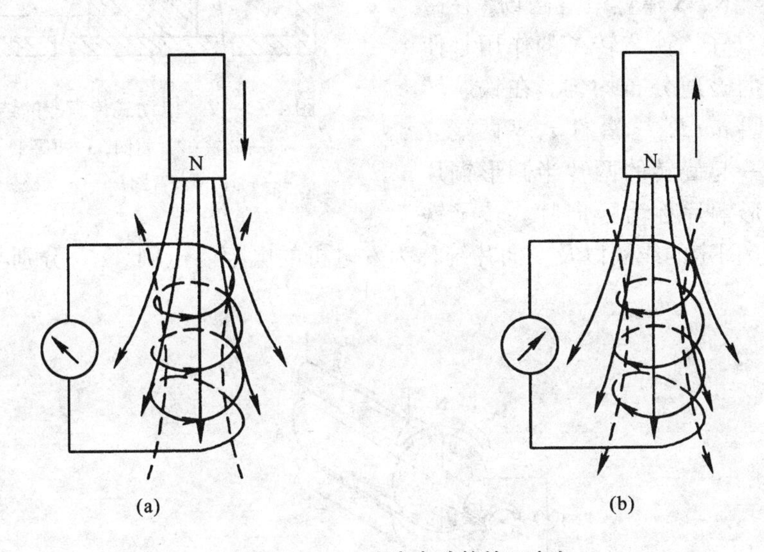

图4-1-6　感应电动势的正方向

根据法拉第电磁感应定律，电路中感应电动势的大小，跟穿过这一电路的磁通的变化率成正比。用公式表示为

$$E=\frac{\Delta\Phi}{\Delta t}$$

式中，Φ 的单位为 Wb，t 的单位为 s，e 的单位为 V。

如果同一变化的磁通量穿过 N 匝线圈，则线圈中产生的感应电动势为

$$E=N\frac{\Delta\Phi}{\Delta t}=\frac{\Delta\Psi}{\Delta t}$$

4.1.3.3　电磁感应原理的应用

1. 电动式传声器

将声音转化为电信号的设备称为传声器(话筒)，传声器的种类很多，其中电动式传声器由于音质好，得到广泛地应用。电动式传声器是根据导体切割磁力线时产生感应电流的原理工作的。

电动式传声器的结构主要由软铁1、衬圈2、护罩3、膜片4、音圈5、永久磁铁6等部分组成，如图4-1-7所示。膜片4多采用铝合金或聚苯乙烯材料，压制成表面为皱褶的薄片，并与音圈粘合在一起。音圈是用漆包线绕在纸管上，将纸管套在永久磁铁的心柱上，并与心柱和软铁之间保持一定的间隙。心柱和软铁之间形成强磁场，音圈在这个强磁

场中移动时要产生感应电流。

当声波传到膜片上，膜片带动音圈随声波的频率和强弱振动，使音圈在磁场中作切割磁力线运动，从而产生感应电流，将音频信号转换成电信号。

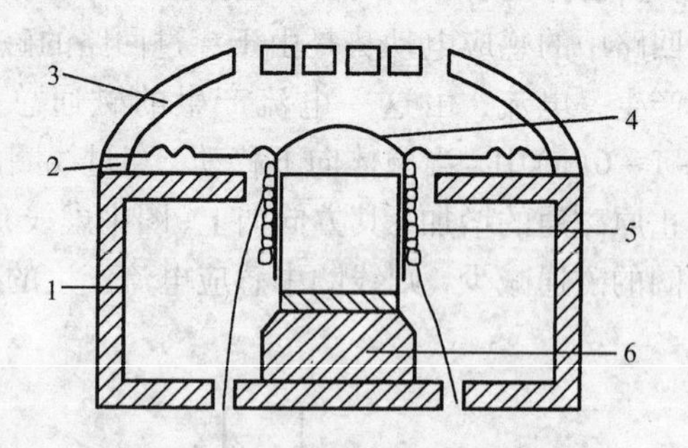

图 4-1-7 电动式传声器的结构

1—软铁；2—衬圈；3—护罩；4—膜片；5—音圈；6—永久磁铁

2. 直流发电机

图 4-1-8 所示为直流发电机原理图。两个磁极（极掌）N、S 建立恒定磁场，在磁场中装有铁芯转子，铁芯转子的作用是使极掌处空气隙的磁通分布均匀。在铁芯转子上固定着线圈 $abcd$，线圈的 a、d 两端分别接在和铁芯一起旋转的两片半圆形铜片上，两片半圆形铜片称为换向片。转子铁芯、转子铁芯上固定的线圈以及换向片统称为发电机的电枢。电刷 A、B 分别与换向器接触通向外电路。

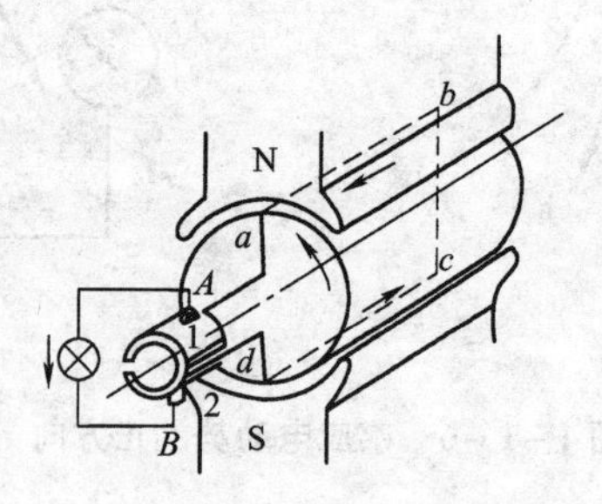

图 4-1-8 直流发动机原理图

当转子逆时针旋转时，线圈 $abcd$ 切割磁力线产生感应电流，电流由换向器与电刷接触流向外电路。图示位置线圈电流的流向是由 b 到 a，当线圈转过 180°时，线圈电流的流向变为由 a 到 b，由于换向片随线圈一起转动，而电刷不动，所以负载上得到的是直流电。

4.1.4 基础知识二：变压器

变压器是利用互感原理工作的电磁装置，它的符号如图 4-1-9 所示，T 是它的文字符号。

在日常生活和生产中，常常需用各种不同的交流电压，它们都是通过变压器进行变换后而得到的。

变压器的种类很多，常用的有：输配电用的电力变压器，电解用的整流变压器，实验用的调压变压器，电子技术中的输入、输出变压器等。虽然变压器种类很多，结构上也各有特点，但它们的基本结构和工作原理是类似的。

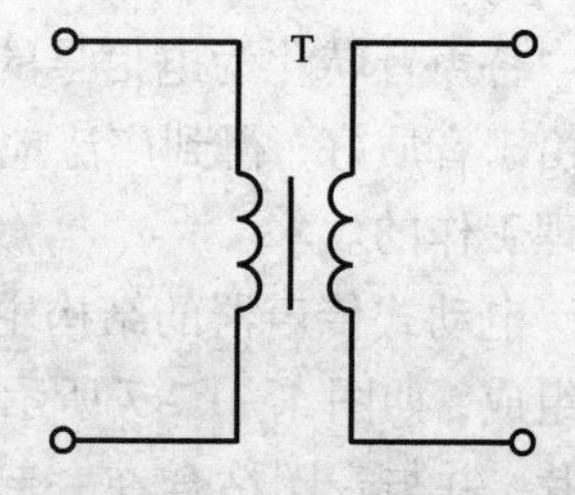

图 4-1-9 变压器的符号

4.1.4.1　变压器的基本构造

变压器主要由铁芯和线圈(也叫绕组)两部分组成。

铁芯构成了变压器的磁路通道。为了减小涡流和磁滞损耗，铁芯用磁导率较高而且相互绝缘的硅钢片叠装而成。每一钢片的厚度，在频率为 50 Hz 的变压器中为 0.35 ~ 0.5 mm。通信用的变压器近来也常用铁氧体或其他磁性材料作铁芯。

按照铁芯构造形式，可分为心式和壳式两种。心式铁芯成“口”字形，线圈包着铁芯，如图 4 - 1 - 10(a)所示；壳式铁芯成“日”字形，铁芯包着线圈，如图 4 - 1 - 10(b)所示。

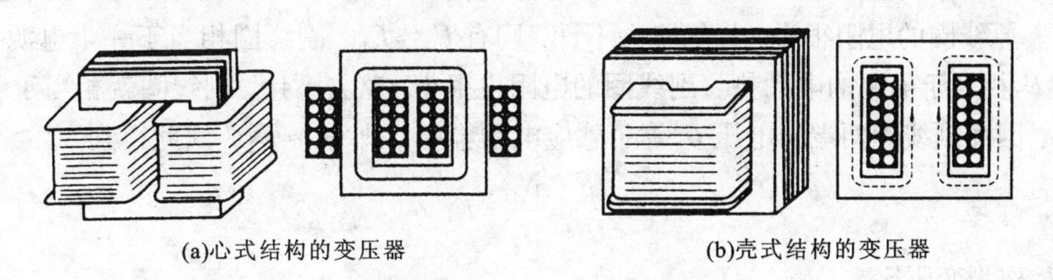

(a)心式结构的变压器　　(b)壳式结构的变压器

图 4 - 1 - 10　变压器的结构

线圈是变压器的电路部分。线圈用具有良好绝缘的漆包线、纱包线或丝包线绕成。在工作时，和电源相连的线圈叫做原线圈(初级绕组)；而与负载相连的线圈叫做副线圈(次级绕组)。绝缘是变压器制造中的主要问题，线圈的区间和层间都要绝缘良好，线圈和铁芯、不同线圈之间更要绝缘良好。为了提高变压器的绝缘性能，在制造时还要进行浸漆、烘烤、灌蜡、密封等去潮处理。

4.1.4.2　变压器的工作原理

变压器是按电磁感应原理工作的。如果把变压器的原线圈接在交流电源上，在原线圈中就有交流电流流过，交变电流将在铁芯中产生交变磁通，这个变化的磁通经过闭合磁路同时穿过原线圈和副线圈。交变的磁通将在线圈中产生感应电动势，因此，在变压器原线圈中产生自感电动势的同时，在副线圈中产生了互感电动势。这时，如果在副线圈上接上负载，那么电能将通过负载转换成其他形式的能，如图 4 - 1 - 11。

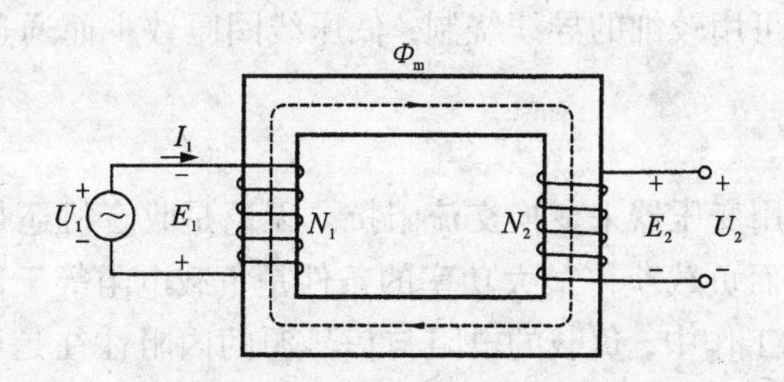

图 4 - 1 - 11　变压器的工作原理

1. 变换交流电压

当变压器的原线圈接上交流电压后，在原、副线圈中通有交变的磁通，若漏磁通略去不计，可以认为穿过原、副线圈的交变磁通相同，因而这两个线圈的每匝所产生的感应电动势相等。设原线圈的匝数是 N_1，副线圈的匝数是 N_2，穿过它们的磁通是 Φ，那么原、副线圈中产生的感应电动势分别是

$$E_1=N_1\frac{\Delta\Phi}{\Delta t},\ E_2=N_2\frac{\Delta\Phi}{\Delta t}$$

由此可得

$$\frac{E_1}{E_2}=\frac{N_1}{N_2}$$

在原线圈中，感应电动势 E_1 起着阻碍电流变化的作用，与加在原线圈两端的电压 U_1 相平衡。原线圈的电阻很小，如果略去不计，则有 $U_1\approx E_1$。副线圈相当于一个电源，感应电动势 E_2 相当于电源的电动势。副线圈的电阻也很小，略去不计，副线圈就相当于无内阻的电源，因而副线圈两端的电压 U_2 等于感应电动势 E_2，即 $U_2\approx E_2$。因此得到

$$\frac{U_1}{U_2}=\frac{N_1}{N_2}=K$$

式中，K 称为变压比。

可见，变压器原、副线圈的端电压之比等于这两个线圈的匝数比。如果 $N_2>N_1$，U_2 就大于 U_1，变压器使电压升高，这种变压器叫做升压变压器。如果 $N_1>N_2$，U_l 就大于 U_2，变压器使电压降低，这种变压器叫做降压变压器。

2. 变换交流电流

由上面的分析知道，变压器能从电网中获取能量，并通过电磁感应进行能量转换后，再把电能输送给负载。根据能量守恒定律，在不计变压器内部损耗的情况下，变压器输出的功率和它从电网 K 获取的功率相等 $P_1=P_2$。根据交流电功率的公式 $P=UI\cos\varphi$（任务 4.4 学到）可得，$U_1I_1\cos\varphi_1=U_2I_2\cos\varphi_2$。式中，$\cos\varphi_1$ 是原线圈电路的功率因数，$\cos\varphi_2$ 是副线圈电路的功率因数，φ_1 和 φ_2 通常相差很小，在实际计算中可以认为它们相等，因而得到

$$U_1I_1\approx U_2I_2$$

$$\frac{I_1}{I_2}=\frac{N_2}{N_1}=\frac{1}{K}$$

可见，变压器工作时原、副线圈中的电流跟线圈的匝数成反比。变压器的高压线圈匝数多而通过的电流小，可用较细的导线绕制；低压线圈匝数少而通过的电流大，应当用较粗的导线绕制。

3. 变换交流阻抗

在电子线路中，常用变压器来变换交流阻抗。无论是收音机还是其他电子装置，总希望负载获得最大功率，而负载获得最大功率的条件是负载电阻等于信号源的内阻，此时称为阻抗匹配。但在实际工作中，负载的电阻与信号源的内阻往往是不相等的，所以，把负载直接接到信号源上不能获得最大功率。为此，就需要利用变压器来进行阻抗匹配，使负载获得最大功率。

设变压器初级输入阻抗（即初级两端所呈现的等效阻抗）为 Z_1，次级负载阻抗为 Z_2，则

$$Z_1=\frac{U_1}{I_2}$$

将 $U_1 \approx \frac{N_1}{N_2}U_2$，$I_1 \approx \frac{N_2}{N_1}I_2$ 代入上式整理后得

$$Z_1 = \left(\frac{N_1}{N_2}\right)^2 \frac{U_2}{I_2}$$

因为

$$\frac{U_2}{I_2} = Z_2$$

所以

$$Z_1 = \left(\frac{N_1}{N_2}\right)^2 Z_2 = K^2 Z_2$$

例4－1－2　在收音机的输出电路中，其最佳负载为784 Ω，而扬声器的电阻为 R_2 = 16 Ω，如图4－1－12所示，求变压器的变压比。

解： $Z_1 = 784\ \Omega$，$Z_2 = 16\ \Omega$，由公式 $Z_1 = K^2 Z_2$ 求得 $K = 7$。

当变压器的变压比为7时，即可得到最佳匹配效果。

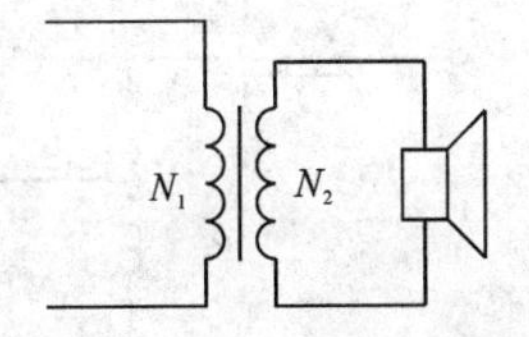

图4－1－12　变压器的阻抗匹配

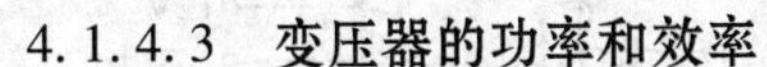

4.1.4.3　变压器的功率和效率

1. 变压器的功率

变压器初级的输入功率为

$$P_1 = U_1 I_1 \cos\varphi_1$$

式中，U_1为初级端电压，I_1为初级电流，φ_1为初级电压和电流的相位差。

变压器次级的输出功率为

$$P_2 = U_2 I_2 \cos\varphi_2$$

式中，U_2为次级端电压，I_2为次级电流，φ_2为次级电压与电流的相位差。

输入功率和输出功率的差就是变压器所损耗的功率，即

$$\Delta P = P_1 - P_2$$

变压器的功率损耗包括铁损 P_{Fe}（磁滞损耗和涡流损耗）和铜损 P_{Cu}（线圈导线电阻的损耗），即

$$\Delta P = P_{Cu} + P_{Fe}$$

铁损和铜损可以用试验方法测量或计算求出，铜损与初、次级电流有关；铁损决定于电压，并与频率有关。基本关系是：电流越大，铜损越大；频率越高，铁损越大。

2. 变压器的效率

和机械效率的意义相似，变压器的效率也就是变压器输出功率与输入功率的百分比，即

$$y = \frac{P_{出}}{P_{入}} \times 100\%$$

大容量变压器的效率可达98%～99%，小型电源变压器的效率为70%～80%。

4.1.4.4　常用变压器

变压器的种类很多，除常见的电力变压器外，下面再介绍几种常用的变压器。

1. 自耦变压器

如图4-1-13所示，自耦变压器的铁芯上只有一个绕组，原、副绕组是共用的，副绕组是原绕组的一部分，它可以输出连续可调的交流电压。调节滑动端的位置(箭头表示滑动端)，就改变了N_2，即改变了输出电压U_2。

自耦变压器也叫调压变压器，原、副绕组之间仍然满足电压、电流、阻抗变换关系。

自耦变压器在使用时，原、副绕组的电压不能接错，在使用前，输出电压要调到零，接通电源后，慢慢转动手柄调节出所需的电压。

2. 小型电源变压器

小型变压器广泛地应用于工业生产中，如在机床电路中输入220 V的交流电，通过电源变压器可以得到36 V的安全电压，12 V或6 V的指示灯电压。图4-1-14是小型变压器的原理图，它在副绕组上制作了多个引出端，可以输出3 V、6 V、12 V、36 V等不同电压。

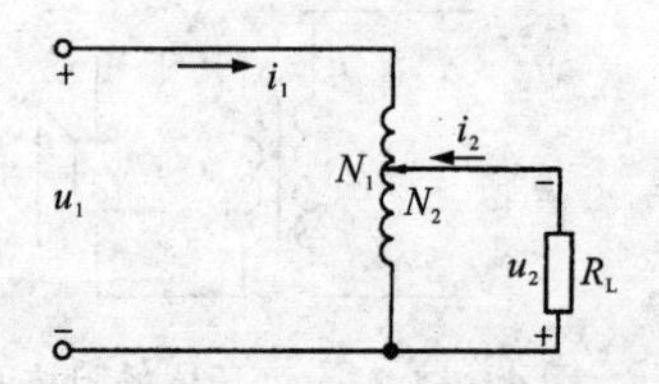

图4-1-13 自耦变压器的原理图

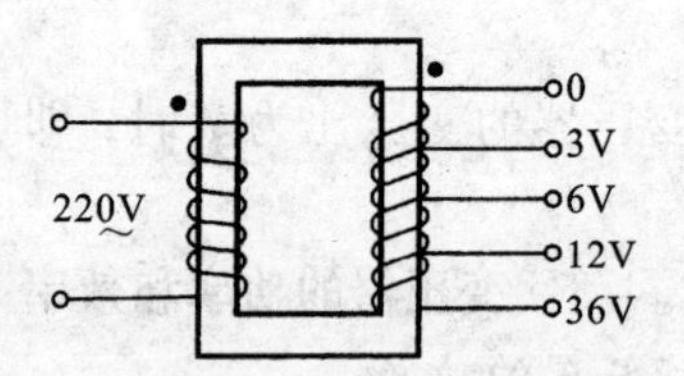

图4-1-14 多电压输出变压器

4.1.4.5 **变压器的铭牌**

变压器的铭牌上面标有变压器的型号、额定值等技术指标。通过查看变压器的铭牌，我们能够初步了解变压器的结构和特点。

变压器的型号上标有变压器的结构特点、额定容量(单位是kV·A)和高压侧的电压等级(单位是kV)，如图4-1-15所示。电力变压器型号中常用符号的含义见表4-1-1。

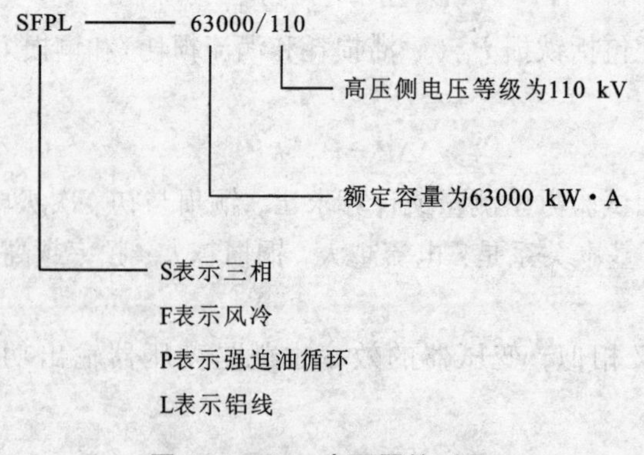

图4-1-15 变压器的型号

表 4－1－1　电力变压器常用符号的含义

项目	类别	符号	项目	类别	符号
相数	单相	D	循环方式	油自然循环	不标注
	三相	S		强迫油循环	P
线圈外冷却方式	矿物油	不标注		强迫油导向循环	D
	不燃性油	B		导体内冷	N
	气体	Q	绕组数	双绕组	不标注
	空气	K		三绕组	S
	成形固体	C		自耦	O
冷却方式	空气自冷	不标准	调压方式	无励磁	不标注
	风冷	F		有载	Z
	水冷	W	导线材质	铝线	L(可不标注)

变压器的额定值主要包括额定容量、额定电压和额定电流。额定容量是指变压器输出的最大视在功率(视在功率包括有功功率和无功功率，将在任务 4.4 中学到)。三相变压器的额定容量是指三相容量的总和。额定电压分一次侧额定电压和二次侧额定电压，其中一次侧额定电压是指接到一次绕组上的电压的额定值，二次侧额定电压是指变压器空载时，对应于一次侧额定电压的二次侧电压。额定电流是指根据额定容量和额定电压计算出的电流。对于单相变压器，一次侧额定电流等于额定容量除以一次侧额定电压，二次侧额定电流等于额定容量除以二次侧额定电压。

4.1.5　技能实训：变压器的识别与检测

4.1.5.1　实训器材

完成实训所需器材如表 4－1－2 所示。

表 4－1－2　所需器材表

序号	名称	型号与规格	数量	备注
1	万用表		1	
2	兆欧表		1	
3	变压器		4	

4.1.5.2　实训内容与步骤

1. 识别各种变压器

根据实训室提供的变压器，识别其型号，并填写在表 4－1－3 中。

(a)电源变压器

(b)音频变压器

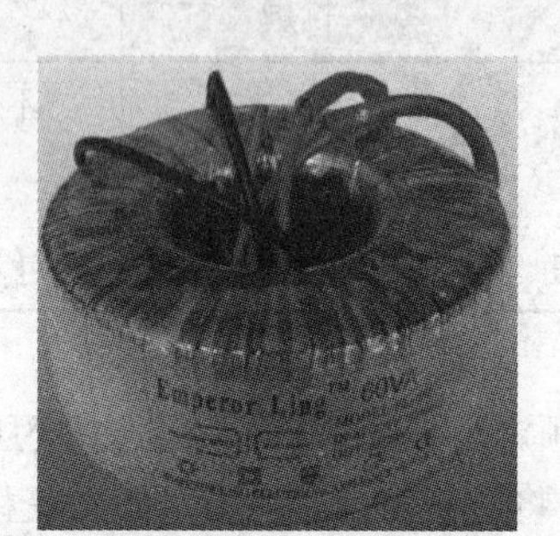

(c)环形变压器

(d)高频变压器

(e)电力变压器

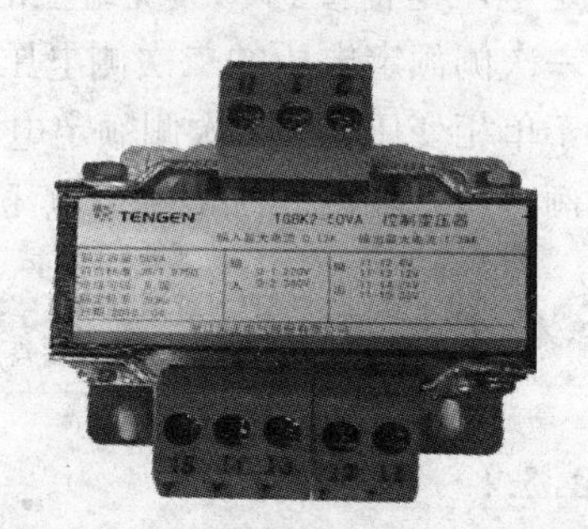

(f)控制变压器

图 4-1-16 变压器

表 4-1-3 变压器参数记录表

序号	型号标注	主　称	意　义	功率
1				
2				
3				
4				

2. 用万用表测量变压器绕组的阻值

电源变压器初级绕组一般为几十欧到几千欧姆，次级绕组阻值一般为几欧姆到几十欧姆，如果测量出阻值为特别大，则绕组可能开路，如果测量出阻值特别小，则绕组可能存在匝间短路。将测量数据填入表4－1－4中。

表4－1－4　变压器绕组的电阻测量

序号	标　注	初级绕组阻值	次级绕组阻值	判断是否合格
1				
2				
3				
4				

3. 测量变压器初级、次级的绝缘电阻

测量变压器绕组与铁芯之间的绝缘电阻。摇表表笔一端接绕组抽头，另一端接变压器外壳，测量出绝缘电阻。电压等级为500 V以下使用500 V摇表，1000 V以上的高压绕组使用2500 V摇表，500 V以上1000 V以下的低压绕组用1000 V摇表。一般绝缘电阻值规定(20℃)：3～10 kV为300 MΩ、20～35 kV为400 MΩ、63～220 kV为800 MΩ、500 kV为3000 MΩ，500 V以下应不低于0.5 MΩ，绝缘电阻越大越好。将测量数据填入表4－1－5中。

表4－1－5　变压器初级、次级的绝缘电阻测量

序号	标　注	初级绝缘电阻	次级绝缘电阻	判断是否合格
1				
2				
3				
4				

4.1.5.3　实训考核

变压器的识别与检测考核评价如表4－1－1所示。

4.1.5.4　实训小结

(1)电源变压器初级绕组阻值一般为多大？次级绕组阻值一般为多大？

(2)简述变压器型号命名中各部分的意义。

表 4-1-1 考核评价表

评价内容		配分	考核点	得分	备注
职业素养与操作规范（30分）		2	能做好操作前准备		出现明显失误造成贵重元件或仪表、设备损坏等安全事故；严重违反实训纪律，造成恶劣影响的记0分
		3	操作过程中保持良好纪律		
		10	能按老师要求正确操作		
		5	按正确操作流程进行实施，并及时记录数据		
		5	能保持实训场所整洁		
		5	任务完成后，整齐摆放工具及凳子、整理工作台面等并符合“6S”要求		
作品质量（70分）	识别	30	①能识别常见变压器的型号； ②能识别常见变压器的型号的意义和参数		
	检测	30	①能用万用表测量变压器绕组的阻值； ②能正确操作使用摇表测量绝缘电阻； ③能用摇表测量电源变压器的绝缘电阻		
	数据记录分析	10	①能正确记录测量数据； ②能根据测量的变压器参数判断变压器的好坏及性能		

4.1.6 拓展提高：互感器

互感器是电力系统中供测量和保护用的重要设备，分为电压互感器和电流互感器两大类；前者能将系统的高电压变成标准的低电压（100 V 或 100/3 V）；后者能将高压系统中的电流或低压系统中的大电流，变成低压的标准的小电流（5 A 或 1 A），用以给测量仪表和继电器供电。互感器的作用是：

（1）与测量仪表配合，对线路的电压、电流、电能进行测量。与继电器配合，对电力系统和设备进行各种保护。

（2）使测量仪表、继电保护装置和线路的高压电压隔离，以保证操作人员及设备的安全。

（3）将电压和电流变换成统一的标准值，以利于仪表和继电器的标准化。

电压互感器一次绕组并接在一次电路中，电流互感器一次绕组串接在一次电路中。电压互感器与电流互感器如图 4-1-17、图 4-1-18 所示。

图4-1-17　电压互感器

图4-1-18　电流互感器

思考与练习

1. 举出你知道的电磁感应现象的实例。产生感应电动势和感应电流的条件完全相同吗？它们之间有什么关系？

2. 你会用楞次定律或右手定则来判定感应电动势和感应电流的方向吗？什么情况下用右手定则，什么情况下用楞次定律来判定感应电流的方向比较方便？

3. 法拉第电磁感应定律是用来描述什么规律的？写出有 N 匝线圈的感应电动势计算公式；写出导线切割磁感线运动时计算感应电动势的公式。

4. 有人说："只要闭合回路中的导体在磁场里运动，回路中就一定有感应电流产生。"这句话对吗？为什么？

5. 有人说："感应电流的磁场方向总和原磁场方向相反。"这句话对吗？为什么？

6. 有一个铜环和一个塑料环，两环形状、大小都完全相同。用两根完全相同的条形磁铁，以同样速度将N极分别插入铜环和塑料环，问同一时刻穿过这两环中的磁通是否相同？为什么？

7. 到实验、实训室及配电房去观察一下，我们所学过的变压器都应用在哪些地方？

8. 写出变压器的电压、电流、阻抗变比关系。

9. 变压器运行时有哪些损耗？这些损耗是怎样产生的？

任务4.2　白炽灯照明电路的安装

4.2.1　任务描述

电光源的作用是将电能转换为光能。电光源种类繁多，其中白炽灯应用很普遍，它是将灯丝通电加热到白炽状态，利用热辐射发出可见光的电光源。白炽灯照明线路简单，白炽灯的色光最接近于太阳光色，显色性好，光谱均匀而不突兀，但发光效率低，将会大量被日光灯、节能灯和其他较节能的光源代替。白炽灯照明电路如何安装呢？

4.2.2 任务目标

(1)理解正弦交流电及正弦交流电的表达式。
(2)熟悉白炽灯照明发光原理、照明控制线路工作原理。
(3)能正确安装白炽灯照明电路、照明控制线路。
(4)能排除白炽灯照明线路常见故障。

4.2.3 基础知识一：正弦交流电

在交流电路中，电流和电压的大小和方向随时间做周期性变化，这样的电流和电压分别称做交变电流和交变电压，统称为交流电。交流发电机产生的电动势是按正弦规律变化，向外电路输送的是正弦交流电。

4.2.3.1 正弦交流电的周期、频率和角频率

如图 4-2-1 所示，为交流电发电机产生交流电的过程及其对应的波形图。

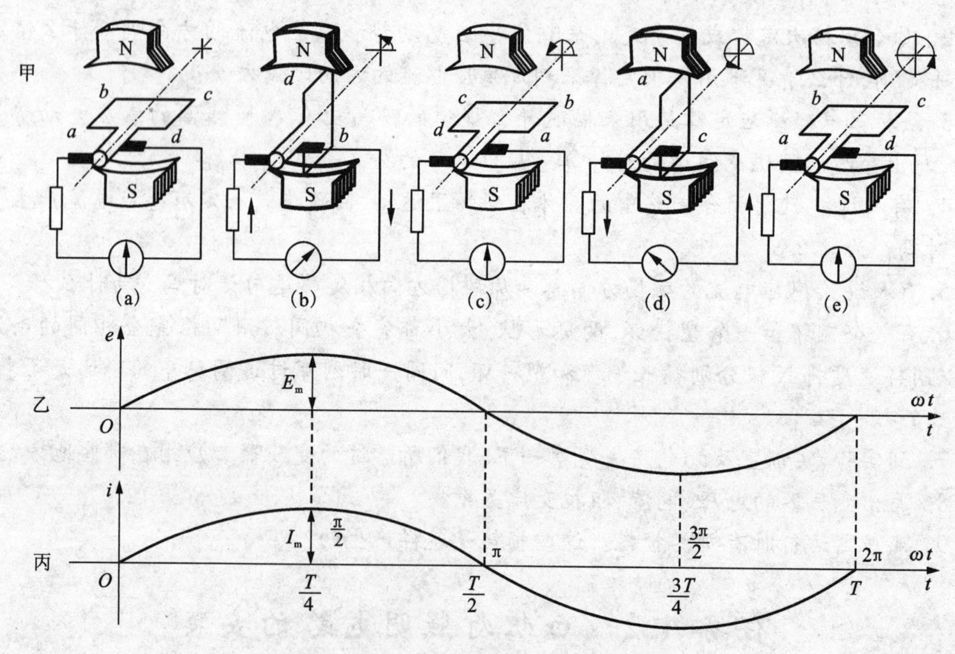

图 4-2-1 正弦交流电的产生及其波形图

(1)线圈平面垂直于磁感线(图 4-2-1(a))，ab、cd 边此时速度方向与磁感线平行，线圈中没有感应电动势，没有感应电流。

注意：这时线圈平面所处的位置叫中性面。中性面的特点：线圈平面与磁感线垂直，磁通量最大，感应电动势最小为零，感应电流为零。

(2)当线圈平面逆时针转过 90°时(图 4-2-1(b))，即线圈平面与磁感线平行时，ab、

cd 边的线速度方向都跟磁感线垂直，即两边都垂直切割磁感线，这时感应电动势最大，线圈中的感应电流也最大。

(3)再转过90°时(图4-2-1(c))，线圈又处于中性面位置，线圈中没有感应电动势。

(4)当线圈再转过90°时，处于图4-2-1(d)位置，ab、cd 边的瞬时速度方向，跟线圈经过图4-2-1(b)位置时的速度方向相反，产生的感应电动势方向也跟在图4-2-1(b)位置相反。

(5)再转过90°线圈处于起始位置(图4-2-1(e))，与图4-2-1(a)位置相同，线圈中没有感应电动势。

1. 周期

交流电完成一次周期性变化所用的时间，叫做周期。也就是线圈匀速转动一周所用的时间。用 T 表示，单位是s(秒)。在图4-2-1中，横坐标轴上有0到 T 的这段时间就是一个周期。

2. 频率

交流电在单位时间(1 s)完成的周期性变化的次数，叫做频率。用字母 f 表示，单位是赫[兹]，符号为Hz。常用单位还有千赫(kHz)和兆赫(MHz)，换算关系如下：

$$1\ \text{kHz}=10^3\ \text{Hz} \qquad 1\ \text{MHz}=10^6\ \text{Hz}$$

周期与频率的关系：互为倒数关系，即 $T=\dfrac{1}{f}$。

注意：我国发电厂发出的交流电都是50 Hz，习惯上称为“工频”。世界各国所采用的交流电频率并不相同，例如：美国、日本采用的市电频率均为60 Hz，110 V。

周期与频率都是反映交流电变化快慢的物理量。周期越短、频率越高，那么交流电变化越快。

3. 角频率

正弦交流电每变化一次，发电机的转子就转动一圈，即交流电的电角度变化了 2π 弧度或360°。我们把正弦交流电在1秒钟内变化的电角度称为正弦交流电的角频率，用字母 ω 表示，单位是弧度/秒，符号为rad/s。

角频率、频率和周期的关系：$\omega=\dfrac{2\pi}{T}=2\pi f$

4.2.3.2　相位和相位差

1. 相位

$t=T$ 时刻线圈平面与中性面的夹角为 $\omega t+\varphi_0$，叫做交流电的相位。相位是一个随时间变化的量。当 $t=0$ 时，相位 $\varphi=\varphi_0$，φ_0 叫做初相位(简称初相)，它反映了正弦交流电起始时刻的状态。

注意：初相的大小和时间起点的选择有关，习惯上初相用绝对值小于 π 的角表示。

相位的意义：相位是表示正弦交流电在某一时刻所处状态的物理量，它不仅决定瞬时值的大小和方向，还能反映出正弦交流电的变化趋势。

2. 相位差

如图4-2-2所示，两个同频正弦交流电，任一瞬间的相位之差就叫做相位差，用符号 φ 表示。即：

$$\varphi = (\omega t + \varphi_{01}) - (\omega t + \varphi_{02}) = \varphi_{01} - \varphi_{02}$$

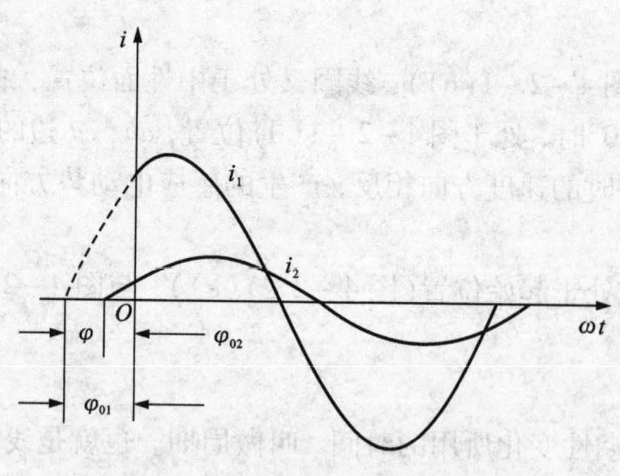

图 4-2-2 同频电流 i_1 和 i_2 的相位差

可见，两个同频率的正弦交流电的相位差，就是初相之差。它与时间无关，在正弦量变化过程中的任一时刻都是一个常数。它表明了两个正弦量之间在时间上的超前或滞后关系。

在实际应用中，规定用绝对值小于 π 的角度(弧度值)表示相位差。以图 4-2-2 所示为例，相位差的含义如表 4-2-1 所示。

表 4-2-1 相位差含义表

$\varphi = \varphi_{01} - \varphi_{02}$	常用表述
$\varphi < 0$	i_1滞后 i_2或者 i_2超前 i_1
$\varphi = 0$	i_1与 i_2同相
$\varphi > 0$	i_1超前 i_2或者 i_2滞后 i_1
$\varphi = \frac{\pi}{2}$	i_1与 i_2正交
$\varphi = \pi$	i_1与 i_2反相

4.2.3.3 交流电的最大值和有效值

正弦交流电的大小和方向随时间按正弦规律变化，正弦交流电在一个周期内所能达到的最大数值，可以用来表示正弦交流电变化的范围，称为交流电的最大值，又称振幅、幅值或峰值。

一个直流电流与一个交流电流分别通过阻值相等的电阻，如果通电的时间相同，电阻 R 上产生的热量也相等，那么直流电的数值叫做交流电的有效值。

注意：交流电有效值的概念是从能量角度进行定义的。

电流、电压、电动势的有效值，分别用大写字母 I、U、E 来表示，最大值用 I_m、U_m、E_m 表示。

如果正弦交流电的最大值越大，它的有效值也越大；最大值越小，它的有效值也越小。理论和实验都可以证明，正弦交流电的最大值是有效值的$\sqrt{2}$倍，即

$$\left.\begin{aligned} I &= \frac{I_m}{\sqrt{2}} = 0.707 I_m \\ U &= \frac{U_m}{\sqrt{2}} = 0.707 U_m \\ E &= \frac{E_m}{\sqrt{2}} = 0.707 E_m \end{aligned}\right\}$$

有效值和最大值是从不同角度反映交流电流强弱的物理量。通常所说的交流电的电流、电压、电动势的值，不作特殊说明的都是有效值。例如，市电电压是220 V，是指其有效值为220 V。

在前面的学习中，我们曾经提到：在选择电器的耐压时，必须考虑电路中电压的最大值；选择最大允许电流时，同样也是考虑电路中出现的最大电流。例如：耐压为220 V的电容，不能接到电压有效值为220 V的交流电路上，因为电压的有效值为220 V，对应最大值为311 V，会使电容器因击穿而损坏。

例4－2－1　用伏特表量得交流电源电压是380 V，求：

(1)它的最大值是多少？

(2)用安培表量得电动机的电流是10 A，此电流的最大值是多少？

解：(1)用伏特表量得的交流电压是有效值U，则它的最大值

$$U_m = \sqrt{2}U = 532 \text{ V}$$

(2)用安培表量得的电流是有效值I，则它的最大值

$$I_m = \sqrt{2}I = 14 \text{ A}$$

4.2.3.4　交流电的表示方法

1. 解析式法

用三角函数表示正弦交流电的方法叫解析式法。正弦交流电的电动势、电压和电流的瞬时值表达式就是交流电的解析式。即

$$i = I_m \sin(\omega t + \varphi_{i0})$$
$$u = U_m \sin(\omega t + \varphi_{u0})$$
$$e = E_m \sin(\omega t + \varphi_{e0})$$

如果知道了交流电的有效值(或最大值)、频率(或角频率)和初相，就可以写出它的解析式，便可算出交流电的瞬时值。

2. 波形图表示法

正弦交流电可用与解析式相对应的波形图，即正弦曲线来表示，如图4－2－3所示。图中的横坐标表示时间t或角度ωt，纵坐标表示随时间变化的电动势、电压或电流的瞬时值，在波形上可以反映出最大值、初相和周期等三要素。

图4－2－3(a)的正弦曲线的初相为零，图4－2－3(b)的初相在0～π之间，图4－2－3(c)的初相在－π～0之间，图4－2－3(d)的初相为±π。由图4－2－3可看出，如果初相是正值，曲线的起点(正弦波形的第1个正半周起点)就在坐标原点的左边；如果初相是负值，则起点在原点的右边。

例4－2－2　画出正弦交流电$i = 15\sin(314t + \pi/4)$ A的波形图。

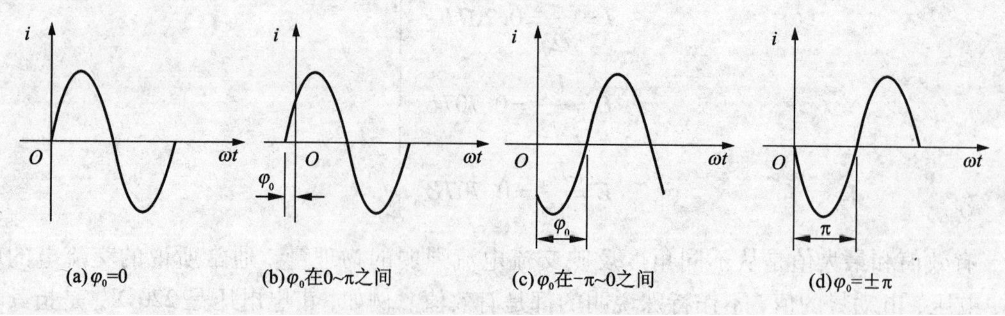

图 4-2-3　初相不同的波形图

解：由解析式可知交流电的电流最大值为

$$I_m = 15A$$

角频率

$$\omega = 314rad/s$$

初相位

$$\varphi_{i0} = \frac{\pi}{4}$$

按以上数据画出交流电的波形，如图 4-2-4 所示。

3. 相量图表示法

正弦量可用三角函数式表示，也可用波形图表示，虽然都能体现正弦量的三要素，但遇到正弦量的运算时就特别复杂，相量表示法给正弦量的运算提供了方便。描述正弦量的有向线段称为相量，其表示方法如图 4-2-5 所示。

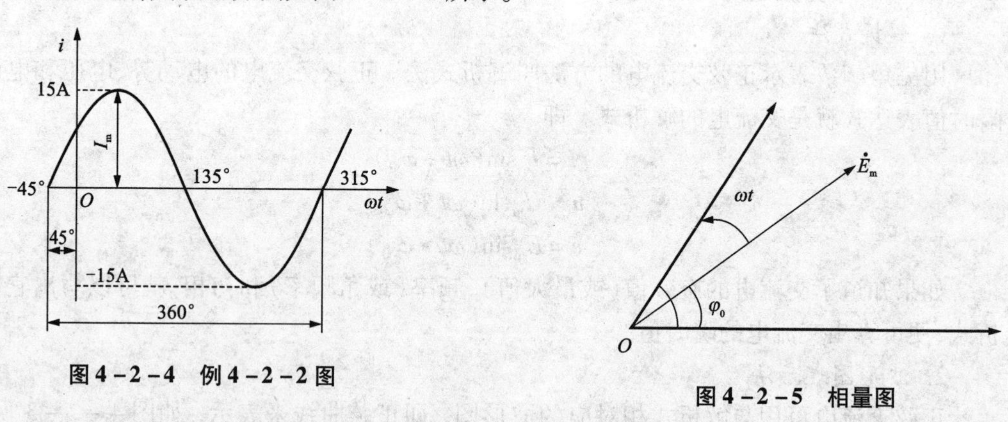

图 4-2-4　例 4-2-2 图

图 4-2-5　相量图

对于正弦电动势 $e = E_m\sin(\omega t + \varphi_0)$，若在平面直角坐标系中，从原点作一相量 $\dot{E}_m$，使其长度等于正弦交流电动势的最大值 E_m，相量与横轴 OX 的夹角等于正弦交流电动势的初相角 φ_0，相量以角速度 ω 逆时针方向旋转，如图 4-2-6(a)所示，旋转相量在任一瞬间与横轴 OX 的夹角就是正弦交流电动势的相位 $(\omega t + \varphi_0)$，而旋转相量在纵轴 OY 上的投影就是对应时刻的正弦交流电动势的瞬时值。

例如，当 $t = 0$ 时，旋转相量在纵轴 OY 上的投影为 e_0，相当于图 4-2-6(b)中电动势波形的 a 点；当 $t = t_1$ 时，相量与横轴 OX 的夹角为 $(\omega t + \varphi_0)$，此时相量在纵轴 OY 上的投影为

e_1，相当于波形图中的 b 点；如果相量继续旋转下去，就可得出电动势 e 的波形图。

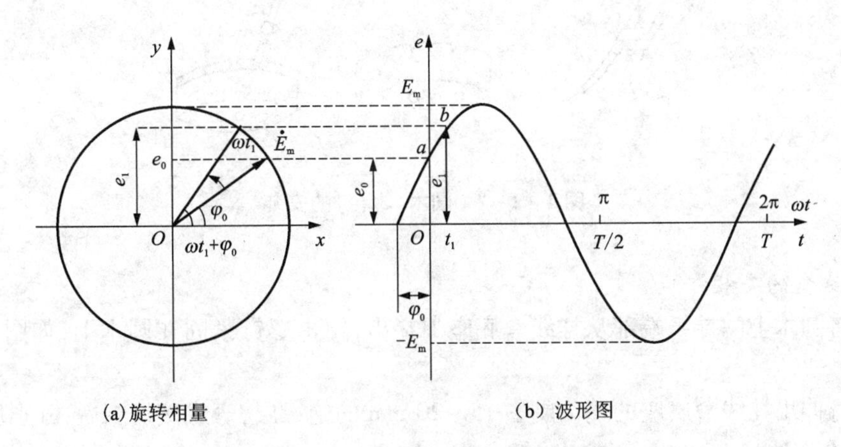

(a)旋转相量　　(b) 波形图

图4-2-6　正弦量的相量图表示原理

由此可见，一个正弦量可以用一个旋转相量表示，相量以角速度 ω 沿逆时针方向旋转，对于这样的矢量不可能也没有必要把它的每一瞬间的位置都画出来，只要画出它在起始位置的相量，即相量与 x 轴的夹角为初相 φ_0，长度为交流电的最大值。因此，一个正弦量只要它的最大值和初相确定后，表示它的相量就可以确定了。

必须指出的是，表示正弦交流电的相量与一般的空间相量（如力、速度）是不同的，它只是正弦量的一种表示方法。

为了与一般的空间相量相区别，我们把正弦交流电的相量用大写字母上加黑点的符号来表示，用 $\dot{U}_m$ 和 $\dot{I}_m$ 分别表示电压和电流最大值的相量。同时，我们把用相量表示正弦交流电的方法称为相量图表示法。

在实际工作中，遇到的往往是有效值，故相量的长度也常表示有效值的大小，这种相量叫有效值相量，分别用符号 $\dot{U}$、$\dot{I}$ 表示。

只有正弦量才能用相量表示，相量不能表示非正弦量，只有同频率的正弦量才能画在一个相量图上。同频率的正弦量的叠加可以用相量的叠加代替，同频率的正弦量的叠加仍是同频率的正弦量。

4.2.4　基础知识二：白炽灯电路的安装

通常情况下，灯具的安装高度室外不低于3 m，室内不低于2.4 m。室内照明开关安装在门边便于操作的位置上，拉线开关距离地面2.3 m，跷板暗装开关距离地面1.3 m，与门框的距离为150～200 mm。

1. 圆木（木台）的安装

先加工圆木，在圆木表面上用电钻钻出三个孔，孔的大小根据导线的截面积来确定，一般为 Φ3～Φ4 mm。如果是护套明配线，应在圆木正对护套线的一面锯出一个豁口，将护套线卡入圆木的豁口中，用木螺钉穿过圆木，并将其固定在预埋木桩上，如图4-2-7所示。

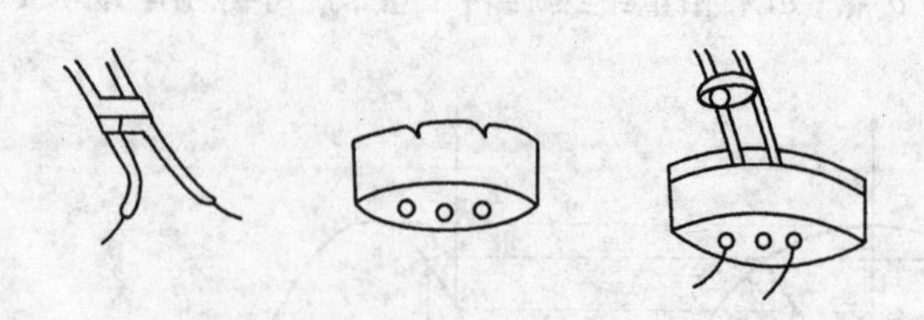

图 4 –2 –7 圆木(木台)的安装

2. 挂线盒的安装

(1)将圆木上的导线端部从挂线盒底座中穿出,用木螺钉紧固在圆木上,如图 4 –2 –8 (a)所示。

(2)将伸出挂线盒底座的端部剥去 15 ~20 mm 的绝缘层,弯成接线圈后,分别压接在挂线盒的两个接线柱上。

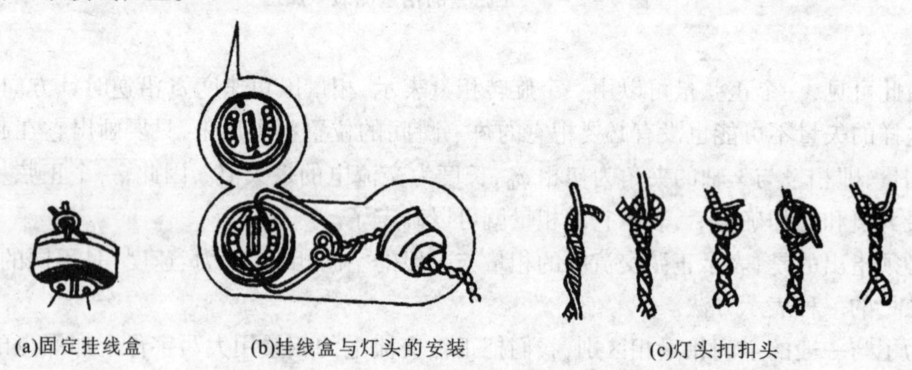

(a)固定挂线盒 (b)挂线盒与灯头的安装 (c)灯头扣扣头

图 4 –2 –8 挂线盒的安装

(3)根据灯具安装高度的要求,取一段塑料花线作为挂线盒与灯头之间的连接线,上端与挂线盒内的接线柱相连接;下端连接到灯头接线柱上,如图 4 –2 –8(b)所示。

(4)吊灯电源线进入挂线盒盖后,在距离接线端头 40 ~50 mm 处打一个灯头扣,如图 4 –2 –8(c)所示,这个结扣正好卡在挂线盒里,承受悬吊部分灯具的重量。

3. 灯座的安装

(1)平灯座的安装

平灯座上有两个接线柱,一个与电源的中性线(N)连接,另一个与来自开关的相线连接。插口平灯座上的两个接线柱可任意连接,而对于螺口平灯座,必须把电源中性线(俗称零线)端部连接到通螺纹圈的接线柱上,把来自开关的线头连接到通中心簧片的接线柱上,如图 4 –2 –9 所示。

(2)吊灯座的安装

安装吊灯灯座时必须用两根绞合的塑料软线或花线作与挂线盒的连接线。将导线两端的绝缘层削去,并把线芯绞紧。如图 4 –2 –10(a)所示,先把上端导线穿入挂线盒,并在盒罩孔内打结穿入挂线盒底座 1 的两个侧孔里,再分别连接到两个接线柱上,旋上罩盖 3。然后如图 4 –2 –10(b)所示,将下端导线穿入吊灯座盖 4 的孔内并打结,最后把接线端分别接

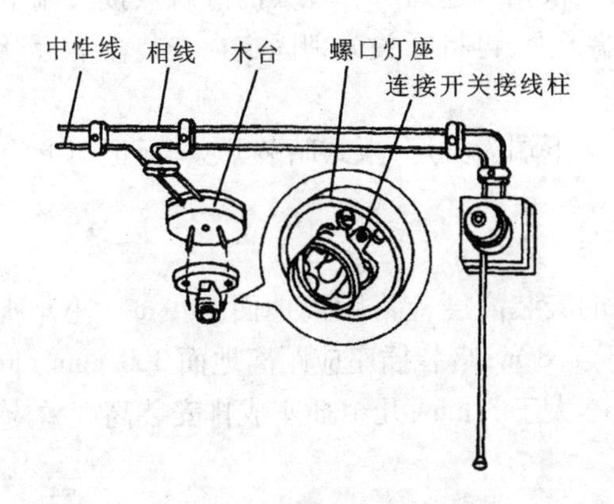

图4-2-9 螺口灯座的安装

在灯头的两个接线柱上，并罩上灯头座盖。安装好的吊灯如图4-2-10(c)所示，一般规定灯泡的高度为距离地面2.5 m，也可以成人伸手向上碰不到为准，且灯头线不宜过长，也不应打结。

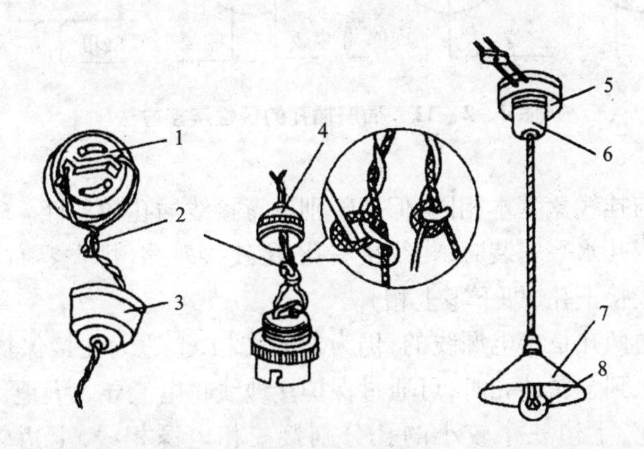

(a)接线盒内接线 (b)吊灯座安装 (c)装成的吊灯

图4-2-10 吊灯座的安装

1—接线盒底座；2—导线结；3—接线盒罩盖；4—吊灯座盖；5、6—接线盒；7—灯罩；8—灯泡

4. 开关的安装

开关一定要接在电源的相线上，即相线先通过开关才进灯头。这样在开关切断后，灯头不会带电，保证使用、维修的安全。

(1)单联开关

应装在木台上，并加以固定。木台中的线头，一根是电源相线，另一根是进入灯头的相线。将木台固定在打有木榫的墙上，用木螺钉固定开关底座，使开关底座位于木台的中间，固定好底座后，将两个导线线头分别接在开关底座的两个接线端上，旋上开关盖子即可。

(2)卡线式暗装开关

一般是在预埋好的铁制或塑料安装盒上进行安装，方法是：将来自电源的一根相线接在开关静触点的接线端子上，将连接灯头的一根线接在动触点的接线端子上。如果是双极或多极开关，将来自电源的一根相线连通所有开关的静触点接线端子，并将各灯头的线分别接在各开关的动触点接线端子上，再将开关分别固定在安装盒上，最后用螺钉固定盖板即可。

(3)跷板式暗装开关

一般接上端为开灯，接下端为关灯；扳式暗装开关，扳把向上为开灯，向下为关灯。

5. 插座的安装

(1)安装一般要求

一般情况下，明插座的安装高度应为距离地面 1.4 m。托儿所、幼儿园、小学等场所明插座的安装高度应不低于 1.8 m；暗装插座应距离地面 300 mm。同一场所安装插座的高度应保持一致，其高度差应不大于 5 mm，几个插座成排安装高度差应不大于 2 mm。

(2)插座的安装

接线方法如图 4-2-11 所示。

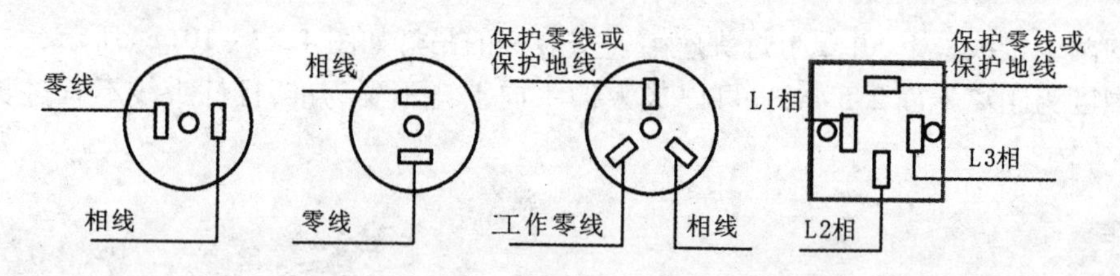

图 4-2-11 插座插孔的极性连接方法

插座安装方法与挂线盒基本相同，但要特别注意接线插孔的极性。

①双孔插座在双孔水平安装时，相线接右孔，零线接左孔（即左零右相）；双孔竖直排列时，相线接上孔，零线接下孔（即下零上相）。

②三孔插座下边两孔是接电源线的，仍为左零右相，上边大孔接保护接地线，它的作用是一旦电气设备漏电到金属外壳时，可通过保护接地线将电流导入大地，消除触电危险。

③三相四孔插座，下边三个较小的孔分别接三相电源相线，上边较大的孔接保护接地线。

4.2.5 技能实训：单联、双联开关电路的安装

4.2.5.1 实训器材

常用电工工具一套、MF-47 型万用表一个、单联开关 220 V/10A、双联开关 220 V/10 A、单相双极插座 220 V/10A、螺口平顶灯 220 V、瓷插式熔断器各一个，塑料绝缘线、塑料护套线若干。

4.2.5.2 实训内容与步骤

1. 单联开关的接线方式

一只单联开关控制一盏灯的线路，如图 4-2-12 所示。

(1)连接灯头的接线柱。把电源线的零线 N 接到灯头的接线柱 dl 上。

(2)连接开关的接线柱。把电源线的相线 L 接到开关的接线柱 a1 上。

(3)连接开关与灯头的另一接线柱。用导线连接灯头 B 的接线柱 d2 与开关 K 的接线柱 a2。

2. 双联开关的接线

两只双联开关控制一盏灯的线路如图 4－2－13 所示。该线路常用于楼梯照明线路的安装。双联开关比普通开关多两个接线柱,共有三个接线柱,其中一个接线柱是用铜片连接的,如图 4－2－13 中 K1 和 K2 的接线柱②。

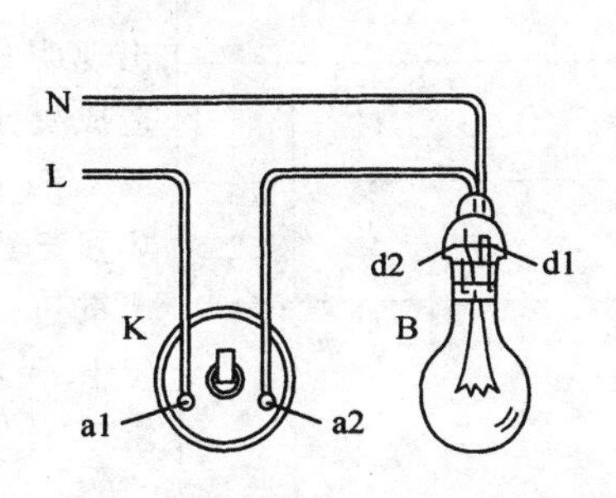

图 4－2－12　一只单联开关控制一个盏灯的线路

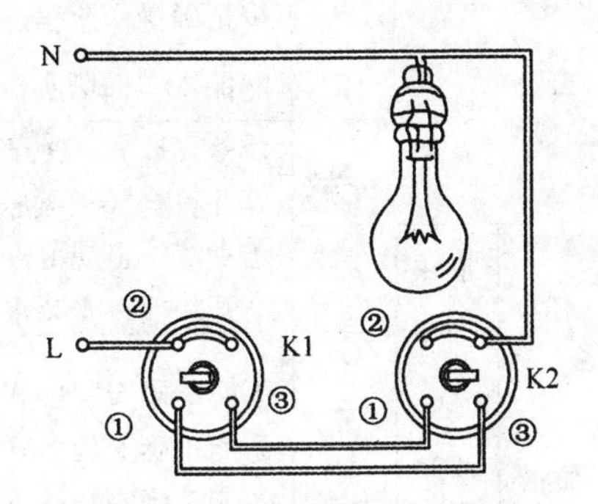

图 4－2－13　两只双联开关控制一盏灯的线路

两只双联开关控制一盏灯的具体接线步骤如下所述:

(1)相线 L 接开关 K1 的接线柱②,即“相线始终接开关”。

(2)开关 K1 的接线柱①、③分别接开关 K2 的接线柱③、①。

(3)开关 K2 的接线柱②接灯头。

(4)灯头的另一端接零线 N,即“零线始终接负载(如灯具)”。

3. 通电调试

检查接线无误后,通电调试。

4.2.5.3　实训注意事项

(1)相线和零线接开关不可接错。

(2)电路检查无误后方可通电。

(3)白炽灯的额定电压要与电源电压相符。

(4)使用螺口灯泡时要把相线接在灯座的中心触点上。

(5)白炽灯安装在露天场所时要使用防水灯座和灯罩。

(6)普通白炽灯泡要防潮防振。

(7)吊灯座必须用两根绞合塑料软导线或花线作为与挂线盒(接线盒)的连接线。

4.2.5.4　实训考核

单联、双联开关电路的安装考核评价如表 4－2－1 所示。

4.2.5.5　实训小结

(1)照明线路中开关和插座的安装高度一般为多少?

(2)简述安装开关和插座的注意事项。

表4-2-1 考核评价表

评价内容		配分	考核点	得分	备注
职业素养与操作规范（30分）		2	能做好操作前准备		出现明显失误造成贵重元件或仪表、设备损坏等安全事故；严重违反实训纪律，造成恶劣影响的记0分
		3	操作过程中保持良好纪律		
		10	能按老师要求正确操作		
		5	按正确操作流程进行实施，并及时记录数据		
		5	能保持实训场所整洁		
		5	任务完成后，整齐摆放工具及凳子、整理工作台面等并符合“6S”要求		
作品质量（70分）	工艺	30	①走线平整规范； ②开关插座安装水平，无歪斜		
	功能	30	①能正确安装单联开关； ②能正确安装多联开关； ③能正确安装插座； ④能排除白炽灯照明线路常见故障		
	指标	10	①开关安装高度符合要求； ②插座安装高度符合要求； ③白炽灯安装符合要求		

4.2.6 拓展提高：节能灯

节能灯，又称为省电灯泡、电子灯泡、紧凑型荧光灯及一体式荧光灯，是指将荧光灯与镇流器(安定器)组合成一个整体的照明设备。节能灯的尺寸与白炽灯相近，与灯座的接口也和白炽灯相同，所以可以直接替换白炽灯。节能灯的正式名称是稀土三基色紧凑型荧光灯，20世纪70年代诞生于荷兰的飞利浦公司。

这种光源在达到同样光能输出的前提下，只需耗费普通白炽灯用电量的1/5至1/4，从而可以节约大量的照明电能和费用。

大家在市场上一般可以看到2U系列、3U系列等节能灯。主要是节能灯的灯管是成U字形的，2根灯管就是2U，3根灯管就是3U。其他不同形状的灯管没有大的区别，主要区别在于功率大小，通常瓦数越大，长度越长，灯管和塑料越粗越大。

电子节能灯工作原理：利用高频电子镇流器将50 Hz的市电逆变20~50 kHz高频电压去点燃荧光灯。它具有以下几个优点：

1. 光效高

光效即发光效率，是指一个光源所发出的光通量和所消耗的电功率之比。可用每瓦流明数或LM/W表示(光通量：是指光源在单位时间内所发出的光量，它是衡量灯的光亮度的重要指标，用LM表示。)紧凑型荧光灯与普通灯泡相比，发光效率提高5~6倍，如11 W节能灯的光通量相当于60 W普通白炽灯。

图4-2-14　节能灯

2. 寿命长

所谓的寿命指一只成品灯从点燃至“烧毁”或灯工作至低于标准中所规定寿命性能任一要求时的累计时间。普通白炽灯泡的额定寿命为1000 h，紧凑型荧光灯的寿命一般为5000 h。

3. 显色好

各种不同的光源会显示出不同的光颜色。我们用显色指数CRI来测定，其范围从0至100。显示指数的高低直接反映出光的显色性的好坏，光的显色指数越高，在其照射下的物体的颜色就越能得到真实的反映。反之，就会使物体颜色失真。一般说来，光的显色指数只要大于75以上，就能真实地反映出物体的颜色而不至于失真。

紧凑型荧光灯采用稀土三基色荧光粉，它的显色指数为80左右，比普通日光灯显色性显著提高。若采用廉价的卤粉作原料，将达不到此效果。

4. 体积小巧，造型美观，使用简便

由于紧凑型荧光灯有较高的功率负载，因此它的体积小巧美观，也有较好的装饰作用。一体化节能灯的灯头规格使用条件与普通灯泡基本相同，所以可直接代替普通灯泡使用，它的市场容量巨大，容易推广应用。可以说紧凑型荧光灯集中了节能、长寿命、体积小、显色好、使用简便等优点为一身，无愧是现代室内照明的典型光源，成为国际绿色照明光源的重点推荐产品，有巨大潜在市场和发展前景。

思考与练习

1. 一台发电机产生正弦式电流。如果发电机电动势的峰值为$E_m=400$ V，线圈匀速转动的角速度为$\omega=314$ rad/s，试写出电动势瞬时值的表达式。如果这个发电机的外电路只有电阻元件，总电阻为2 kΩ，电路中电流的峰值为多少？写出电流瞬时值的表达式。

2. 我国电网中交流电的周期是0.02 s，1 s内电流方向发生多少次改变？

3. 一个电容器，当它的两个极板间的电压超过10 V时，其间的电介质就可能被破坏而不再绝缘,这个现象叫做电介质的击穿,这个电压叫做这个电容器的耐压值。能否把这个电容器接在交流电压是10 V的电路两端?为什么?

4. 一个灯泡,上面写着“220 V 40 W”。当它正常工作时,通过灯丝电流的峰值是多少?

任务4.3 日光灯安装与常见故障检修

4.3.1 任务描述

日光灯,又称为荧光灯。其两端各有一灯丝,灯管内充有微量的氩和稀薄的汞蒸气,灯管内壁上涂有荧光粉,两个灯丝之间的气体导电时发出紫外线,使荧光粉发出柔和的可见光。与白炽灯相比,日光灯具有发光效率高、寿命长、光线柔和光色宜人等特点。怎样安装荧光灯呢?

4.3.2 任务目标

(1)了解纯电阻电路、纯电感电路、纯电容电路中各量的关系。

(2)能正确连接日光灯照明线路;能安装日光灯照明控制线路。

(3)能排除日光灯照明线路的常见故障。

4.3.3 基础知识一:纯电阻电路

纯电阻电路是最简单的交流电路,它由交流电源和纯电阻元件组成。日常生活和工作中接触到的白炽灯、电炉、电烙铁等都属于电阻性负载。

4.3.3.1 **电流、电压间的数量及相位关系**

演示实验一:如图4-3-1所示连接好实验电路,改变信号发生器的输出电压和频率,观察、记录电流表和电压表的读数情况,研究电流、电压间的数量关系。注意分析电流、电压关系是否受电源频率变化的影响。

从电流表、电压表的读数看出,电压有效值与电流有效值之间成正比(与电源频率变化无关),比值等于电阻的阻值。

表明电压有效值与电流有效值服从欧姆定律,即

$$I=\frac{U_{\mathrm{R}}}{R} \qquad (4-3-1)$$

其电压、电流最大值也同样服从欧姆定律,即

$$I_{\mathrm{m}}=\frac{U_{\mathrm{mR}}}{R} \qquad (4-3-2)$$

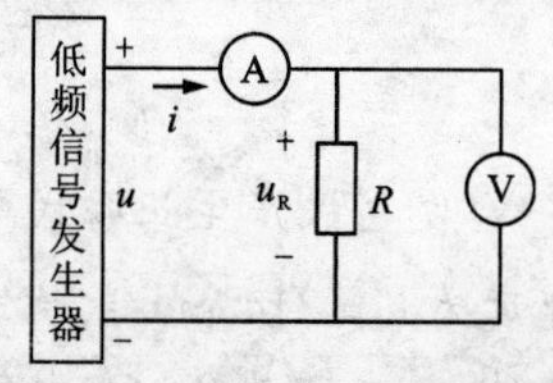

图4-3-1 纯电阻电路演示实验图

演示实验二:将超低频信号发生器的频率选择在 6 Hz 左右，当开关 S 闭合以后，仔细观察直流电流表、直流电压表的指针变化情况，及其之间的时间关系。

电流表和电压表的指针同时到达左边最大值，同时归零，又同时到达右边最大值，即电流表与电压表同步摆动。

实验表明纯电阻电路中，电流与电压相位相同，相位差为零，即

$$\varphi=\varphi_u-\varphi_i=0 \tag{4-3-3}$$

纯电阻电路中，电压与电流同相，电压瞬时值与电流瞬时值之间服从欧姆定律，即

$$i=\frac{u_R}{R} \tag{4-3-4}$$

注意: 在交流电路中，上式是纯电阻电路所特有的公式，只有在纯电阻电路中，任一时刻的电压、电流瞬时值服从欧姆定律。

根据我们刚才所作的演示实验结果表明，在纯电阻电路中电流、电压的瞬时值、最大值、有效值之间均服从欧姆定律，且同相。我们可以用图 4-3-2 波形和图 4-3-3 旋转矢量图来形象地表述这种关系。

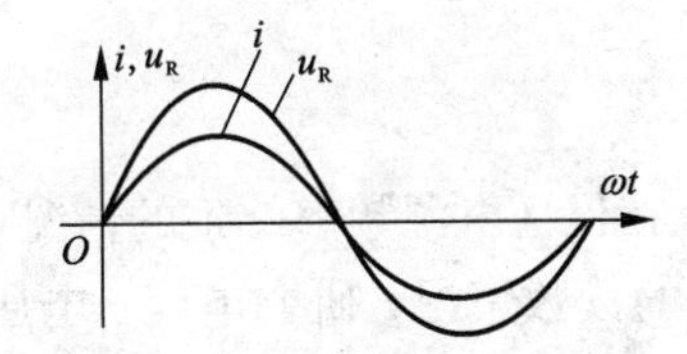

图 4-3-2　纯电阻电路波形图

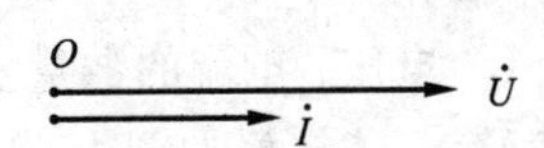

图 4-3-3　纯电阻电路旋转矢量图

4.3.3.2　纯电阻电路的功率

1. 瞬时功率

某一时刻的功率叫做瞬时功率，它等于电压瞬时值与电流瞬时值的乘积。瞬时功率用小写字母 p 表示

$$p=ui \tag{4-3-5}$$

以电流 $i=I_m\sin\omega t$ 为参考正弦量，则电阻 R 两端的电压为 $u_R=U_{Rm}\sin\omega t$，将 i，u_R 代入 $p=ui$ 中

$$\begin{aligned} p &= u_R i \\ &= U_{Rm}\sin\omega t\cdot I_m\sin\omega t \\ &= \sqrt{2}U_R\sin\omega t\cdot\sqrt{2}I\sin\omega t \\ &= U_R I-U_R I\cos2\omega t \end{aligned} \tag{4-3-6}$$

分析: 瞬时功率的大小随时间作周期性变化，变化的频率是电流或电压的 2 倍，它表示出任一时刻电路中能量转换的快慢速度。由上式可知，电流、电压同相，功率 $p\geqslant0$，其中最大值为 $2U_RI$，最小值为零。其电气关系可用图 4-3-4 表示。

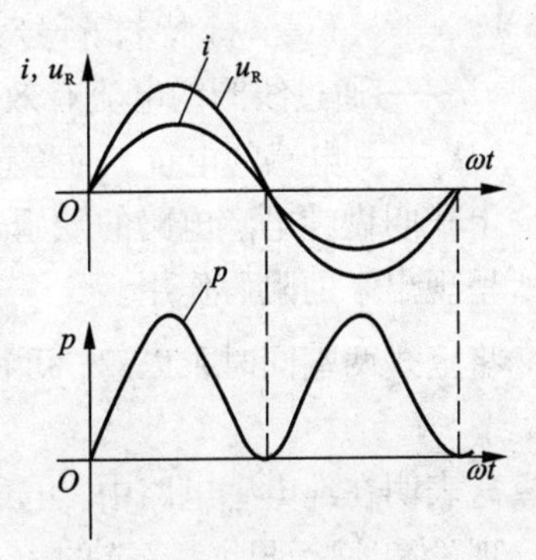

图 4-3-4　纯电阻电路功率曲线

2. 平均功率

瞬时功率在一个周期内的平均值称为平均功率，用大写字母 P 表示。

$$P = U_R I \tag{4-3-7}$$

根据欧姆定律，平均功率还可以表示为

$$P = U_R I = IR^2 = \frac{U_R^2}{R} \tag{4-3-8}$$

式中：U_R——R 两端电压有效值，单位是伏[特]，符号为 V；

I——流过电阻的电流有效值，单位是安[培]，符号为 A；

R——用电器的电阻值，单位是欧[姆]，符号为 Ω；

P——电阻消耗的平均功率，单位是瓦[特]，符号为 W。

4.3.4 基础知识二：纯电感电路

一个忽略了电阻和分布电容的空心线圈，与交流电源连接组成的电路叫做纯电感电路。

4.3.4.1 电压、电流的数量及相位关系

演示实验一：连接好如图 4-3-5 所示实验电路，在保证电源频率一致的情况下，改变信号发生器的输出电压，观察、记录电流表和电压表的读数情况，研究电流、电压间的数量关系。改变电源频率，重复之前的步骤。注意分析电流、电压关系是否受电源频率变化的影响。

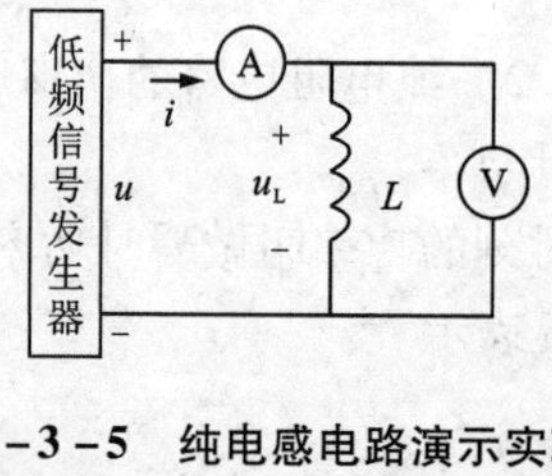

分析实验现象可知，电压与电流的有效值成正比，且其比值随电源频率变化，电源频率越高，电压/电流比值越大。

电压与电流有效值之间存在如下关系

$$U_L = X_L I \tag{4-3-9}$$

图 4-3-5 纯电感电路演示实验图

式中：U_L——电感线圈两端的电压有效值，单位是伏[特]，符号为 V；

I——通过线圈的电流有效值，单位是安[培]，符号为 A；

X_L——电感的电抗，简称感抗，单位是欧[姆]，符号为 Ω。

上式叫做纯电感电路的欧姆定律。感抗是新引入的物理量，它表示线圈对通过的交流电所呈现出来的阻碍作用。

将上式两端同时乘以$\sqrt{2}$，可得

$$U_{Lm} = X_L I_m \tag{4-3-10}$$

这表明在纯电感电路中，电压、电流的最大值也服从欧姆定律。

理论和实验证明，感抗的大小与电源频率成正比，与线圈的电感成正比。感抗的公式为

$$X_L = 2\pi f L \tag{4-3-11}$$

式中：f——电压频率，单位是赫[兹]，符号为 Hz；

L——线圈的电感，单位是亨[利]，符号为H；

X_L——线圈的感抗，单位是欧[姆]，符号为Ω。

值得注意的是，线圈的感抗X_L和电阻R的作用相似，但是它与电阻R对电流的阻碍作用有本质区别。分析$X_L=2\pi fL$可知，感抗在直流电路中值为零，对电流没有阻碍作用；只有在电流频率大于零，即为交流电时，感抗才对电流有阻碍作用，且频率越高，阻碍作用越大。这也反映了电感元件"通直流，阻交流；通低频，阻高频"的特性，其本质为电感元件在电流变化时所产生的自感电动势对交变电流的反抗作用。

演示实验二：将低频信号发生器的频率选择在6 Hz以下，当开关S闭合以后，仔细观察直流电流表、直流电压表的指针变化情况，及其之间的时间关系。

可以看到电压表指针到达右边最大值时，电流表指针指向中间零值；当电压表指针由右边最大值返回中间零值时，电流表指针由零值到达右边最大值；当电压表指针运动到左边最大值时，电流表指针运动到中间零值……

实验结果表明，在纯电感电路中，电压超前电流$\frac{\pi}{2}$。

所以纯电感电路中，电感两端的电压u_L超前电流$\frac{\pi}{2}$。设电路电流为$i=I_m\sin\omega t$，则线圈两端的电压为

$$u_L=U_{Lm}\sin(\omega t+\frac{\pi}{2}) \quad (4-3-12)$$

根据电流、电压的解析式，可以作出电流和电压的波形图以及它们的旋转矢量图，分别如图4-3-6和图4-3-7所示。

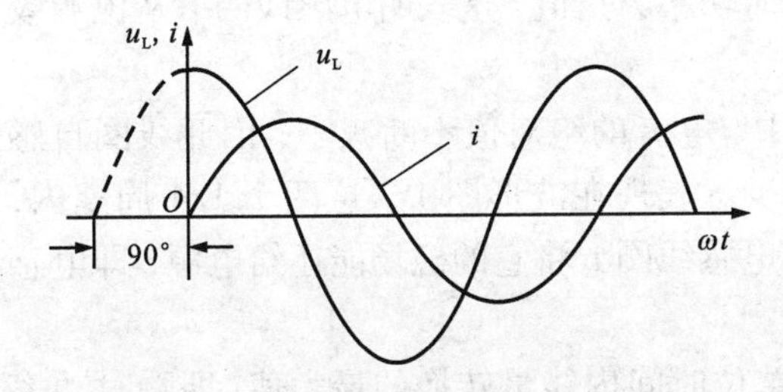

图4-3-6　纯电感电路电流、电压波形图

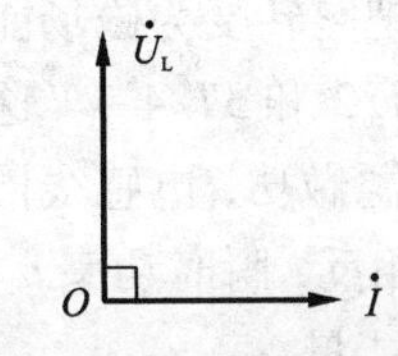

图4-3-7　纯电感电路电压、电流旋转矢量图

4.3.4.2　纯电感电路的功率

1. 瞬时功率

纯电感电路中的瞬时功率等于电压瞬时值与电流瞬时值的乘积，即

$$\begin{aligned} p&=u_Li=U_{Lm}\sin(\omega t+\frac{\pi}{2})\cdot I_m\sin\omega t \\ &=\sqrt{2}U_L\cos\omega t\times\sqrt{2}I\sin\omega t \\ &=U_LI\times2\sin\omega t\cos\omega t \\ &=U_LI\sin2\omega t \end{aligned} \quad (4-3-13)$$

纯电感电路的瞬时功率p是随时间按正弦规律变化的，其频率为电源频率的2倍，振幅为UI，其波形图如图4-3-8所示。

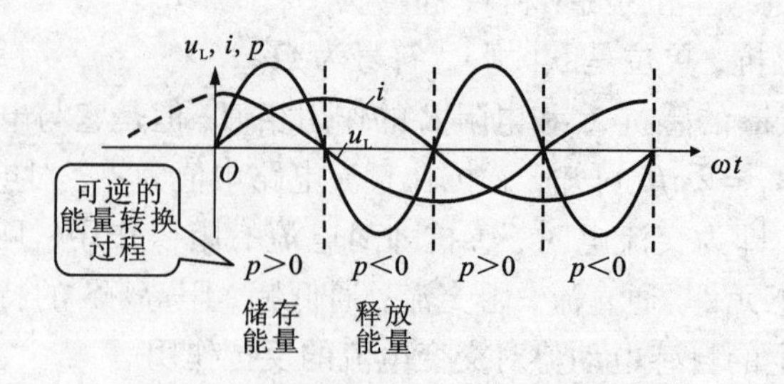

图 4-3-8　纯电感电路功率曲线

2. 平均功率

平均功率值可通过曲线与 t 轴所包围的面积的和来求。

分析图 4-3-8 可知，表示功率的曲线与 t 轴所围成的面积，t 轴以上部分与 t 轴以下的部分相等，即 $p>0$ 与 $p<0$ 的部分相等，这两部分和为零。

这说明纯电感电路中平均功率为零，即纯电感电路的有功功率为零。其物理意义是，纯电感电路不消耗电能。

3. 无功功率

虽然纯电感电路不消耗能量，但是电感线圈 L 和电源 E 之间在不停地进行着能量交换。

如图 4-3-8 所示，在 $0\sim T/4$ 和 $T/2\sim 3T/4$ 这两个 1/4 周期中，由于电流的绝对值不断增加，因此电源克服线圈自感电动势做功，电感线圈磁场能不断增大。表现在波形图中，这两个 1/4 周期内，u_L 和 i 的方向相同，瞬时功率为正值，这表明电感线圈 L 从电源吸取了能量，并把它转变为磁场能储存在线圈中。

在 $T/4\sim T/2$ 和 $3T/4\sim T$ 这两个 1/4 周期中，电流的绝对值不断减小，因此线圈自感电动势克服电源做功，电感线圈磁场能不断减少。表现在波形图中，这两个 1/4 周期内，u_L 和 i 的方向相反，瞬时功率 p 为负值，这表明电感线圈 L 将它的磁场能还给电源，即电感线圈 L 释放出能量。

为反映纯电感电路中能量的相互转换，把单位时间内能量转换的最大值（即瞬时功率的最大值），叫做无功功率，用符号 Q_L 表示

$$Q_L = U_L I \tag{4-3-14}$$

式中：U_L——线圈两端的电压有效值，单位是伏［特］，符号为 V；

I——通过线圈的电流有效值，单位是安［培］，符号为 A；

Q_L——纯电感电路中的无功功率，单位是乏，符号为 var。

注意：无功功率中“无功”的含义是“交换”而不是“消耗”，它是相对于“有功”而言的。决不可把“无功”理解为“无用”。它实质上是表明电路中能量交换的最大速率。

4.3.5　基础知识三：纯电容电路

4.3.5.1　电压与电流的数量及相位关系

演示实验一：如图 4-3-9 所示连接好电路，在保证电源频率一致的情况下，改变信

号发生器的输出电压，观察、记录电流表和电压表的读数情况，研究电流、电压间的数量关系。改变电源频率，重复之前的步骤。注意分析电流、电压关系是否受电源频率变化的影响。

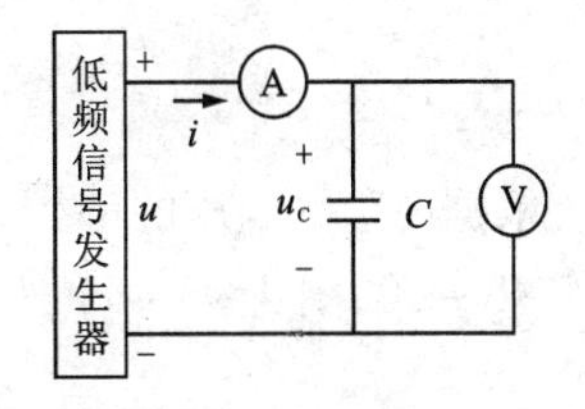

图4-3-9　纯电容电路

分析实验现象可知，电压与电流的有效值成正比，且其比值随电源频率变化，电源频率越高，电压/电流比值越小。

电压与电流有效值之间存在如下关系：

$$U_C = X_C I \tag{4-3-15}$$

式中：U_C——电容器两端电压的有效值，单位是伏[特]，符号为V；

I——电路中电流有效值，单位是安[培]，符号为A；

X_C——电容的电抗，简称容抗，单位是欧[姆]，符号为Ω。

上式叫做纯电容电路的欧姆定律。容抗是新引入的物理量，它表示电容元件对电路中的交流电所呈现出来的阻碍作用。

将式(4-3-15)两端同时乘以$\sqrt{2}$，可得

$$U_{Cm} = X_C I_m \tag{4-3-16}$$

这表明在纯电容电路中，电压、电流的最大值也服从欧姆定律。

理论和实验证明，容抗的大小与电源频率成反比(演示实验一中可以观察到)，与电容器的电容成反比。容抗的公式为

$$X_C = \frac{1}{2\pi fC} \tag{4-3-17}$$

式中：f——电压频率，单位是赫[兹]，符号为Hz；

C——电容器的电容，单位是法[拉]，符号为F；

X_C——电容器的容抗，单位是欧[姆]，符号为Ω。

提示：当频率一定时，在同样大小的电压作用下，电容越大的电容器所存储的电荷量就越多，电路中的电流也就越大，电容器对电流的阻碍作用也就越小；当外加电压和电容一定时，电源频率越高，电容器充、放电的速度越快，电荷移动速率也越高，则电路中电流也就越大，电容器对电流的阻碍作用也就越小。这也反映了电容元件“通交流，阻直流；通高频，阻低频”的特性。特别注意，对于直流电($f=0$)，容抗趋于无穷大，可将电容元件视为断路。

用一句话总结电容元件的特性：“通交流，阻直流；通高频，阻低频。”

演示实验二：将低频信号发生器的频率选择在6 Hz以下，当开关S闭合以后，仔细观察直流电流表、直流电压表的指针变化情况，及其之间的时间关系。

可以看到电流表指针到达右边最大值时，电压表指针指向中间零值；当电流表指针由右边最大值返回中间零值时，电压表指针由零值到达右边最大值；当电流表指针运动到左边最大值时，电压表指针运动到中间零值……

实验结果表明，在纯电容电路中，电压滞后于电流$\frac{\pi}{2}$。

在纯电容电路中，电容器间两端的电压u_C滞后电流$\frac{\pi}{2}$，线圈两端的电压为$u_C =$

$U_{Cm}\sin\omega t$,则电路中的电流为

$$i = I_m \sin\left(\omega t + \frac{\pi}{2}\right) \tag{4-3-18}$$

根据电流、电压的解析式，作出电流和电压的波形图以及它们的旋转矢量图，分别如图 4－3－10、图 4－3－11 所示。

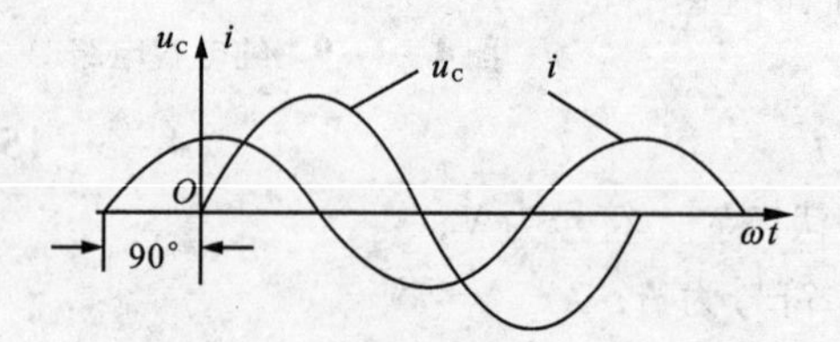

图 4－3－10　纯电容电路电流、电压波形图

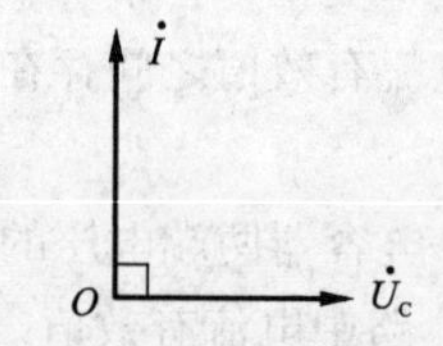

图 4－3－11　纯电容电路电流、电压旋转矢量图

4.3.5.2　纯电容电路的功率

1. 瞬时功率

纯电容电路中的瞬时功率等于电压瞬时值与电流瞬时值的乘积，即

$$\begin{aligned} p &= u_C i = U_{Cm}\sin\omega t \cdot I_m \sin\left(\omega t + \frac{\pi}{2}\right) \\ &= \sqrt{2}U_C \sin\omega t \times \sqrt{2}I\cos\omega t \\ &= U_C I \times 2\sin\omega t\cos\omega t \\ &= U_C I \sin 2\omega t \end{aligned} \tag{4-3-19}$$

纯电容电路的瞬时功率 p 是随时间按正弦规律变化的，其频率为电源频率的 2 倍。振幅为 $U_C I$，其波形图如图 4－3－12 所示。

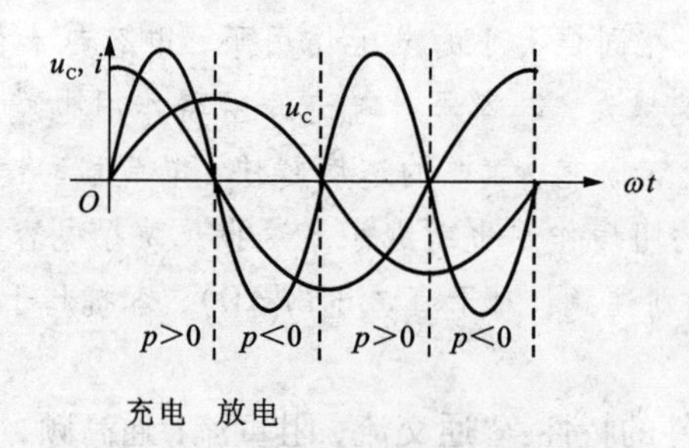

图 4－3－12　纯电容电路功率曲线

与纯电感电路相似，从图4－3－12可以看出，纯电容电路的有功功率为零，这说明纯电容电路也不消耗电能。

2. 无功功率

与纯电感电路相似，虽然纯电容电路不消耗能量，但是电容元件 C 和电源之间在不停地进行着能量交换。

把单位时间内能量转换的最大值(即瞬时功率的最大值)，叫做无功功率，用符号 Q_C 表示

$$Q_C = U_C I \tag{4-3-20}$$

式中：U_C——电容器两端的电压有效值，单位是伏[特]，符号为V；

I——通过电容器的电流有效值，单位是安[培]，符号为A；

Q_C——纯电容电路中的无功功率，单位是乏，符号为var。

无功功率中“无功”的含义是“交换”而不是“消耗”，它是相对于“有功”而言的。决不可把“无功”理解为“无用”。它实质上是表明电路中能量交换的最大速率。

4.3.6 技能实训：日光灯安装与常见故障检修

4.3.6.1 实训器材

常用电工工具一套、MF－47型万用表一个、日光灯一套，螺丝、软线、胶布若干。

4.3.6.2 识读照明线路图

在日光灯照明电路中，灯管、镇流器和启辉器之间的相互位置，以及启辉器动、静触点接线位置，对荧光灯启动性能、寿命、安全性有很大的影响。

日光灯四种接线方式的比较如图4－3－13所示。

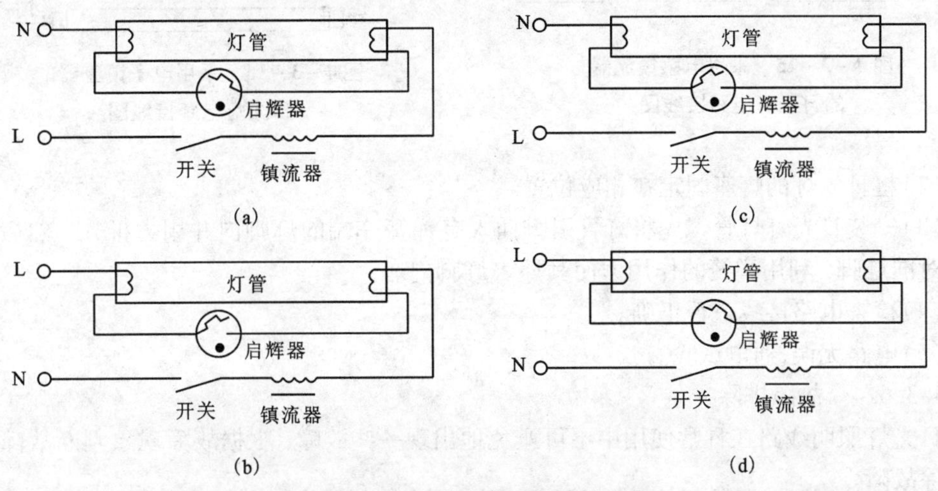

图4－3－13 荧光灯四种接线方式

(1)图4－3－13(a)是正确的接线方式，开关接在相线上可控制灯管的电压，镇流器也接在相线内，并与启辉器的动触点连接，可以得到较高的脉冲电动势，接上电源后，跳动一次便可点亮。由于开关接在相线上，对安全也有保障。

(2)图4－3－13(b)接线不正确，开关接在零线上，开关断开后，荧光灯仍有电，不安全，另外镇流器接在启辉器的静触点上，启动时灯管要跳动2~4次才能点燃，灯管寿命受到影响。

(3)图4－3－13(c)接线不正确，开关和镇流器虽然接在相线上，但是镇流器与启辉器的静触点相连接，得不到较高的脉冲电动势，也影响灯管的启动性能。

(4)图4－3－13(d)接线不正确，开关接在零线上，断开开关后，灯管仍然带电，不安全。

4.3.6.3 **实训内容与步骤**

日光灯的镇流器有电感镇流器和电子镇流器两种。目前，许多日光灯的镇流器都采用电子镇流器(如图4-3-14)，电感镇流器逐渐被淘汰，电子镇流器具有高效节能、启动电压较宽、启动时间短(0.5 s)、无噪声、无频闪等优点。

图4-3-14 采用电子镇流器的日光灯

日光灯安装步骤：

(1)根据采用电子镇流器(或电感镇流器)的日光灯电路接线图4-3-16(或图4-3-15)将电源线接入日光灯电路中。

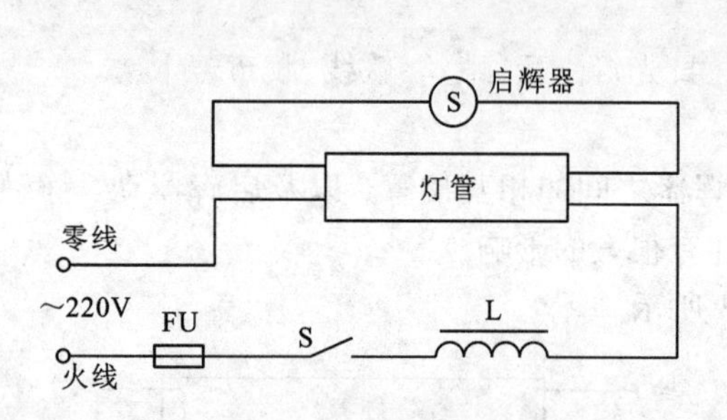

图4-3-15 采用电感镇流器的日光灯电路接线图

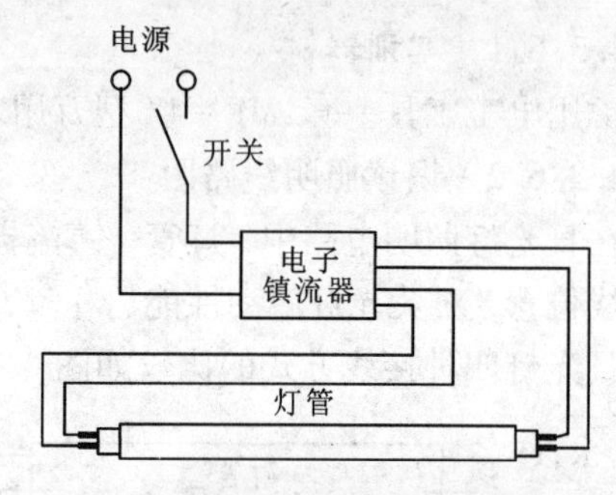

图4-3-16 采用电子镇流器的日光灯电路接线图

(2)将日光灯的灯座固定在相应位置。

(3)安装日光灯灯管。先将灯管引脚插入有弹簧一端的灯脚内并用力推入，然后将另一端对准灯脚，利用弹簧的作用力使其插入灯脚内。

(4)检查电路接线是否正确。

(5)电路无误,通电试验。

4.3.6.4 **故障排除**

日光灯照明线路在日常使用中不可避免地出现一些故障，根据故障现象判断故障原因并排除故障。

(1)日光灯管接通电路后，启辉器跳动正常，灯管两端发出像普通白炽灯点亮时的光，而灯丝无闪烁，中间不亮，灯管无法启动。凡遇有此现象表明该灯管已发生漏气。凡漏气严重的灯管，仔细观察两端灯丝部位内壁上有可能出现一丝白烟痕迹。

(2)更换灯管时，如新管一通电两端特亮并伴随响声随之熄灭，一般是电感型镇流器损坏。此时，检测灯管两端灯丝，至少有一端已被烧断，遇此情况应先更换镇流器，然后再装新管。

(3)启辉器损坏，通电后灯管两端发光而灯管始终无法点亮。更换启辉器就可以。

(4)灯管两端发黑，表明灯管寿命将完了，此时发光效率也降低，应及时更换。

(5)启辉器频繁启动，灯管时亮时灭，一般是灯管质量差，应更换质量好的灯管。

(6)灯管闪烁严重或有光柱起伏滚动现象，无法正常照明，可关闭电源重新启动。反复数次故障现象仍无法消除时，表明灯管质量差，管内杂质气体较多，应换新管。

4.3.6.5　实训考核

日光灯安装与常见故障检修考核评价如表4－3－1所示。

表4－3－1　考核评价表

评价内容		配分	考核点	得分	备注
职业素养与操作规范（30分）		2	能做好操作前准备		出现明显失误造成贵重元件或仪表、设备损坏等安全事故；严重违反实训纪律，造成恶劣影响的记0分
		3	操作过程中保持良好纪律		
		10	能按老师要求正确操作		
		5	按正确操作流程进行实施，并及时记录数据		
		5	能保持实训场所整洁		
		5	任务完成后，整齐摆放工具及凳子、整理工作台面等并符合“6S”要求		
作品质量（70分）	工艺	30	①走线平整规范； ②日光灯安装水平，无歪斜		
	功能	30	①能正确连接日光灯线路； ②能正确安装日光灯； ③能排除日光灯照明线路常见故障； ④能更换电子镇流器及日光灯管		
	指标	10	①电气连接可靠； ②日光灯安装符合要求		

4.3.6.6　实训小结

（1）日光灯照明具有哪些特点？

（2）画出日光灯照明线路连线图。

4.3.7　拓展提高：电源插座安装

电气线路中为了方便使用电源，一般要安装一定数量的电源插座。插座的安装应符合规范要求。

（1）当交流、直流或不同电压等级的插座安装在同一场所时，应有明显的区别，且必须选择不同结构、不同规格和不能互换的插座。配套的插头应按交流、直流或不同电压等级区别使用。

（2）单相两孔插座，面对插座的右孔或上孔与相线连接，左孔或下孔与零线连接；单相三孔插座，面对插座的右孔与相线连接，左孔与零线连接。

（3）单相三孔、三相四孔及三相五孔插座的接地（PE）或接零（PEN）线应接在上孔。插座的接地端子不与零线端子连接，同一场所的三相插座，接线的相序应一致。

（4）接地（PE）或接零（PEN）线，在插座间不能串联连接。

（5）当接插有触电危险的电源时，采用能断开的带开关插座，开关断开相线。

(6)潮湿场所采用密封型并带保护地线触点的保护型插座，其安装高度不低于1.5 m。

(7)当不采用安全型插座时，托儿所、幼儿园及小学等儿童活动场所，插座的安全高度不低于1.8 m。

(8)暗装的插座面板紧贴墙面，四周无缝隙，安装牢固，表面光滑整洁、无碎裂、划伤，装饰帽齐全。

(9)车间及试(实)验室的插座安装高度距地面不小于0.3 m；同一室内插座安装高度应一致。

(10)地插座面板与地面齐平或紧贴地面，盖板固定牢靠，密封良好。

(11)三相四孔插座，保护接地在上孔，其余三孔按左、下、右分别为L1、L2、L3的三相线。

(12)不能使两个或几个用电器合用一个插头，或两副插头共插在一个插座内，以免发生短路或烧坏电器。

(13)严禁将用电器的两根电源引线的线头，直接插在插座的插孔内，以防止发生短路或触电。

(14)插销损坏后，要及时更换，不能凑合使用。

(15)插头插入插座要到底，不能外露，以防止触电。

(16)经常检查插销是否完好，拔插头或插座接线端子的接头有无松动现象。

(17)对功率较大的用电设备，应使用单独安装的专用插座，不能与其他用电器共用一个多联插座。

(18)不准吊挂使用多联插座，以免导线受到拉力或摆动，造成压接螺钉松动，插头与插座接触不良。

(19)不准将多联插座长期置于地面、金属物品或桌上，以免金属粉末或杂物掉入插孔而造成短路事故。

思考与练习

1. 电阻对交流电的电压与电流的相位有没有影响？在纯电阻电路中，电压与电流的大小关系和相位关系各是怎样的？写出纯电阻电路的欧姆定律表达式和平均功率公式。

2. 什么叫感抗？它的大小等于什么？在纯电感电路中，电压与电流的大小关系和相位关系各是怎样的？写出纯电感电路的欧姆定律表达式。。

3. 什么是容抗？它的大小等于什么？在纯电容电路中，电压与电流的大小关系和相位关系各是怎样的？写出纯电容电路的欧姆定律表达式。

4. 无功功率能否理解为“无用”功率？它是用来表示什么的？国际单位是什么？写出纯电感电路和纯电容电路无功功率公式。

5. 画出纯电阻元件、纯电感元件和纯电容元件的相量模型，分别写出这三种基本元件的欧姆定律相量形式，作出相应相量图。

任务4.4　家用配电板的安装

4.4.1　任务描述

配电板(箱)是连接电源与用电设备的中间装置，除分配电能外，还具有对用电设备进行控制、测量、指示及保护等作用。即将室内线路与室外供电线路连接起来；对室内供电进行通断控制；记录室内用电量；当室内线路出现过载或漏电时进行保护控制。本任务学习如何安装配电板。

4.4.2　任务目标

(1)熟悉 RC、RL、RLC 电路中电压、电流、电阻之间的关系。

(2)熟悉家用配电板的功能。

(3)能根据安装线路图，正确安装家用配电板。

4.4.3　基础知识一：RC 串联电路

电子电工电路中，经常遇到阻容耦合放大器、RC 振荡器、RC 移相电路等，下面我们来学习 RC 串联电路。

分析 RC 串联电路应把握的基本原则：

(1)串联电路中电流处处相等，选择正弦电流为参考正弦量；

(2)电容元件两端电压 u_C 相位滞后其电流 $i_C \frac{\pi}{2}$。

4.4.3.1　RC 串联电路电压间的关系

如图 4－4－1 所示，以电流为参考正弦量，令

$$i = I_m \sin\omega t$$

则电阻两端的电压为

$$u_R = U_{Rm} \sin\omega t$$

电容器两端的电压为

$$u_C = U_{Cm} \sin(\omega t - \frac{\pi}{2})$$

电路的总电压 u 为

$$u = u_C + u_R$$

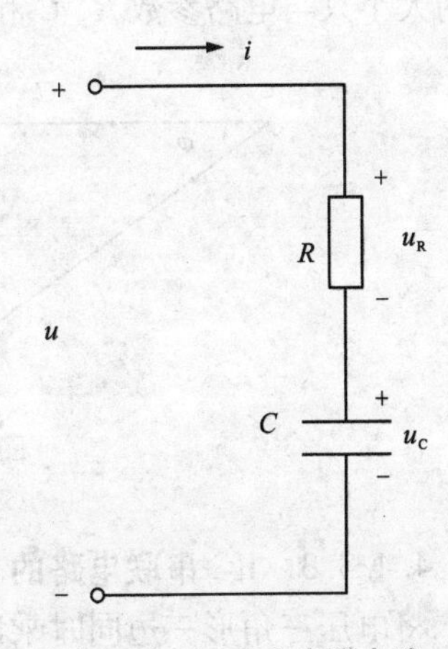

图 4－4－1　RC 串联电路

作出电压的旋转矢量图，如图4－4－2所示。U、U_R 和 U_C 构成直角三角形，可以得到电压间的数量关系为

$$U = \sqrt{U_C^2 + U_R^2} \qquad (4-4-1)$$

以上分析表明：总电压 u 滞后于电流 i

$$\varphi = \arctan \frac{U_C}{U_R} \qquad (4-4-2)$$

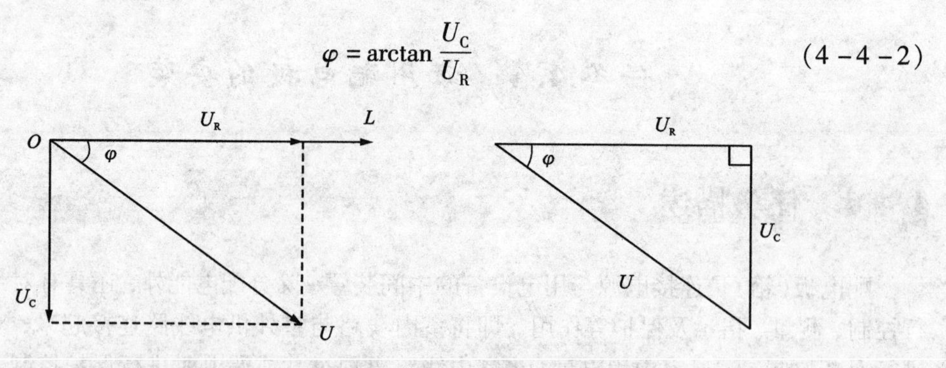

图 4-4-2 RC 串联电路旋转矢量图和电压三角形

4.4.3.2 RC 串联电路的阻抗

对 $U=\sqrt{U_C^2+U_R^2}$进行处理，得

$$I = \frac{U}{\sqrt{R^2 + X_C^2}} = \frac{U}{|Z|} \qquad (4-4-3)$$

式中：U——电路总电压的有效值，单位是伏[特]，符号为 V；

I——电路中电流的有效值，单位是安[培]，符号为 A；

$|Z|$——电路的阻抗，单位是欧[姆]，符号为 Ω。

其中 $|Z|=\sqrt{R^2+X_C^2}$，$|Z|$是电阻、电容串联电路的阻抗，它表示电阻和电容串联电路对交流电呈现的阻碍作用。阻抗的大小决定于电路参数(R、C)和电源频率。

将电压三角形三边同时除以电流 I，就可得到由阻抗 Z、电阻 R 和容抗 X_C 组成的阻抗三角形，如图 4-4-3 所示。阻抗三角形与电压三角形是相似三角形，阻抗角 φ，也就是电压与电流的相位差的大小

$$\varphi = \arctan \frac{X_C}{R} \qquad (4-4-4)$$

φ 的大小只与电路参数 R、C 和电源频率有关，与电压、电流大小无关。

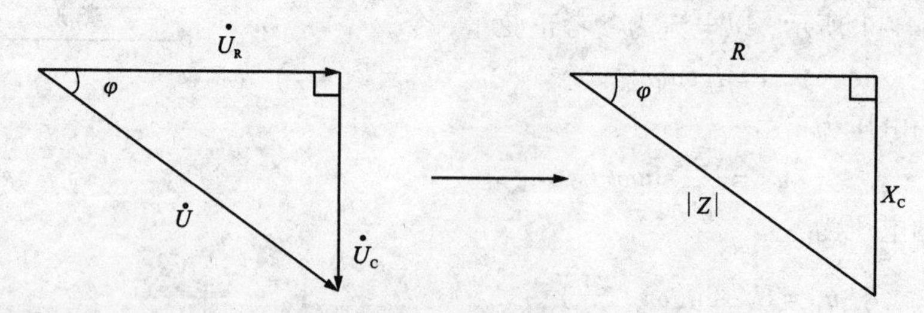

图 4-4-3 RC 串联电路阻抗三角形

4.4.3.3 RC 串联电路的功率

将电压三角形三边同时乘以 I，就可以得到功率三角形，如图 4-4-4 所示。

在电阻和电容串联的电路中，既有耗能元件电阻，又有储能元件电容。因此，电源所提供的功率一部分为有功功率，一部分为无功功率，且

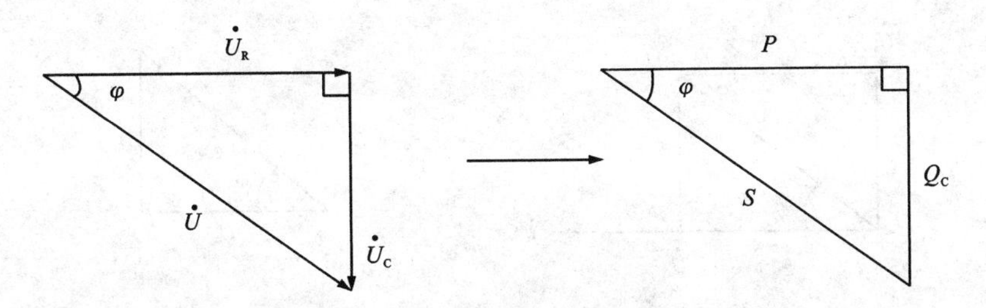

图4-4-4　RC串联电路功率三角形

$$P = S\cos\varphi$$

$$Q_C = S\sin\varphi$$

我们把 S 称为交流电路的视在功率，视在功率表示电源提供的总功率（包括有功功率和无功功率）。视在功率 S 与有功功率 P、无功功率 Q 的关系遵从下式

$$S = \sqrt{P^2 + Q_C^2} \tag{4-4-5}$$

电压与电流间的相位差 φ 是 S 和 P 之间的夹角，即

$$\varphi = \arctan\frac{Q_C}{P} \tag{4-4-6}$$

4.4.4　基础知识二：RL串联电路

分析RL串联电路应把握的基本原则：

（1）串联电路中电流处处相等，选择正弦电流为参考正弦量。

（2）电感元件两端电压 u_L 相位超前其电流 i_L $\frac{\pi}{2}$。

4.4.4.1　RL串联电路电压间的关系

以电流为参考正弦量，令

$$i = I_m\sin\omega t$$

则电阻两端电压为

$$u_R = U_{Rm}\sin\omega t$$

电感线圈两端的电压为

$$u_L = U_{Lm}\sin(\omega t + \frac{\pi}{2})$$

电路的总电压 u 为

$$u = u_L + u_R$$

作出电压的旋转矢量图，如图4-4-5所示。$\dot{U}$、$\dot{U}_R$ 和 $\dot{U}_L$ 构成直角三角形，可以得到电压间的数量关系为

$$U = \sqrt{U_L^2 + U_R^2} \tag{4-4-7}$$

以上分析表明：总电压的相位超前电流

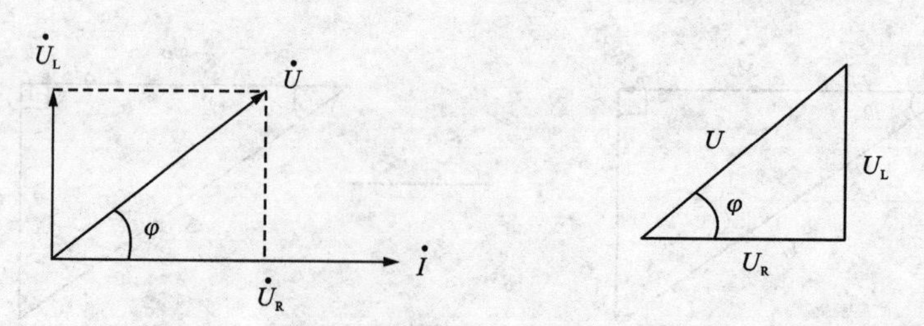

图 4-4-5 RL 串联电路旋转矢量图和电压三角形

$$\varphi = \arctan \frac{U_L}{U_R} \quad (4-4-8)$$

从电压三角形中，还可以得到总电压和各部分电压之间的关系

$$U_R = U\cos\varphi$$
$$U_L = U\sin\varphi \quad (4-4-9)$$

4.4.4.2 RL **串联电路的阻抗**

对式(4-4-7)进行处理，得

$$I = \frac{U}{\sqrt{R^2 + X_L^2}} = \frac{U}{|Z|} \quad (4-4-10)$$

式中：U——电路总电压的有效值，单位是伏[特]，符号为 V；

I——电路中电流的有效值，单位是安[培]，符号为 A；

$|Z|$——电路的阻抗，单位是欧[姆]，符号为 Ω。其中

$$|Z| = \sqrt{R^2 + X_L^2} \quad (4-4-11)$$

$|Z|$叫做阻抗，它表示电阻和电感串联电路对交流电呈现的阻碍作用。阻抗的大小决定于电路参数(R、L)和电源频率。

如图 4-4-6 所示，将电压三角形三边同时除以 I，就得到阻抗三角形。阻抗三角形与电压三角形是相似三角形，阻抗三角形中的$|Z|$与 R 的夹角，等于电压三角形中电压与电流的夹角 φ，φ 叫做阻抗角，也就是电压与电流的相位差。

$$\varphi = \arctan \frac{X_L}{R} \quad (4-4-12)$$

φ 的大小只与电路参数(R、L)和电源频率有关，与电压大小无关。

4.4.4.3 RL **串联电路的功率**

将电压三角形三边(分别代表 U_R、U_L、U)同时乘以 I，就可以得到由有功功率、无功功率和视在功率组成的三角形，如图 4-4-7 所示。

1. *有功功率*

RL 串联电路中只有电阻 R 消耗功率，即有功功率，其公式为

$$P = UI\cos\varphi \quad (4-4-13)$$

上式说明 RL 串联电路中，有功功率的大小不仅取决于电压 U、电流 I 的乘积，还取决于阻抗角的余弦 $\cos\varphi$ 的大小。当电源供给同样大小的电压和电流时，$\cos\varphi$ 大，有功功率大；$\cos\varphi$ 小，有功功率小。

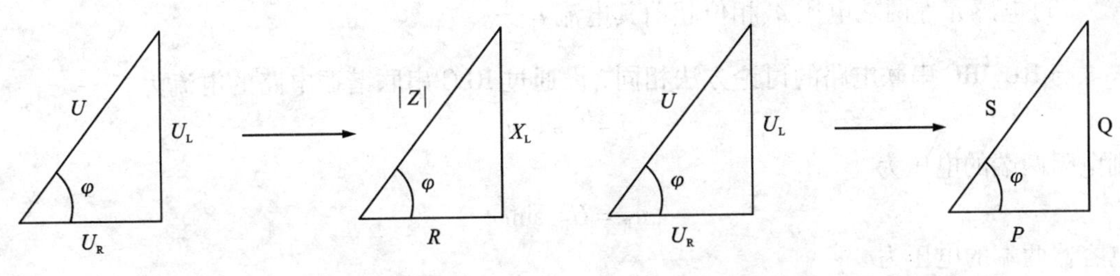

图 4-4-6　阻抗三角形　　　　图 4-4-7　功率三角形

2. 无功功率

电路中的电感不消耗能量，它与电源之间不停地进行能量变换，感性无功功率为

$$Q_L = UI\sin\varphi \tag{4-4-14}$$

3. 视在功率

视在功率表示电源提供总功率(包括 P 和 Q_L)的能力，即交流电源的容量。视在功率用 S 表示，它等于总电压和电流 I 的乘积，即

$$S = UI \tag{4-4-15}$$

视在功率 S，单位为伏安，符号是 V·A。

从功率三角形还可得到有功功率 P、无功功率 Q_L和视在功率 S 间的关系，即

$$S = \sqrt{P^2 + Q_L^2} \tag{4-4-16}$$

阻抗角 φ 的大小为

$$\varphi = \arctan\frac{Q_L}{P} \tag{4-4-17}$$

4. 功率因数

为了反映电源功率利用率，引入功率因数的概念，即把有功功率和视在功率的比值叫做功率因数，用 λ 表示

$$\lambda = \cos\varphi = \frac{P}{S} \tag{4-4-18}$$

上式表明，当视在功率一定时，在功率因数越大的电路中，用电设备的有功功率越大，电源输出功率的利用率就越高。

4.4.5　基础知识三：RLC 串联电路

电阻、电感和电容的串联电路，包含了三种不同的参数，是在实际工作中经常遇到的典型电路。

分析 RLC 串联电路应把握的基本原则：

(1)串联电路中电流处处相等，选择正弦电流为参考正弦量。

(2)电容元件两端电压 u_C相位滞后其电流 $i_C\,\frac{\pi}{2}$。

(3)电感元件两端电压 u_L 相位超前其电流 $i_L \frac{\pi}{2}$。

与RL、RC串联电路的讨论方法相同，设通过RLC串联谐振电路的电流为

$$i = I_m \sin\omega t$$

则电阻两端的电压为

$$u_R = U_{Rm} \sin\omega t$$

电容器两端的电压为

$$u_C = U_{Cm} \sin(\omega t - \frac{\pi}{2})$$

电感线圈两端的电压为

$$u_L = U_{Lm} \sin(\omega t + \frac{\pi}{2})$$

电路的总电压 u 为

$$u = u_R + u_L + u_C$$

4.4.5.1 RLC **串联电路电压间的关系**

作出与 i、u_R、u_L 和 u_C 相对应的旋转矢量图，如图4-4-8所示。(应用平行四边形法则求解总电压的旋转矢量 $\dot{U}$。)

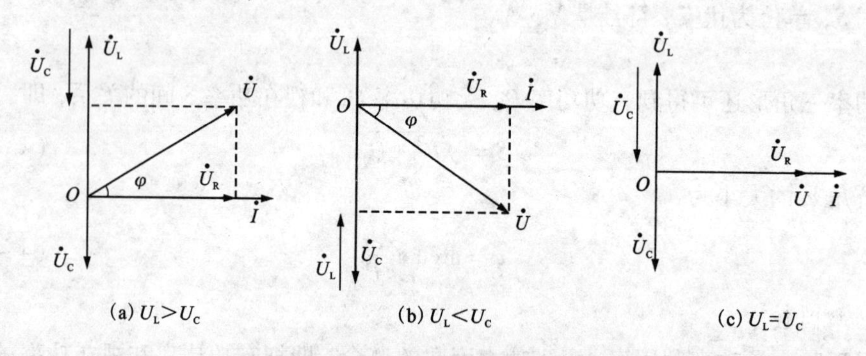

图4-4-8 RLC串联电路旋转矢量图

如图4-4-8，可以看出总电压与分电压之间的关系为

$$U = \sqrt{U_R^2 + (U_L - U_C)^2} \tag{4-4-19}$$

总电压与电流间的相位差为

$$\varphi = \arctan\frac{U_L - U_C}{U_R} \tag{4-4-20}$$

4.4.5.2 RLC **串联电路的阻抗**

由式(4-4-19)得

$$I = \frac{U}{\sqrt{R^2 + (X_L - X_C)^2}} = \frac{U}{\sqrt{R^2 + X^2}} = \frac{U}{|Z|} \tag{4-4-21}$$

其中，$X = X_L - X_C$，叫做电抗，它是电感和电容共同作用的结果。电抗的单位是欧[姆]。

RLC串联电路中，电抗、电阻、感抗和容抗间的关系为

$$|Z| = \sqrt{R^2 + (X_L - X_C)^2} = \sqrt{R^2 + X^2} \tag{4-4-22}$$

显然，阻抗 $|Z|$、电阻 R 和电抗 X 组成一个直角三角形，叫做阻抗三角形，如图 4-4-9所示。阻抗角为

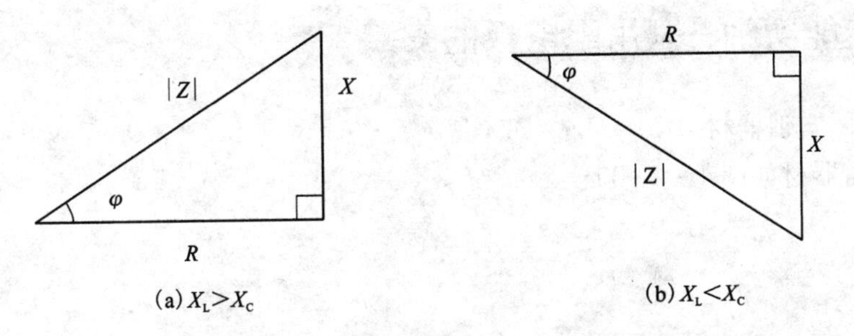

图 4-4-9　RLC 串联电路阻抗三角形

$$\varphi = \arctan \frac{X_L - X_C}{\mathrm{R}} = \arctan \frac{X}{R} \tag{4-4-23}$$

分析式(4-4-23)及图 4-4-9 可知，阻抗角的大小决定于电路参数 R、L 和 C，以及电源频率 f，电抗 X 的值决定电路的性质。下面分三种情况讨论：

(1) 当 $X_L > X_C$时，$X>0$，$\varphi = \arctan \frac{X}{R} > 0$，即总电压 u 超前电流 i，电路呈感性；

(2) 当 $X_L < X_C$时，$X<0$，$\varphi = \arctan \frac{X}{R} < 0$，即总电压 u 滞后电流 i，电路呈容性；

(3) 当 $X_L = X_C$时，$X=0$，$\varphi = \arctan \frac{X}{R} = 0$，即总电压 u 与电流 i 同相，电路呈电阻性，电路的这种状态称作谐振。

4.4.5.3　RLC **串联电路的功率**

RLC 串联电路中，存在着有功功率 P、无功功率 Q 和视在功率 S，它们分别为

$$\left.\begin{aligned} P &= U_R I = RI^2 = UI\cos\varphi \\ Q &= (U_L - U_C) I = (X_L - X_C) I^2 = UI\sin\varphi \\ S &= UI \end{aligned}\right\} \tag{4-4-24}$$

视在功率 S、有功功率 P 和无功功率 Q 组成直角三角形——功率三角形，如图 4-4-10 所示。

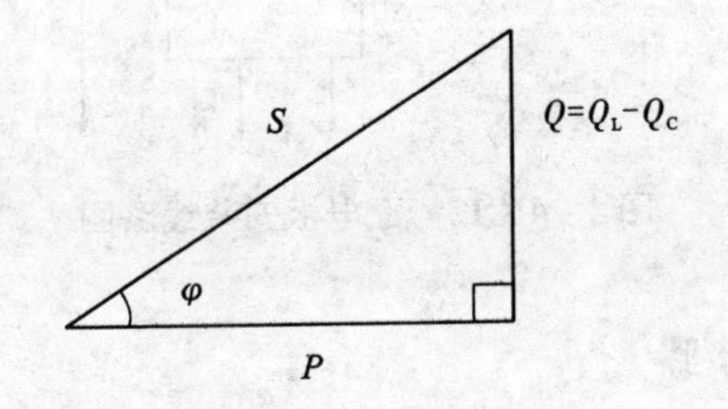

图 4-4-10　RLC 串联电路功率三角形

$$\left.\begin{aligned} S &= \sqrt{P^2 + Q^2} \\ \varphi &= \arctan \frac{Q}{P} \end{aligned}\right\} \quad (4-4-25)$$

4.4.6 技能实训：家用配电板的安装

4.4.6.1 实训器材

实训所需器材如图 4-4-11。

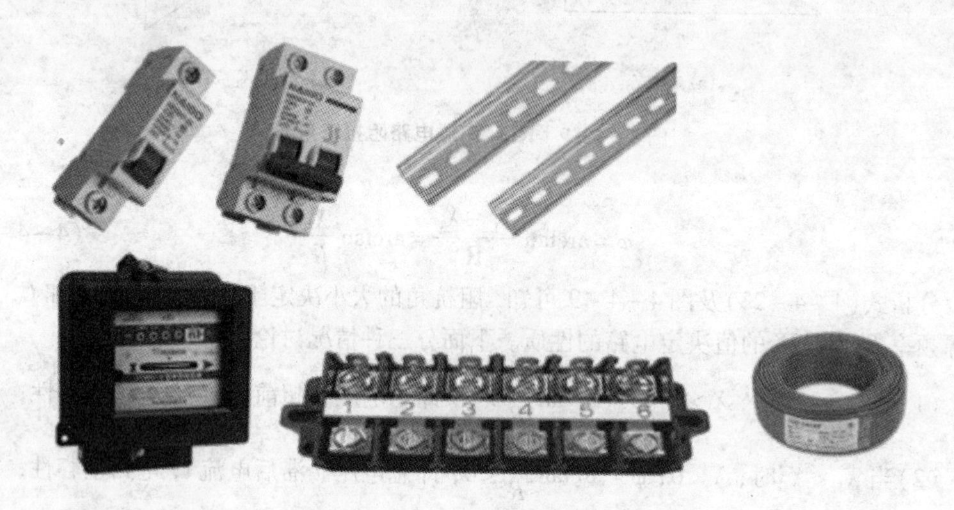

图 4-4-11 实训所需的器材

4.4.6.2 识读家用配电板安装线路图

根据图 4-4-12 所示，识读配电板安装线路图。

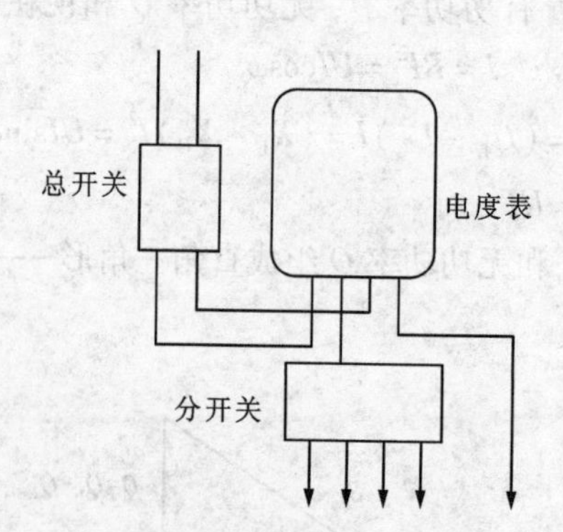

图 4-4-12 配电板安装线路图

4.4.6.3 实训内容与步骤

（1）设计布局图（图 4-4-13），根据布局图安装器件。

（2）进行连线

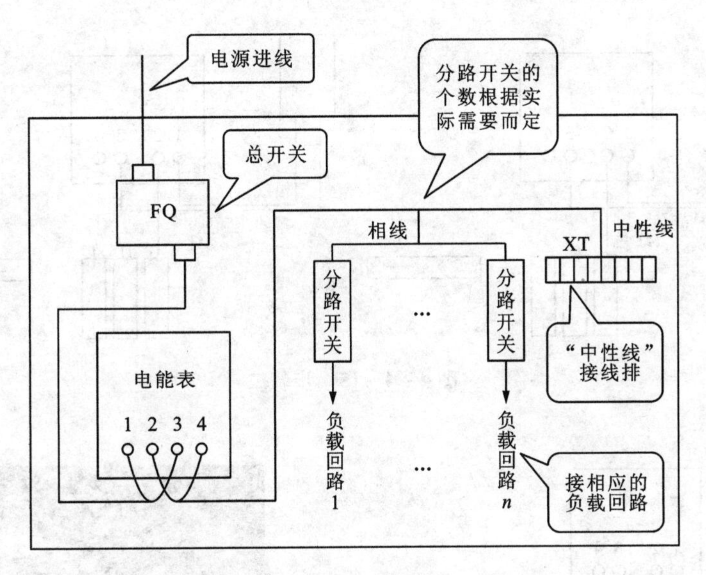

图4－4－13　布局图

①空开下端两孔分别接至电表1、3端子。如图4－4－14所示。

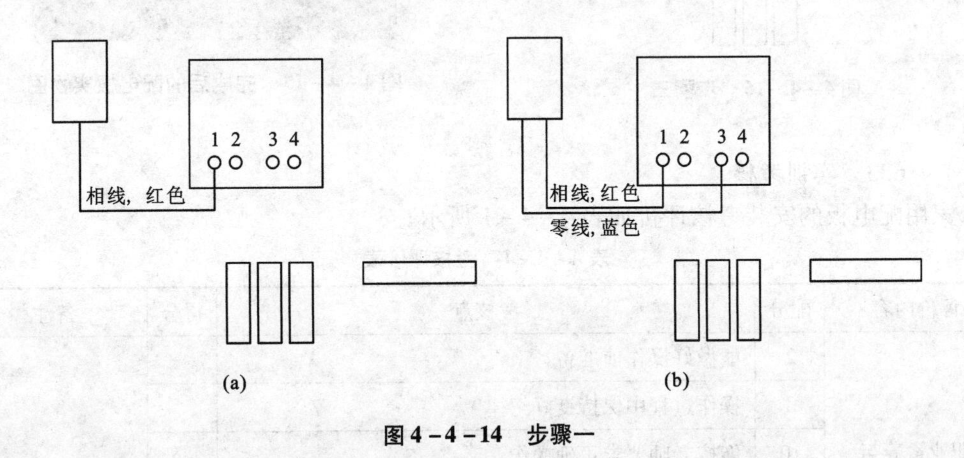

图4－4－14　步骤一

②电表2端子接至单极空开上端，并把所有的单极空开上端接在一起。如图4－4－15所示。

③电表4端子接至接线排上端，而后采取单极空开上端子的接法。如图4－4－16所示。

最后完成的配电板实物图如图4－4－17所示。

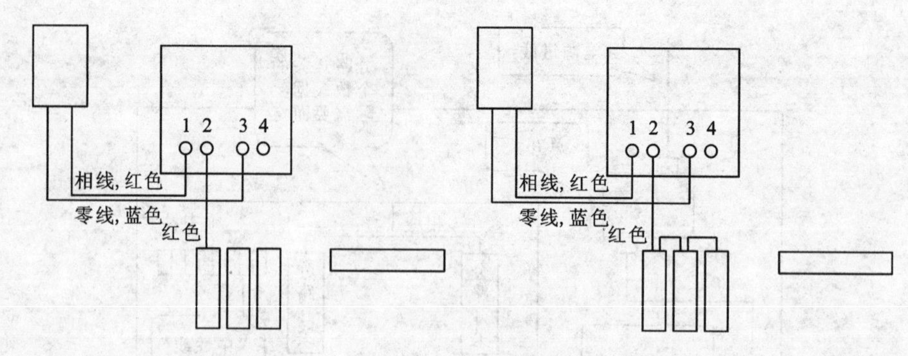

图 4-4-15 步骤二

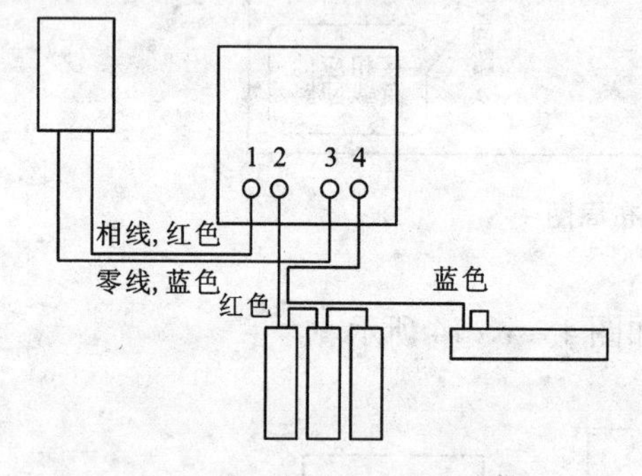

图 4-4-16 步骤三

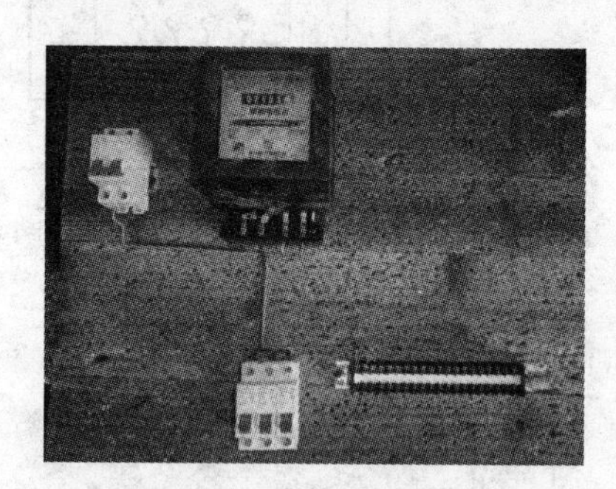

图 4-4-17 完成后的配电板实物图

4.4.6.3 实训考核

家用配电板的安装考核评价如表 4-4-1 所示。

表 4-4-1 考核评价表

<table>
<tr><th colspan="2">评价内容</th><th>配分</th><th>考核点</th><th>得分</th><th>备注</th></tr>
<tr><td colspan="2" rowspan="6">职业素养与操作规范（30 分）</td><td>2</td><td>能做好操作前准备</td><td></td><td rowspan="9">出现明显失误造成贵重元件或仪表、设备损坏等安全事故；严重违反实训纪律，造成恶劣影响的记 0 分</td></tr>
<tr><td>3</td><td>操作过程中保持良好纪律</td><td></td></tr>
<tr><td>10</td><td>能按老师要求正确操作</td><td></td></tr>
<tr><td>5</td><td>按正确操作流程进行实施，并及时记录数据</td><td></td></tr>
<tr><td>5</td><td>能保持实训场所整洁</td><td></td></tr>
<tr><td>5</td><td>任务完成后，整齐摆放工具及凳子、整理工作台面等并符合“6S”要求</td><td></td></tr>
<tr><td rowspan="3">作品质量（70 分）</td><td>工艺</td><td>10</td><td>①配电板上器件布局合理；
②走线平整规范</td><td></td></tr>
<tr><td>功能</td><td>30</td><td>能根据需要实现电路功能</td><td></td></tr>
<tr><td>性能</td><td>30</td><td>①各器件电气连接可靠；
②配电板布局合理，功能正常</td><td></td></tr>
</table>

4.4.6.4　**实训小结**

(1)家用配电板一般都有什么作用?

(2)画出电度表的接线图。

4.4.7　拓展提高：家用配电箱

现代住宅中，每户都有一个配电箱，担负着住宅内部的供电、配电任务，并具有过流保护和漏电保护功能。住宅内的电路或某一电器如果出现问题，家用配电箱将会自动切断供电电路以防止出现严重后果。

4.4.7.1　**家用配电箱结构与功能**

家庭配电箱一般嵌装在墙体内，外面仅可见其面板，如图4-4-18所示。面板上从左至右明显可见3个结构块，它们构成3个功能单元，分别是：

(1)电源总闸单元。最左边一个结构块为电源总闸，控制着入户总电源，拉下电源总闸即可同时切断入户的交流220 V相线和零线。

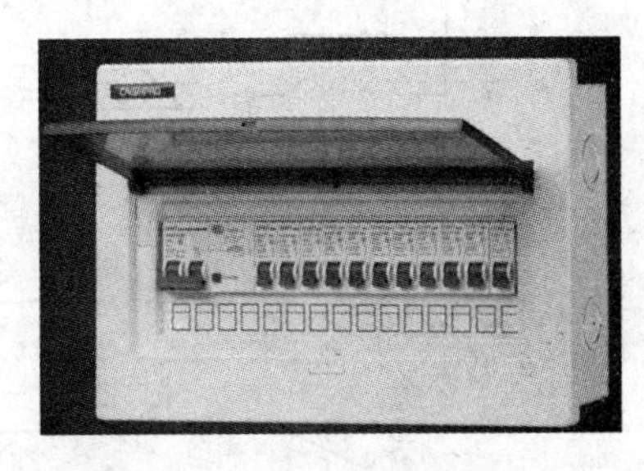

图4-4-18　家用配电箱面板

(2)漏电保护器单元。中间两个结构块为漏电保护器，与总闸单元形成一个整体，左侧是一开关扳手，平时朝上处于“合”位置；上部有一试验按钮，供检验漏电保护器用。当户内电线或电器发生漏电，以及万一有人触电时，漏电保护器会迅速切断电源。

(3)分开关单元。最右边结构块安装有多个分开关，将电源分多路向户内供电。需要断开其中的某一路，只需断开一个分开关。

4.4.7.2　**家用配电箱电路工作原理**

家用配电箱的电气结构中电源总闸、漏电保护器、分开关3个功能单元是顺序连接的，即：交流220 V市电首先接入电源总闸，通过电源总闸后进入漏电保护器，最后通过分开关输出。下面重点介绍漏电保护器的工作原理。

图4-4-19为漏电保护器电路图，它包括漏电电流检测、控制处理、执行保护等部分。电路工作原理是：交流220 V市电经过保护开关K和电流互感器ZCT后输出至负载，正常情况下，电源相线和零线的瞬时电流大小相等、方向相反，它们在电流互感器ZCT铁芯中所产生的磁通互相抵消，ZCT的感应线圈上没有感应电压。当漏电或触电发生时，相线和零线的瞬时电流大小不再相等，它们在电流互感器ZCT铁芯中所产生的磁通不能完全抵消，L3上便产生一感应电压，输入到集成电路IC进行放大处理后，IC1的7脚输出触发信号使晶闸管SCR导通，保护开关K得电动作而切断交流220 V市电。保护开关K的结构为手动接通、电磁驱动切断的脱扣开关，一旦动作便处于“断”状态，故障排除后需要手动合上。

电流互感器ZCT的结构如图4-4-19所示，交流220 V市电的相线和零线穿过高导磁率的环行铁芯形成初级线圈，次级感应线圈有400匝，因此可以检测出毫安级的漏电电流。K1为试验按钮，按下K1后，相线与零线之间通过限流电阻形成一电流，该电流回路的相线穿过了环形铁芯，而零线没有穿过环形铁芯，这就人为地造成了环形铁芯中相线与

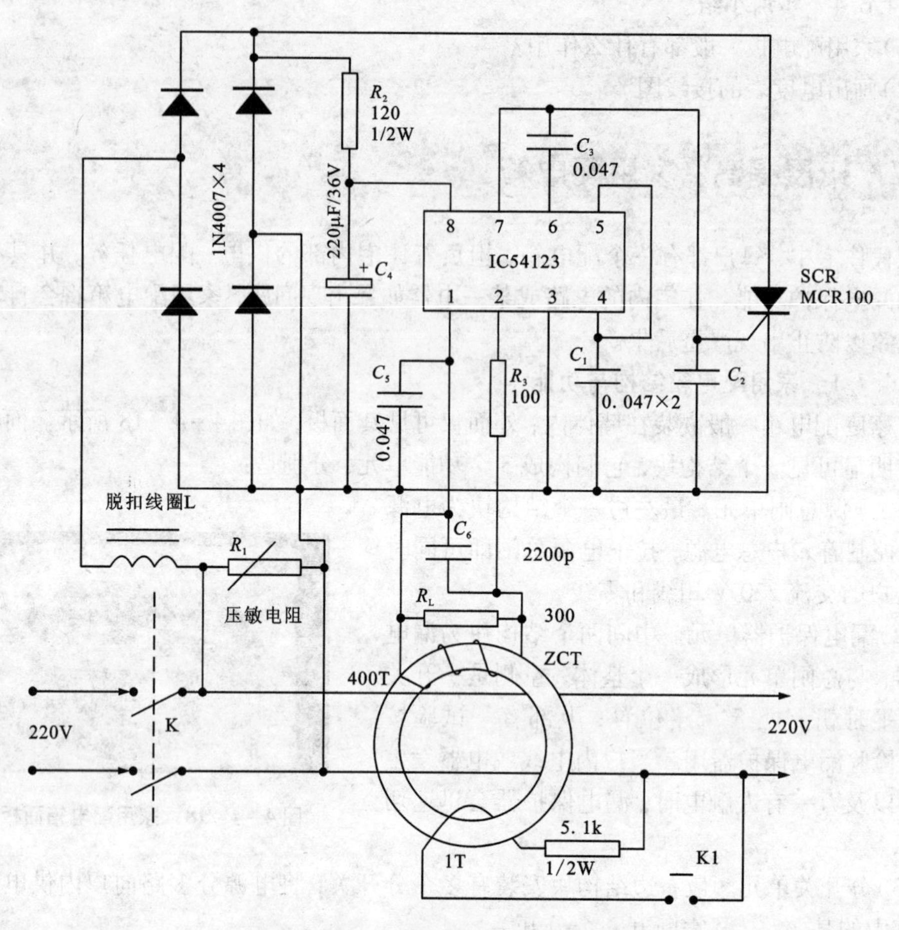

图 4-4-19　漏电保护器工作原理图

零线电流的不平衡，模拟了漏电或触电的情况，使得保护开关 K 动作。

4 个二极管 VD1 ~ VD4 构成桥式整流电路，并通过 R_2、C_4 降压滤波后，为集成电路 IC1 提供工作电源。

需要说明的是，漏电保护器是基于漏电或触电时相线与零线电流不平衡的原理工作的，所以，对相线与零线之间漏电或触电发生在相线与零线之间，此类漏电保护器不起保护作用。

思考与练习

1. 在 RLC 串联电路中，什么叫电路的总阻抗？它与电阻、感抗、容抗有什么关系？作出阻抗三角形。

2. 在 RLC 串联电路中，总电压与各元件端电压之间有什么关系？写出欧姆定律表达式；作出电流、各元件端电压和总电压的相量图。电压三角形与阻抗三角形有什么关系？

3. 什么叫感性电路？什么叫容性电路？什么叫谐振电路？

项目5　三相交流电路的分析与应用

项目描述

在电力系统中，广泛应用三相交流电路，它和单相交流电路比较有以下优点：第一，三相发电机比尺寸相同的单相发电机输出的功率大；第二，三相发电机和变压器的结构、制造都简单，便于使用和维护；第三，远距离输电时比单相发电机节约线材；第四，工农业生产大量使用交流电动机，三相电动机比单相电动机性能平稳可靠。本项目通过三个项目任务，熟悉三相交流电路的特点，学会解决三相交流电路的实际问题。

项目任务

任务5.1　三相负载的星形连接

5.1.1　任务描述

由于三相交流电在生产、输送和应用等方面具有突出的优点，因此交流电力系统都采用三相星形输出，而用电设备既有三相用电器，也有单相用电器，这就要求掌握三相负载的连接方法。

本任务通过三相负载星形连接，掌握三相四线制供电和星形连接方法，了解三相负载星形连接的特点。

5.1.2　任务目标

(1)熟悉三相负载的正确连接方法。
(2)熟悉三相电路中相电压、线电压、线电流、相电流的关系。
(3)掌握三相四线制低压配电系统中中线的作用。

5.1.3 基础知识一：三相交流电源

5.1.3.1 交流电动势的产生

三相交流电动势是由三相交流发电机产生的。三相交流发电机的原理示意图如图5-1-1所示。它的主要组成部分是定子和转子。转子是转动的磁极，定子是在铁芯槽上放置三个几何尺寸与匝数相同的线圈(称做定子绕组)，它们排列在圆周上的位置彼此相差$\frac{2\pi}{3}$的角度，分别用U_1-U_2，V_1-V_2，W_1-W_2表示。U_1、V_1、W_1表示各相绕组的首端，U_2、V_2、W_2表示各相绕组的末端。各相绕组的电动势的参考方向规定为由线圈的末端指向始端。

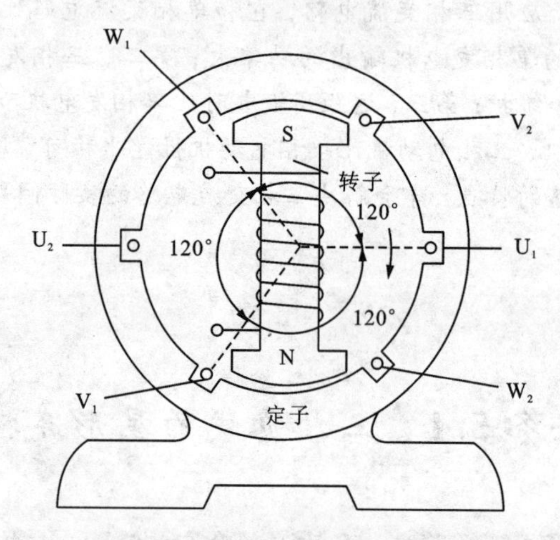

图5-1-1 三相交流发电机的原理示意图

当原动机(汽轮机、水轮机)带动转子顺时针以角速度ω逆时针匀速旋转，作切割磁力线运动，因而产生感应电动势e_U、e_V、e_W。由于三个绕组的结构相同，在空间相差$\frac{2\pi}{3}$的角度，因此e_U、e_V、e_W三个电动势的振幅相同，频率相同，彼此间的相位差为$\frac{2\pi}{3}$。以e_U为参考正弦量，则三相电动势的瞬时表达式为

$$\left.\begin{aligned} e_U &= E_m\sin\omega t \\ e_V &= E_m\sin\left(\omega t-\frac{2\pi}{3}\right) \\ e_W &= E_m\sin\left(\omega t+\frac{2\pi}{3}\right) \end{aligned}\right\} \qquad (5-1-1)$$

它们的波形图和相量图如图5-1-2所示。

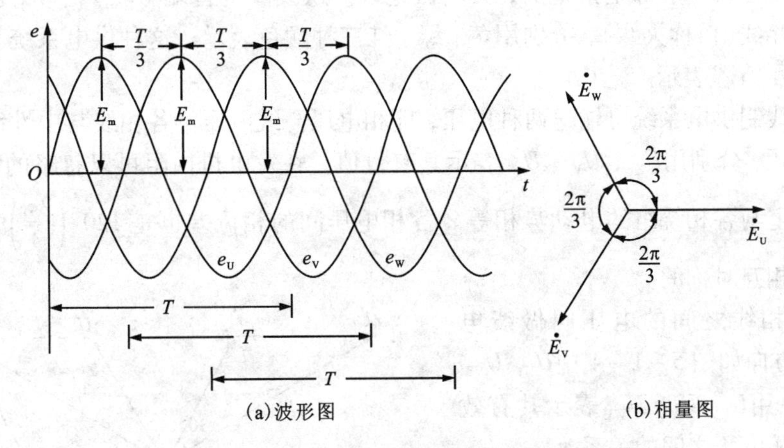

图5-1-2　三相电动势的波形图和相量图

三相电动势随时间按正弦规律变化，它们到达最大值(或零值)的先后顺序，叫做相序。从图5-1-2中可以看出，e_U 超前e_V、e_W 达最大值，e_V 又超前e_W 达最大值，这种U-V-W-U的顺序叫正序，若相序为U-W-V-U叫负序。

在电工技术和电力工程中，把这种有效值相等、频率相同、相位上彼此相差$\frac{2\pi}{3}$的三相电动势叫做对称三相电动势，供给三相电动势的电源就叫做三相电源。产生三相电动势的每个绕组叫做一相。

5.1.3.2　**三相四线制电源**

三相电源本来具有U_1、V_1、W_1、U_2、V_2、W_2六个接头，但是在低压供电系统中常采用三相四线制供电，把三相绕组的末端U_2、V_2、W_2连接成一个公共端点，叫做中性点(零点)，用N表示，如图5-1-3所示。从中性点引出的导线叫做中性线(零线)，用黑色或

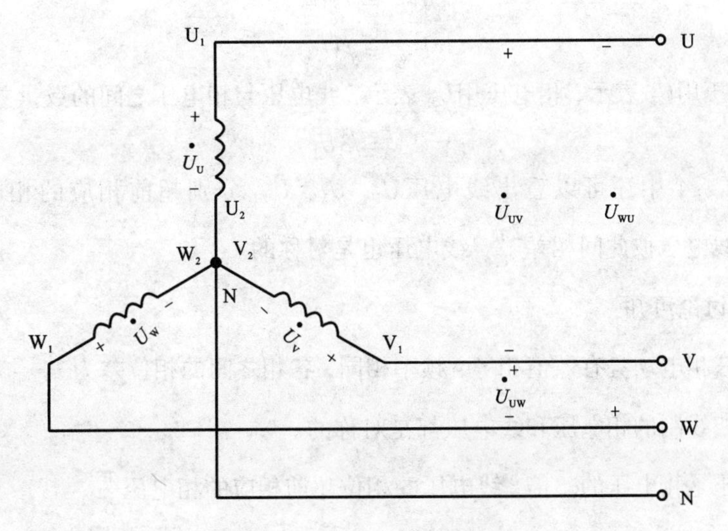

图5-1-3　三相四线制电源

白色表示。中性线一般都是接地的，又叫做地线。从线圈的首端 U_1、V_1、W_1 引出的三根导线又叫做相线(俗称火线)，分别用黄、绿、红三种颜色表示。这种供电系统称作三相四线制，用符号“Y_0”表示。

三相四线制供电系统可输送两种电压，即相电压与线电压。各相线与中性线之间的电压叫做相电压，分别用U_U 、U_V 、U_W 表示其有效值。在发电机内阻可以忽略的情况下，相电压在数值上与各相绕组的电动势相等。各相电压间的相位差也是 $120°\left(\frac{2\pi}{3}\right)$，因此三个相电压也是相互对称的。

相线与相线之间的电压叫做线电压，其参考方向如图 5－1－4 中$\dot{U}_{UV}$、$\dot{U}_{VW}$及$\dot{U}_{WU}$所示，用U_{UV}、U_{VW}、U_{WU}表示其有效值。它们与相电压之间的关系为

$$\left.\begin{aligned}\dot{U}_{UV}=\dot{U}_U-\dot{U}_V\\ \dot{U}_{VW}=\dot{U}_V-\dot{U}_W\\ \dot{U}_{WU}=\dot{U}_W-\dot{U}_U\end{aligned}\right\}\quad(5-1-2)$$

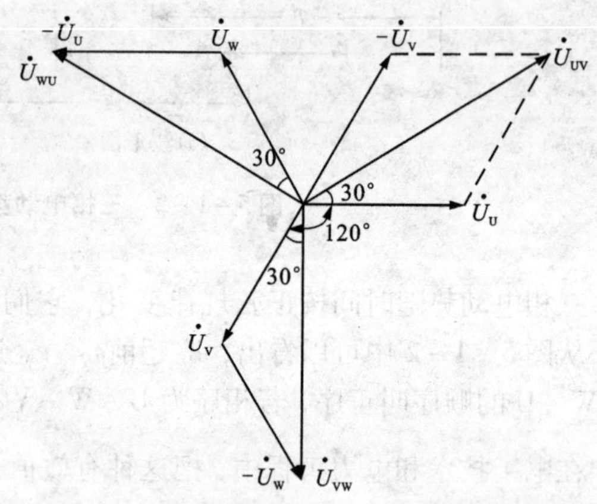

图 5－1－4　三相四线制电源电压相量图

作出$\dot{U}_U$、$\dot{U}_V$、$\dot{U}_W$ 的相量图，如图 5－1－4所示。然后，应用平行四边形法则，可以求出线电压

$$\frac{U_{UV}}{2}=U_U\cos30°$$

即得线电压U_{UV}与相电压U_U 间的关系为

$$U_{UV}=\sqrt{3}U_U$$

同理可求得

$$U_{VW}=\sqrt{3}U_V$$

$$U_{WU}=\sqrt{3}U_W$$

一般线电压用U_L 表示，相电压用U_P 表示，线电压与相电压之间的数量关系可以写成

$$U_L=\sqrt{3}U_P\qquad(5-1-3)$$

从图 5－1－4 中还可以看出线电压$\dot{U}_{UV}$、$\dot{U}_{VW}$、$\dot{U}_{WU}$分别超前相应的相电压$\dot{U}_U$、$\dot{U}_V$、$\dot{U}_W$30°。三个线电压彼此间相差$\frac{2\pi}{3}$，线电压也是对称的。

通过以上讨论可知：

(1)对称三相电动势有效值相等，频率相同，各相之间的相位差为$\frac{2\pi}{3}$。

(2)三相四线制的相电压和线电压都是对称的。

(3)线电压是相电压的$\sqrt{3}$倍，线电压的相位超前相应的相电压$\frac{\pi}{6}$。

图 5－1－5 是三相四线制低压配电线路，接到动力开关上的是三根相线，它们之间的线电压U_L = 380 V。接到照明开关的是相线和中性线，它们之间的相电压U_P = 220 V。

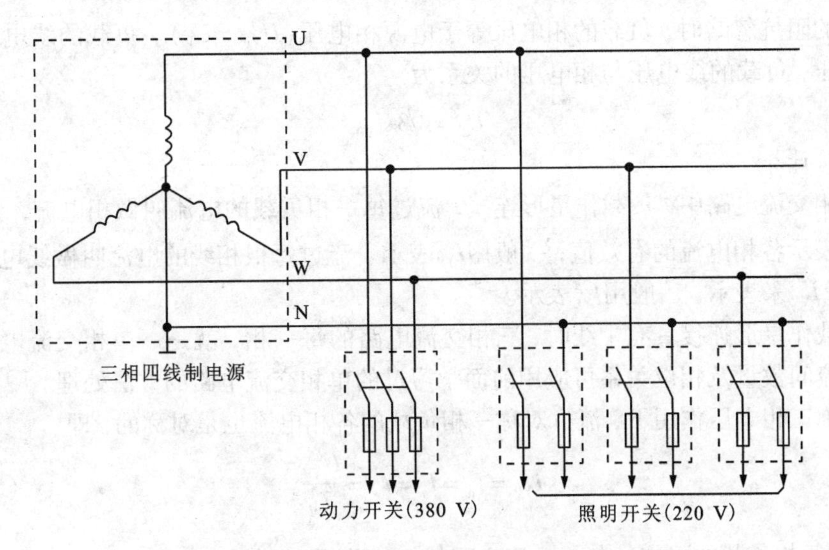

图5－1－5　三相四线制低压配电线路

5.1.4　基础知识二：三相负载的星形接法

三相电路中的三相负载，可分为对称三相负载和不对称三相负载。各相负载的大小和性质完全相同的叫对称三相负载，即$R_U = R_V = R_W$，$X_U = X_V = X_W$，如三相电动机、三相变压器、三相电炉等。各相负载不同的就叫不对称三相负载，如三相照明电路中的负载。

在三相电路中，负载有星形(Y)和三角形(△)两种连接方式。

1. 三相负载的星形连接方式

把各相负载的末端U_2、V_2、W_2联在一起接到三相电源的中线上，把各相负载的首端U_1、V_1、W_1分别接到三相交流电源的三根相线上，这种连接的方法叫做三相负载有中线的星形接法，用Y_0表示。图5－1－6(a)为三相负载有中线的星形接法的原理图，图5－1－6(b)为实际电路图。

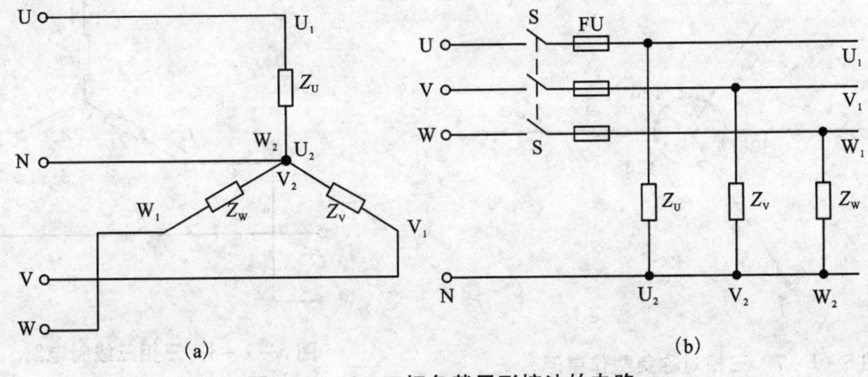

图5－1－6　三相负载星形接法的电路

负载作星形连接并具有中线时，每相负载两端的电压叫做负载的相电压，用U_{YP}表示。

当输电线的阻抗忽略时，负载的相电压等于电源相电压（$U_{YP}=U_P$）。负载的线电压等于电源的线电压，负载的线电压与相电压的关系为

$$U_L=\sqrt{3}U_{YP} \quad (5-1-4)$$

2. 电路计算

在三相交流电路中，负载作星形连接，流过每一相负载的电流叫做相电流，分别用I_u、I_v及I_w来表示各相电流的有效值，一般用I_{YP}表示。流过每根相线的电流叫做线电流，分别用I_U、I_V及I_W来表示，一般用I_{YL}表示。

当负载作星形连接具有中线时，三相交流电路的每一相，就是一单相交流电路，各相电压与电流间数量及相位关系可应用前面学习过的单相交流电路的方法处理。

在对称三相电压作用下，流过对称三相负载的各相电流也是对称的，即

$$I_{YP}=I_u=I_v=I_w=\frac{U_{YP}}{Z_P} \quad (5-1-5)$$

式中 Z_P 为每相负载的阻抗。各相电流之间的相位差仍为$\frac{2\pi}{3}$。

由基尔霍夫第一定律可知，流过中线的电流为

$$i_N=i_u+i_v+i_w \quad (5-1-6)$$

上式所对应的相量关系式为

$$\dot{I}_N=\dot{I}_u+\dot{I}_v+\dot{I}_w \quad (5-1-7)$$

作出对称三相负载的相电流i_u、i_v、i_w的相量图，如图5-1-7所示。可求出三个相电流相量的和为

$$\dot{I}_N=0$$

即三个相电流瞬时值之和等于零

$$i_N=0$$

对称三相负载作星形连接时的中线电流为零，在这种情况下去掉中线也不影响三相电路的正常工作，为此常常采用三相三线制电路，如图5-1-8所示。常用的三相电动机和三相变压器都是对称三相负载，都采用三相三线制供电。

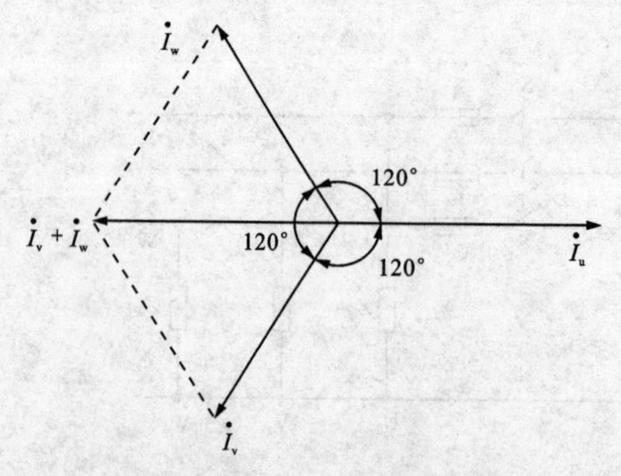

图5-1-7 三相对称负载作星形连接时的电流相量图

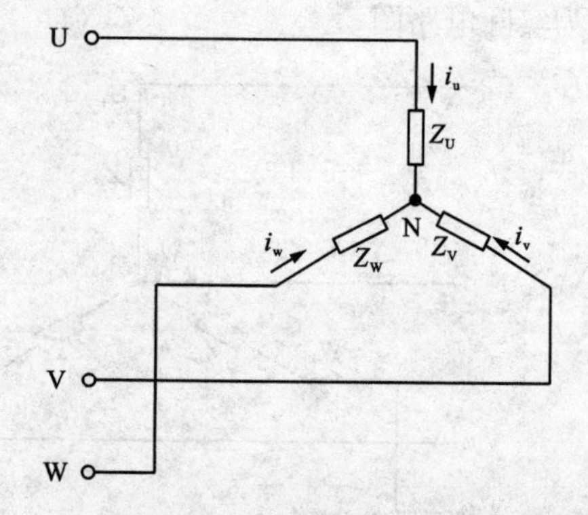

图5-1-8 三相三线制电路

应当指出，在三相负载的星形连接中，无论有无中线，由于没相的负载都串在相线上，相线和负载通过的是同一个电流，所以各相电流等于各线电流，即

$$\begin{cases}\dot{I}_{U}=\dot{I}_{u}\\ \dot{I}_{V}=\dot{I}_{v}\\ \dot{I}_{W}=\dot{I}_{w}\end{cases}$$

一般写成

$$I=I_{P} \tag{5-1-8}$$

3. 不对称负载星形连接时中线的作用

三相负载在很多情况下是不对称的，最常见的照明电路就是不对称负载有中线的星形连接的三相电路。下面，我们通过具体例子分析三相四线制中线的重要作用。

把额定电压为220 V，功率分别为100 W、60 W和40 W的三个灯泡作星形连接，然后接到三相四线制的电源上。为了便于说明问题，设在中线上装有开关S_N，如图5-1-9(a)所示。每个灯泡两端的电压为相电压，它等于灯泡的额定电压220 V。当闭合开关S_N、S_U、S_V和S_W时，每个灯泡都能正常发光。当断开S_U、S_V和S_W中任意一个或两个开关时，处在通路状态下的灯泡两端的电压仍然是相电压，灯泡仍然正常发光。上述情况是相电压不变，而各相电流的数值不同，中性线电流不等于零。如果断开开关S_W，再断开中线开关S_N如图5-1-9(b)所示，中性线断开后，电路变成不对称星形负载无中性线电路，40 W的灯泡反比100 W的灯泡亮得多。其原因是，没有中性线，两个灯泡(40W和100 W的灯泡)串联起来以后接到了两根相线上，即加在两个串联灯泡两端的电压是线电压(380 V)。又由于100 W的灯泡的电阻比40 W的灯泡的电阻小，由串联分压可知它两端的电压也就小。因此，100 W的灯泡实际吸收的功率小于40W，反而较暗。40 W的灯泡两端的电压大于220 V，会发出更强的光，还可能将灯泡烧毁。

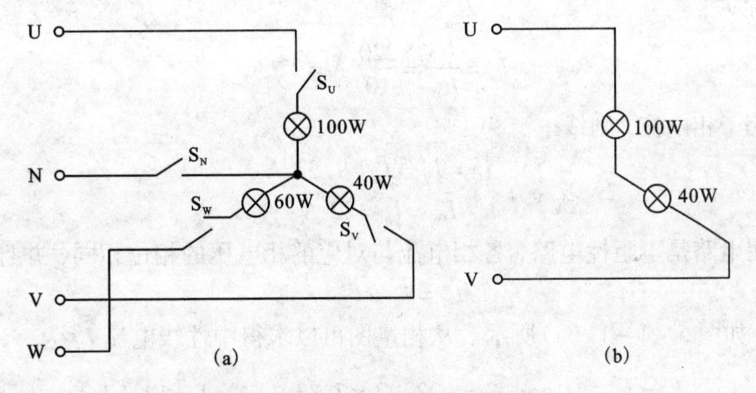

图5-1-9　星形连接不对称负载

可见，对于不对称星形负载的三相电路，必须采用带中性线的三相四线制供电。若无中性线，可能使某一相电压过低，该相用电设备不能正常工作；某一线电压过高，烧毁该相用电设备。因此，中性线对于电路的正常工作及安全是非常重要的，它可以保证不对称三相负载电压的对称，防止发生事故。在三相四线制中规定，中性线不许安装熔断器和开关。通常还要把中性线接地，使它与大地电位相同，以保障安全。

例5－1－1 在如图5－1－10所示的三相照明电路中，各相的电阻分别为$R_U=30\ \Omega$，$R_V=30\ \Omega$，$R_W=10\ \Omega$，将它们连接成星形接到电压为380 V的三相四线制电路中，各灯泡的额定电压为220 V。试求：

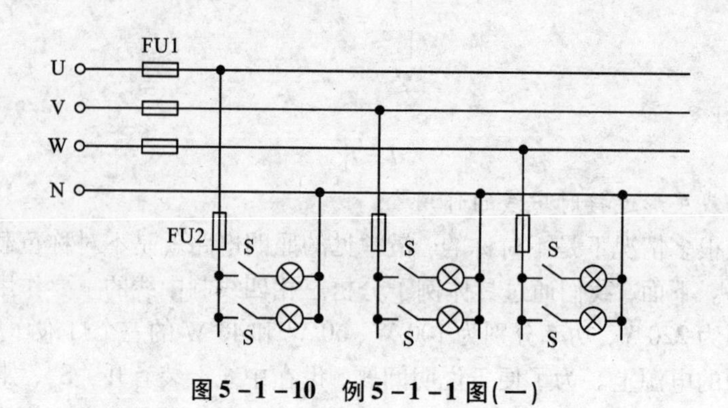

图5－1－10 例5－1－1图(一)

(1)各相电流、线电流和中性线电流；

(2)若中性线因故障断开，U相灯全部关闭，V、W两相灯全部工作，V相和W相电流多大？会出现什么情况？

解：(1)每相负载所承受的相电压为

$$U_P=\frac{U_L}{\sqrt{3}}=\frac{380}{\sqrt{3}}\text{V}=220\ \text{V}$$

U相和V相的电阻相等，相电流也相等，相电流为

$$I_u=I_v=\frac{U_P}{R_V}=7.33\ \text{A}$$

W相的相电流为

$$I_w=\frac{U_P}{R_W}=\frac{220}{10}\ \text{A}=22\ \text{A}$$

由于线电流等于相电流，则线电流为

$$I_U=I_V=I_u=7.33\ \text{A}$$
$$I_W=I_w=22\ \text{A}$$

由于照明电路是电阻性电路，各相电流与对应的相电压的相位相同，并且

$$\dot{I}_N=\dot{I}_u+\dot{I}_v+\dot{I}_w$$

作出相量图，如图5－1－11(a)所示。从相量图可以求得中性线电流I_N为

$$I_N=I_w-2I_u\cos\frac{\pi}{3}=(22-2\times7.33\times\frac{1}{2})\ \text{A}=14.67\ \text{A}$$

并且$\dot{I}_N$与$\dot{I}_w$同相位。

(3)中性线断开并且断开U相的电路，如图5－1－11(b)所示。R_V串上R_W以后接到线电压U_{VW}上，V、W两相流过的电流为

$$I_v=I_w=\frac{U_L}{R_V+R_W}=\frac{380}{30+10}\ \text{A}=9.5\ \text{A}$$

V相和W相的电压分别为

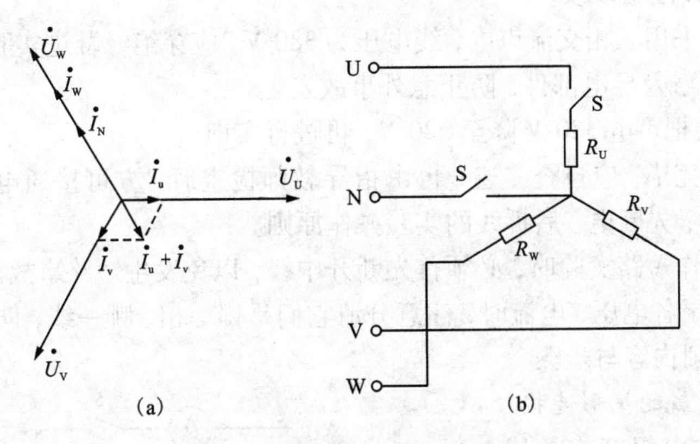

图5-1-11　例5-1-1图(二)

$$U_V = I_v R_V = 9.5 \times 30\ \text{V} = 285\ \text{V}$$
$$U_W = I_w R_W = 9.5 \times 10\ \text{V} = 95\ \text{V}$$

由于V相的灯泡两端电压超过了灯泡的额定工作电压，灯泡将会烧毁。W相灯泡两端电压低于灯泡的额定电压，灯泡不能正常工作。当V相灯泡烧毁后(开路)，W相也处于断路状态。

通过以上分析可知，不对称负载作星形连接时，必须要有中性线。中性线能保证三相负载的相电压对称，使负载能够正常工作。照明电路必须采用三相四线制供电线路，中性线是绝对不能省去的。中性线必须安装牢靠，并规定中性线上不得安装开关和熔断器，以保证线路能正常工作。

5.1.5　技能实训：三相负载的星形连接

5.1.5.1　实训器材

完成三相负载的星形连接所需器材如表5-1-1所示。

表5-1-1　所需器材

序号	名称	型号与规格	数量	备注
1	三相交流电源	3~380 V	1	
2	三相自耦调压器		1	
3	交流电压表		1	
4	交流电流表		4	
5	白炽灯泡、灯座	40 W/220 V白炽灯	6	
6	三相插头、座		1	
7	开关		7	

5.1.5.2 实训注意事项

(1)本实训中采用三相交流市电，线电压为380 V，应穿绝缘鞋进实验室。实验时要注意人身安全，不可触及导电部件，防止意外事故发生。

也可用调压器把市电380 V降至220 V，再进行实训。

(2)每次接线完毕，应自查一遍，再由指导教师检查后，方可接通电源。必须严格遵守先接线、后通电；先断电、后拆线的实验操作原则。

(3)星形负载作短路实验时，必须首先断开中线，以免发生短路事故。

(4)测量、记录各电压、电流时，注意分清它们是哪一相、哪一线，防止记错。

5.1.5.3 实训内容与步骤

1. 三相对称负载的星形连接

3个同功率的白炽灯泡接成星形接法、三相四线制接法。电路如图5-1-12。

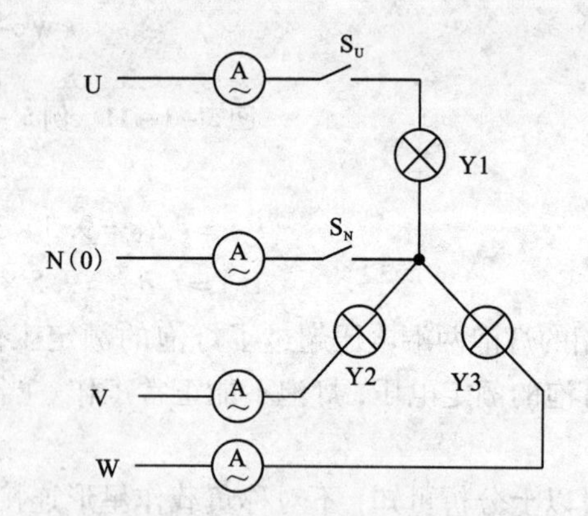

图5-1-12 三相对称负载星形接法

实训步骤：

(1)组接实验电路；

(2)分别测量线电压、相电压、线电流、相电流，记录实验数据于表5-1-2中。

(3)U相负载开路(断开S_u)时，分别测量线电压、相电压、线电流、相电流，记录实验数据于表5-1-2中。

(4)U相负载短路时(此时必须断开中性线，为三相三线制接法)，分别测量线电压、相电压、线电流、相电流，记录实验数据于表5-1-2中。

表5-1-2 数据记录表

三相负载情况	U_{UV}	U_{VW}	U_{WU}	U_{UN}	U_{VN}	U_{WN}	I_U	I_V	I_W	I_N
负载对称										
负载对称(断开中性线)										
U相开路										
U相开路(断开中性线)										
U相短路(此时必须断开中性线)										

2. 三相不对称负载的星形连接

在三相负载星形连接电路中，每路依次接1、2、3个同功率的白炽灯泡，电路如图5-1-13。

实训步骤：

(1)组接实验电路(为安全，也可用调压器调节线电压为220 V，再进行实验)；

(2)所有开关都闭合，分别测量线电压、相电压、线电流、相电流，记录实验数据于表

5－1－3 中。

(3) U 相负载开路(断开 S_1、S_{12}、S_{13})时，分别测量线电压、相电压、线电流、相电流，记录实验数据于表 5－1－3 中。

(4) U 相负载短路时(此时必须断开中性线，为三相三线制接法)，分别测量线电压、相电压、线电流、相电流，记录实验数据于表 5－1－3 中。

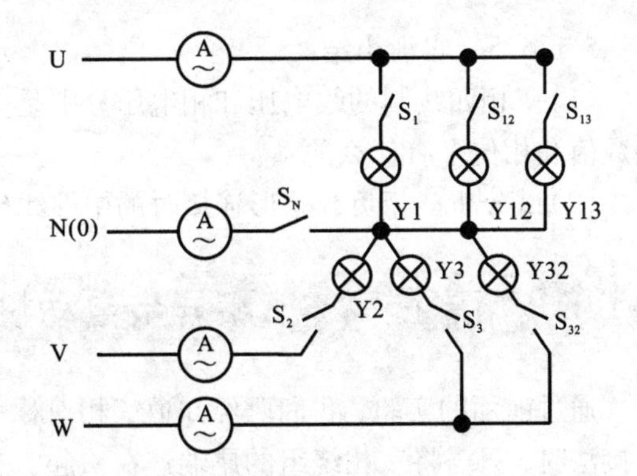

图 5－1－13　三相不对称负载的星形连接

表 5－1－3　数据记录表

三相负载情况	U_{UV}	U_{VW}	U_{WU}	U_{UN}	U_{VN}	U_{WN}	I_U	I_V	I_W	I_N
负载不对称										
负载不对称(断开中性线)										
U 相开路										
U 相开路(断开中性线)										
U 相短路(此时必须断开中性线)										

5.1.5.4　实训考核

三相负载的星形连接考核评价如表 5－1－4 所示。

表 5－1－4　考核评价表

<table>
<tr><th colspan="2">评价内容</th><th>配分</th><th>考核点</th><th>得分</th><th>备注</th></tr>
<tr><td colspan="2" rowspan="5">职业素养与操作过程规范(30 分)</td><td>5</td><td>正确着装和佩戴防护用具，做好工作前准备</td><td rowspan="5"></td><td rowspan="8">出现明显失误造成贵重元件或仪表、设备损坏；出现严重短路、跳闸事故，发生触电等安全事故；严重违反实训纪律，造成恶劣影响的记 0 分</td></tr>
<tr><td>5</td><td>采用正确的方法选择器材、器件</td></tr>
<tr><td>10</td><td>合理选择工具进行安装、连接，不浪费线材</td></tr>
<tr><td>5</td><td>按正确流程进行任务实施，并及时记录数据</td></tr>
<tr><td>5</td><td>任务完成后，整齐摆放工具及凳子、整理工作台面等并符合“6S”要求</td></tr>
<tr><td rowspan="3">作品质量(70 分)</td><td>装配工艺</td><td>30</td><td>①器件布局合理、美观；
②导线连接整齐美观、导线横平竖直，弯折处成直角；
③线头绝缘剥削合适，连接点长度合适；
④安装完毕，台面清理干净</td><td></td></tr>
<tr><td>功能</td><td>10</td><td>电路连接后，能进行各项参数的测量</td><td></td></tr>
<tr><td>数据记录分析</td><td>30</td><td>对各项参数进行测量、及时记录，并能对数据进行分析</td><td></td></tr>
</table>

5.1.5.5 实训小结

(1)三相四线制的线电压和相电压分别是多少？对称三相四线制中的线电压与相电压在数值和相位上有什么关系？

(2)试分析三相负载星形连接时的中性线(零线)的作用、特点。

5.1.6 拓展提高：三相异步电动机的星形接法

通过前面的实验，我们已经知道三相对称负载时中性线中无电流流过，所以电动机星形接法时，只需将三相绕组的尾端连在一起，三个首端分别接三相电源即可。如图5－1－14所示。

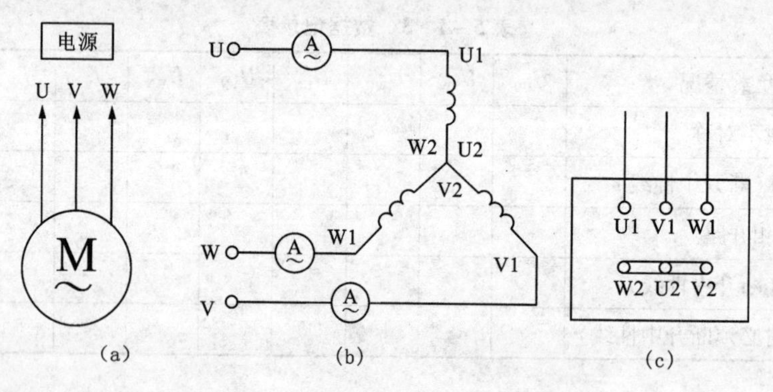

图5－1－14 三相异步电动机的星形接法

实训步骤：

(1)组接实验电路；

(2)分别测量线电压、相电压、线电流、相电流，记录实验数据于表5－1－5中。

表5－1－5 数据记录表

三相负载情况	U_{UV}	U_{VW}	U_{WU}	U_{UN}	U_{VN}	U_{WN}	I_U	I_V	I_W	I_N
三相绕组对称										

思考与练习

1.“如果知道三相对称正弦量中的任意一相,其他两相自然就可以知道了”,这种说法对吗？为什么？

2. 在三相四线制中,线电压与相电压在数量上和相位上各有什么关系？作出它们的相量图。

3. 什么是三相对称负载？什么是三相对称电路？

4. 在三相对称电路中,负载作星形连接时线电压与相电压,线电流与相电流关系是怎样的？作出它们的相量图。有中线和没有中线有无差别？为什么？若电路不对称,则情况又如何？三相四线制供电线路的中线有什么重要作用？

任务5.2　三相负载的三角形连接

5.2.1　任务描述

由于工厂设备一般用三相异步电动机拖动，而此类电动机是三相对称型用电器，在使用时中性线电流为零，无需中性线，因此，三相异步电动机一般采用三角形接法供电。

5.2.2　任务目标

(1)熟悉三相负载的三角形连接的特点。
(2)掌握三相负载的三角形连接方法。

5.2.3　基础知识：三相负载的三角形接法

5.2.3.1　三相负载的三角形连接方式

把三相负载分别接到三相交流电源的每两根相线之间，负载的这种连接方法叫做三角形连接，用符号“△”表示。图5－2－1(a)所示的是负载作三角形连接的原理图，图5－2－1 (b)所示的是三相负载三角形接法的实际电路图。

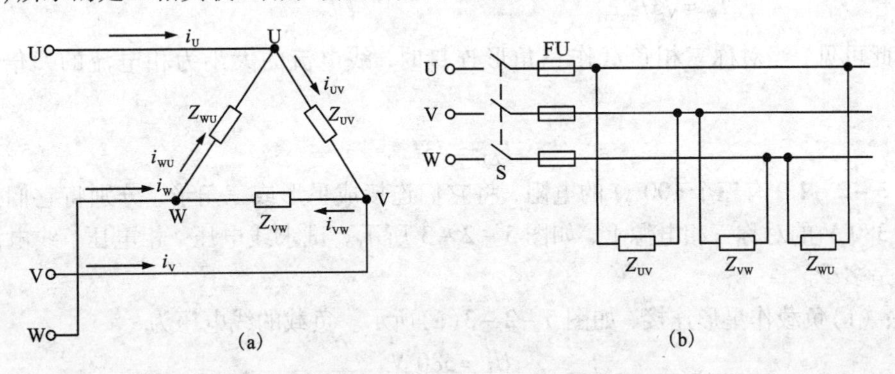

图5－2－1　三相负载作三角形接法的电路

三角形连接中的各相负载全都接在了两根相线之间，因此电源的线电压等于负载两端的电压，即负载的相电压，则

$$U_{\triangle P} = U_L \tag{5-2-1}$$

由于三相电源是对称的，无论负载是否对称，负载的相电压是对称的。

5.2.3.2　电路计算

对于负载作三角形连接的三相电路中的每一相负载来说，都是单相交流电路。各相电流和电压之间的数量与相位关系与单相交流电路相同。

在对称三相电源的作用下，流过对称负载的各相电流也是对称的。应用单相交流电路的计算关系，可知各相电流有效值为

$$I_{uv}=I_{vw}=I_{wu}=\frac{U_L}{Z_{UV}}$$

各相电流间的相位差仍为$\frac{2\pi}{3}$。

根据基尔霍夫第一定律，可以求出线电流与相电流之间的关系为

$$\begin{cases}i_U=i_{uv}-i_{wu}\\ i_V=i_{vw}-i_{uv}\\ i_W=i_{wu}-i_{vw}\end{cases}$$

对应的相量间的关系为

$$\begin{cases}\dot{I}_U=\dot{I}_{uv}-\dot{I}_{wu}\\ \dot{I}_V=\dot{I}_{vw}-\dot{I}_{uv}\\ \dot{I}_W=\dot{I}_{wu}-\dot{I}_{vw}\end{cases}$$

当负载对称时，作出相电流 i_{uv}，i_{vw}，i_{wu}的相量图，如图 5－2－2 所示。应用平行四边形法则可以求出线电流为

$$I_U=2\,I_{uv}\cos30°=2\,I_{uv}\times\frac{\sqrt{3}}{2}=\sqrt{3}I_{uv}$$

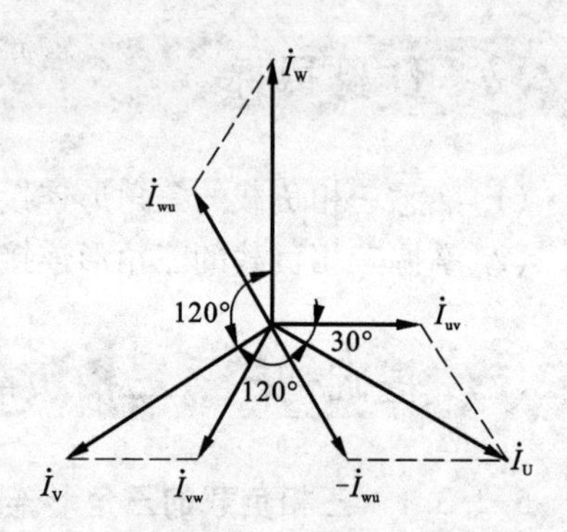

图 5－2－2　对称三角形负载电流相量图

同理可求出

$$I_V=\sqrt{3}I_{vw}$$
$$I_W=\sqrt{3}I_{wu}$$

由此可见，当对称三相负载作三角形连接时，线电流的大小为相电流的$\sqrt{3}$倍，一般写成

$$I_{\triangle L}=\sqrt{3}I_{\triangle P} \tag{5-2-2}$$

例 5－2－1　有三个 100 Ω 的电阻，将它们连接成星形或三角形，分别将它们接到线电压为 380 V 的对称三相电源上，如图 5－2－3 所示。试求线电压、相电压、线电流和相电流各是多少。

解：(1)负载作星形连接，如图 5－2－3(a)所示。负载的线电压为

$$U_L=380\ \text{V}$$

负载的相电压为线电压的$\frac{1}{\sqrt{3}}$，即

$$U_P=\frac{U_L}{\sqrt{3}}=\frac{380}{\sqrt{3}}\ \text{V}\approx220\ \text{V}$$

负载的相电流等于线电流

$$I_P=I_L=\frac{U_P}{R}=\frac{220}{100}\ \text{A}=2.2\ \text{A}$$

(2)负载作三角形连接，如图 5－2－3(b)所示。负载的线电压为

$$U_L=380\ \text{V}$$

负载的相电压等于线电压，即

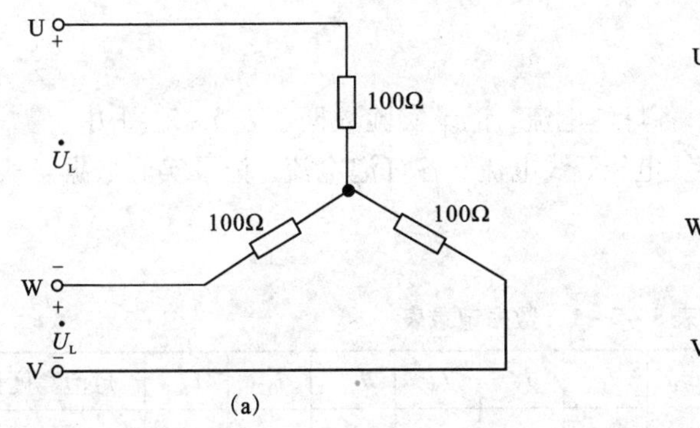

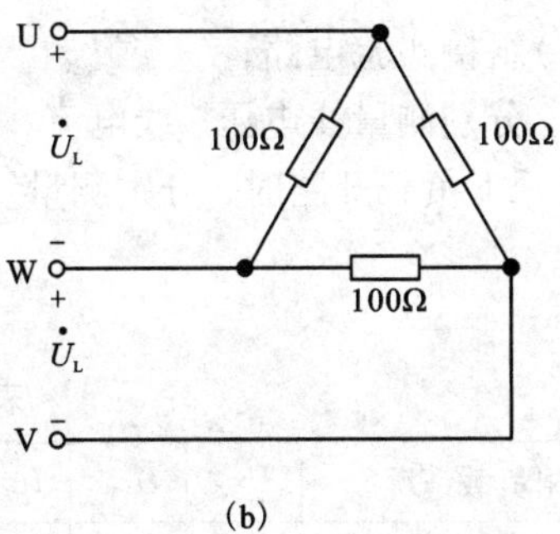

图5-2-3　例5-2-1图

$$U_P = U_L = 380\ \text{V}$$

负载的相电流为

$$I_P = \frac{U_P}{R} = \frac{380}{100}\ \text{A} = 3.8\ \text{A}$$

负载的线电流为相电流的$\sqrt{3}$倍

$$I_L = \sqrt{3} I_P = \sqrt{3} \times 3.8\ \text{A} \approx 6.58\ \text{A}$$

通过上面的计算可知，在同一个对称三相电源的作用下，对称负载作三角形连接的线电流是负载作星形连接时的线电流的$\sqrt{3}$倍。

5.2.4　技能实训：三相负载的三角形连接

用三相调压器调压输出作为三相交流电源，调节输出电压为220 V，用三组白炽灯作为三相负载。实验设备器材同任务5.1，此接法只可做开路实验，绝对不允许做短路实验。

5.2.4.1　实训内容与步骤

1. 三相对称负载三角形连接

三相对称负载三角形连接电路如图5-2-4所示。

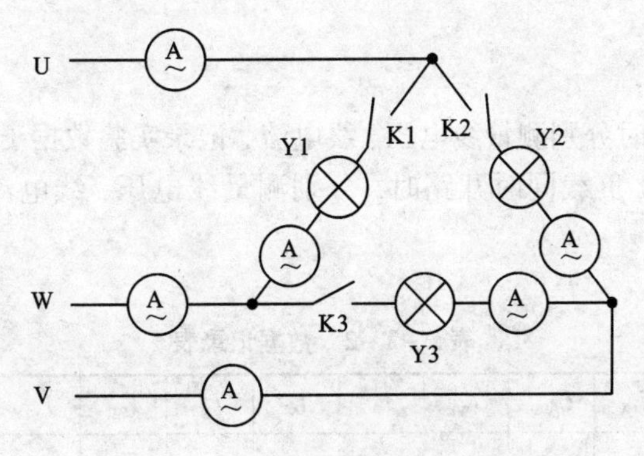

图5-2-4　三相对称负载三角形连接

实训步骤：

(1)组接实验电路；

(2)分别测量线电压、线电流、各灯泡电流，记录实验数据于表5-2-1中。

(3)Y1负载开路时，分别测量线电压、线电流、各灯泡电流，记录实验数据于表5-2-1中。

表5-2-1 数据记录表

三相负载情况	U_{UV}	U_{VW}	U_{WU}	I_U	I_V	I_W	I_{Y1}	I_{Y2}	I_{Y3}	灯泡亮度比较
负载对称										
Y1开路										

2. 三相不对称负载三角形连接

三相不对称负载三角形连接电路如图5-2-5所示。

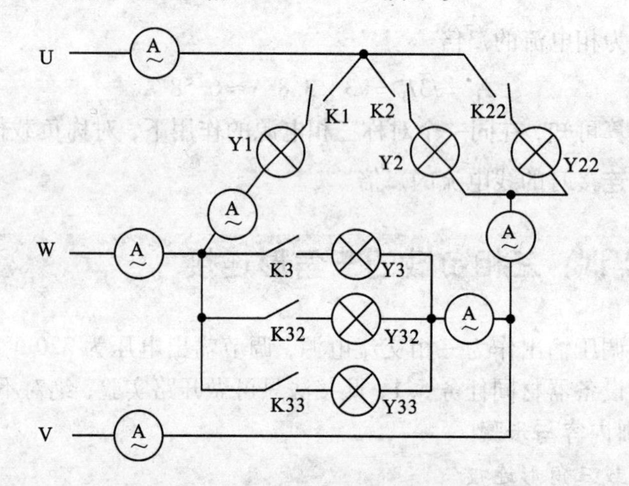

图5-2-5 三相不对称负载三角形连接

实训步骤：

(1)组接实验电路；

(2)开关全部闭合时分别测量线电压、线电流，记录实验数据于表5-2-2中。

(3)Y3、Y32、Y33负载同时开路时，分别测量线电压、线电流，记录实验数据于表5-2-2中。

表5-2-2 数据记录表

三相负载情况	U_{UV}	U_{VW}	U_{WU}	I_U	I_V	I_W	I_{Y1}	I_{Y2}	I_{Y3}	灯泡亮度比较
负载对称										
Y3、Y32、Y33开路										

5.2.4.2　实训考核

三相负载的三角形连接考核评价如表5－2－3所示。

表5－2－3　考核评价表

<table>
<tr><th colspan="2">评价内容</th><th>配分</th><th>考核点</th><th>得分</th><th>备注</th></tr>
<tr><td colspan="2" rowspan="5">职业素养
与操作规范
（30分）</td><td>5</td><td>正确着装和佩戴防护用具，做好工作前准备</td><td></td><td rowspan="9">出现明显失误造成贵重元件或仪表、设备损坏；出现严重短路、跳闸事故，发生触电等安全事故；严重违反实训纪律，造成恶劣影响的记0分</td></tr>
<tr><td>5</td><td>采用正确的方法选择器材、器件</td><td></td></tr>
<tr><td>10</td><td>合理选择工具进行安装、连接，不浪费线材</td><td></td></tr>
<tr><td>5</td><td>按正确流程进行任务实施，并及时记录数据</td><td></td></tr>
<tr><td>5</td><td>任务完成后，整齐摆放工具及凳子、整理工作台面等并符合“6S”要求</td><td></td></tr>
<tr><td rowspan="3">作品质量
（70分）</td><td>装配
工艺</td><td>30</td><td>①器件布局合理、美观；
②导线连接整齐美观、导线横平竖直，弯折处成直角；
③线头绝缘剥削合适，连接点长度合适；
④安装完毕，台面清理干净</td><td></td></tr>
<tr><td>功能</td><td>10</td><td>电路连接后，能进行各项参数的测量</td><td></td></tr>
<tr><td>数据
记录
分析</td><td>30</td><td>对各项参数进行测量、及时记录，并能对数据进行分析</td><td></td></tr>
</table>

3.2.4.3　实训小结

简述三相对称负载三角形接法与星形接法负载两端的电压与流过的电流有什么不同。

5.2.5　拓展提高：三相异步电动机的三角形接法

通过前面的实验，已经知道三相对称负载成三角形连接时，无需中性线，而三相异步电动机也是三相对称绕组，所以亦可将三相异步电动机接成三角形接法。将三相绕组的首尾端依次连接，三个连接点分别接三相电源即可。

三相异步电动机的三角形连接电路图如图5－2－6所示。

实训步骤：

（1）组接实验电路；

（2）分别测量线电压、相电压、线电流、相电流，记录实验数据于表5－2－4中。

表5－2－4　数据记录表

三相负载情况	U_{UV}	U_{VW}	U_{WU}	I_U	I_V	I_W
三相绕组对称						

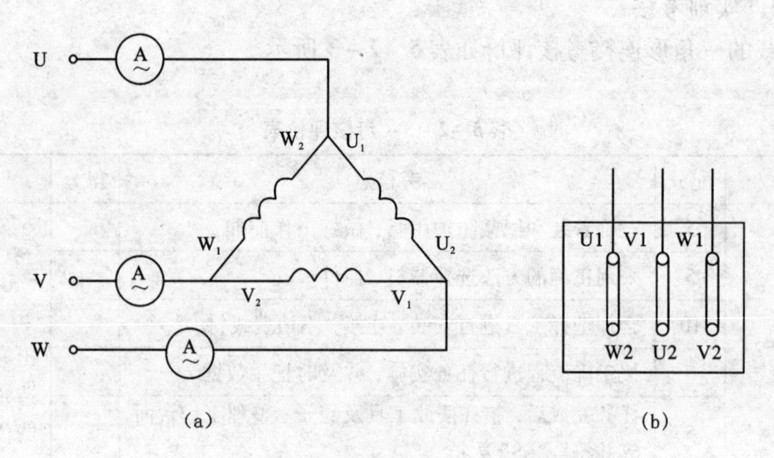

图 5-2-6 三相异步电动机的三角形接法

三相异步电动机星形接法和三角形接法的说明：

三相异步电动机按定子绕组的连接方式分为星形接法和三角形接法：星形接法指将电机绕组三相末端接在一起，三相首端为电源端；三角形接法指将三相绕组首尾互相连接，三个端点为电源端。

同样一台电机，可以安装绕成 Y 形绕组，也可以安装绕成△形绕组；安装绕成△形绕组时，导线截面小，串联匝数多，工作相电压高，相电流低；安装绕成 Y 形绕组时，导线截面大，串联匝数小，工作相电压低，相电流高；由于电阻热损耗与电流的平方成正比，所以同样一台电机，安装绕成△形绕组时热损耗小。

在线电压一定的情况下，负载做三角形连接时的功率是做星形连接时功率的 3 倍(下一任务学到)，而电流是做星形连接时电流的$\sqrt{3}$倍，这就是为什么三相异步电动机要采用星形启动三角形运行的方式，可降低启动电流，提高运行功率。

在使用上，△形绕组可以用 Y-△启动方式启动，而 Y 形绕组不能用 Y-△启动方式启动。

三角形连接时，相电压等于线电压；星形连接时，相电压等于$1/\sqrt{3}$线电压。也就是相同的线电压下，同一台电动机采用三角形接法时，其功率是采用星形接法的 3 倍。在电动机铭牌上写着 220/380 V(△/Y)，它表示当电源电压为 220 V(三相)时，电动机应为三角形连接，当电源电压为 380 V 时，电动机应为星形连接。

思考与练习

1. 分别画出三相负载的星形连接和三角形连接的电路图。

2. 在三相对称电路中，负载作三角形连接时线电压与相电压，线电流与相电流关系是怎样的？

任务5.3　三相配电柜的安装与检修

5.3.1　任务描述

在交流电力系统中，常常要对电能进行分配，配电柜就是所有用户用电的总的一个电路分配柜，是集中安装开关、仪表等设备的成套装置。

配电柜主要用于管理，方便停、送电，起到计量和判断停、送电的作用，当发生电路故障时有利于检修。

本任务就是完成一个配电柜系统的安装与检修，使安装的设备能完成配电功能。

5.3.2　任务目标

(1)熟悉三相电路的功率计算。

(2)能正确安装配电柜。

(3)能正确查找故障,并排除。

5.3.3　基础知识：三相电路的功率

在三相交流电路中，不论负载采取星形连接的方式，还是采取三角形连接的方式，三相负载消耗的总功率等于各相负载消耗的功率之和。即

$$P = P_U + P_V + P_W \tag{5-3-1}$$

每一相负载所消耗的功率，可以应用单相正弦交流电路中学过的方法计算。如果知道各相电压、相电流及功率因数 $\cos\varphi$ 的值，则负载消耗的总功率为

$$P = U_u I_u \cos\varphi_u + U_v I_v \cos\varphi_v + U_w I_w \cos\varphi_w$$

在对称三相交流电路中，如果三相负载是对称的，则电流也是对称的，即

$$U_p = U_u = U_v = U_w$$

$$I_P = I_u = I_v = I_w$$

$$\varphi = \varphi_u = \varphi_v = \varphi_w$$

负载消耗的总功率可以写成

$$P = 3U_P I_P \cos\varphi \tag{5-3-2}$$

式中：U_P——负载的相电压，单位是伏[特]，符号为V；

I_P——流过负载的相电流，单位是安[培]，符号是A；

φ——相电压与相电流之间的单位差，单位是弧度，符号为rad；

P——三相负载总的有功功率，单位是瓦[特]，符号是W。

由上式可知，对称三相电路总有功功率为一相有功功率的3倍。

在实际工作中，测量线电压、线电流比较方便，三相电路的总功率常用线电压和线电流来表示。

对称负载作星形连接时，线电压是相电压的$\sqrt{3}$倍，即

$$U_{L}=\sqrt{3}U_{YP}$$

$$I_{YL}=I_{YP}$$

$$P=3U_{P}I_{P}\cos\varphi=3\frac{U_{L}}{\sqrt{3}}I_{L}\cos\varphi=\sqrt{3}U_{L}I_{L}\cos\varphi$$

对称负载三角形连接时，线电压等于相电压，线电流是相电流的$\sqrt{3}$倍，即

$$U_{L}=U_{\triangle P}$$

$$I_{\triangle L}=\sqrt{3}I_{\triangle P}$$

$$P=3U_{P}I_{P}\cos\varphi=3U_{L}\frac{I_{L}}{\sqrt{3}}\cos\varphi=\sqrt{3}U_{L}I_{L}\cos\varphi$$

所以，对称负载不论作星形连接还是三角形连接，总有功功率为

$$P=\sqrt{3}U_{L}\ I_{L}\cos\varphi \tag{5-3-3}$$

使用上式时必须注意：

(1)负载为星形或三角形连接时，线电压是相同的，线电流是不相等的。三角形连接时的线电流是星形连接时线电流的$\sqrt{3}$倍。

(2)φ 仍然是相电压与相电流的相位差，而不是线电压与线电流的相位差。也就是说，功率因数 $\cos\varphi$ 是指每相负载的功率因数。

同单相交流电路一样，三相负载中既有耗能元件，又有储能元件。因此，三相交流电路中除有功功率外，还要无功功率和视在功率。应用上面的方法，可以推出对称三相电路的无功功率为

$$Q=\sqrt{3}U_{L}\ I_{L}\sin\varphi \tag{5-3-4}$$

视在功率为

$$S=\sqrt{3}U_{L}\ I_{L} \tag{5-3-5}$$

三者间的关系为

$$S=\sqrt{P^{2}+Q^{2}} \tag{5-3-6}$$

例 5-3-1 有一个对称三相负载，每相的电阻 $R=8\ \Omega$，感抗$X_{L}=6\ \Omega$，分别接成星形、三角形，接到线电压为 380 V 的对称三相电源上，如图 5-3-1 所示。试求：

(1)负载作星形连接时的相电流、线电流和有功功率；

(2)负载作三角形连接时的相电流、线电流和有功功率。

解：(1)星形连接时，负载的相电压为

$$U_{P}=\frac{U_{L}}{\sqrt{3}}=\frac{380}{\sqrt{3}}\ \text{V}\approx 220\ \text{V}$$

各相负载 $R=8\ \Omega$，$X_{L}=6\ \Omega$，其阻抗为

$$Z=\sqrt{R^{2}+X_{L}^{2}}=\sqrt{8^{2}+6^{2}}\ \Omega=10\ \Omega$$

各相的相电流为

$$I_{P}=\frac{U_{P}}{Z}=\frac{220}{10}\ \text{A}=22\ \text{A}$$

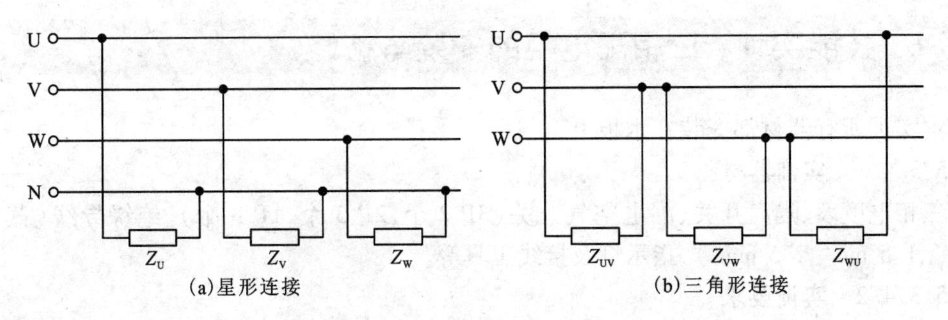

图5-3-1　例5-3-1图

对称负载作星形连接时的线电流等于相电流，即

$$I_L = I_P = 22\ \text{A}$$

各相负载的功率因数为

$$\cos\varphi = \frac{R}{Z} = \frac{8}{10} = 0.8$$

三相负载总有功功率为

$$P_Y = \sqrt{3}U_L I_L\cos\varphi = \sqrt{3} \times 380 \times 22 \times 0.8\ \text{W} \approx 11.6\ \text{kW}$$

(2)负载作三角形连接时，相电压等于线电压，即

$$U_P = U_L = 380\ \text{V}$$

阻抗 $Z = 10\ \Omega$，相电流为

$$I_P = \frac{U_P}{Z} = \frac{380}{10} = 38\ \text{A}$$

对称负载作三角形连接时的线电流为相电流的$\sqrt{3}$倍，即

$$I_L = \sqrt{3}I_P = \sqrt{3} \times 38\ \text{A} \approx 66\ \text{A}$$

三相负载总有功功率为

$$P_\triangle = \sqrt{3}U_L I_L\cos\varphi = \sqrt{3} \times 380 \times 66 \times 0.8\ \text{kW} \approx 34.7\ \text{kW}$$

通过上面的例题，可以看出：

① $\dfrac{I_{\triangle L}}{I_{YP}} = \dfrac{66}{22} = 3$

② $\dfrac{P_\triangle}{P_Y} = \dfrac{34.7}{11.6} = 3$

这说明，在同一三相电源作用下，同一对称负载作三角形连接时的线电流和总功率是星形连接时的3倍。在实际中，要根据电源的线电压和负载的额定电压，选择负载的正确连接方式。

5.3.4 技能实训：三相配电柜的安装与检修

本实训所有器材都安装在木板上。

5.3.4.1 实训器材

三相电度表、隔离开关、漏电空气开关(3P 2 个,2P 3 个,1P 3 个)、绝缘导线(截面积 1 mm^2、1.5 mm^2、2.5 mm^2)、指示灯及接线工具等。

5.3.4.2 实训要求

(1)按图施工，接线正确，功能正常。

(2)电器元件质量良好，型号、规格应符合设计要求，外观应完好，且附件齐全，排列整齐，固定牢固，密封良好。

(3)端子排应无损坏、固定牢固、绝缘良好，导电体与裸露的不带电的导体间应保持一定间距。

(4)盘、柜内的导线不应有接头，导线芯线应无损伤。

(5)电缆芯线和所配导线的端部均应标明其回路编号，编号应正确，字迹清晰且不易脱色。

(6)配线应整齐、避免交叉，并应固定牢固、清晰、美观，导线绝缘应良好、无损伤。

(7)每个接线端子的每侧接线宜为 1 根，不得超过 2 根。

(8)强、弱电回路不应使用同一根电缆，并应分别成束分开排列。

(9)独立施工，完成实训内容。

5.3.4.3 实训内容与步骤

电路原理图和装配参考图分别如图 5－3－2、图 5－3－3 所示。图 5－3－3 中相应位置安装器件如下：

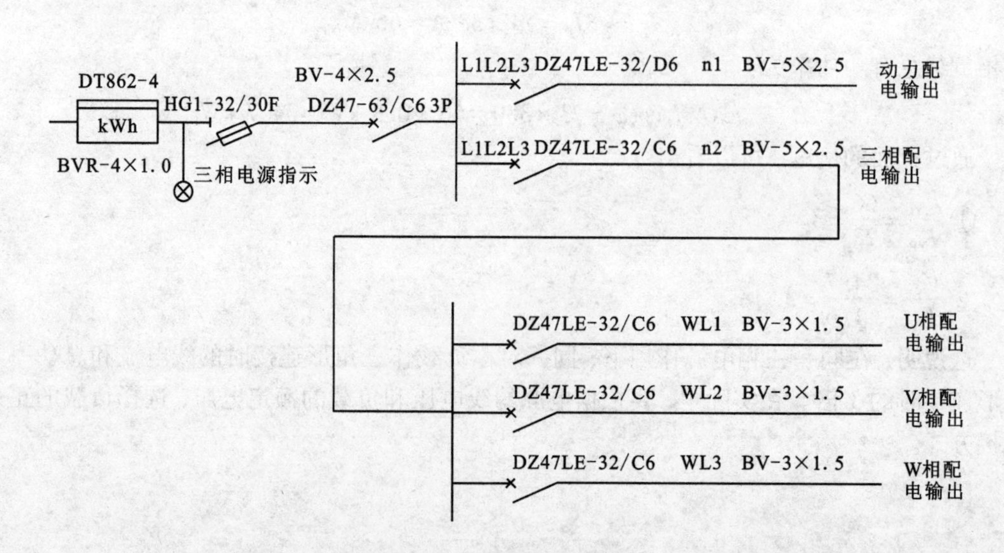

图 5－3－2 电路原理图

WH——三相电度表；
1——隔离开关(熔断器式 HG1 -32/30F)
2——漏电空气开关(总开关 3P +1N)
3——漏电空气开关(动力电路 3P +1N)
4——漏电空气开关(三相电源分配 3P +1N)
5——漏电空气开关(U 相配电开关 2P)
6——漏电空气开关(V 相配电开关 2P)
7——漏电空气开关(W 相配电开关 2P)
8——备用开关(1P)
9—— 备用开关(1P)
10——备用开关(1P)

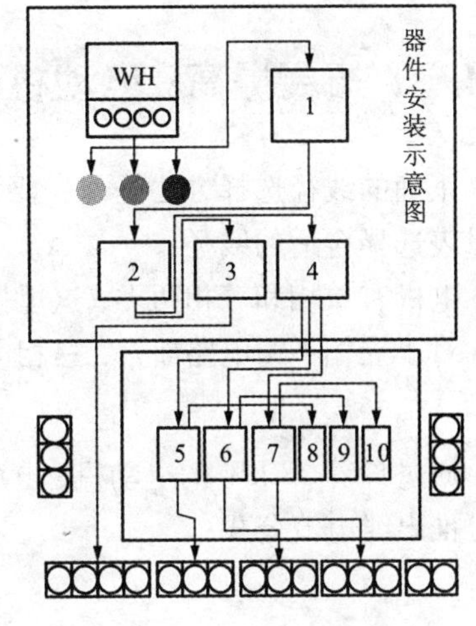

图 5-3-3　电路装配参考图

实施步骤：
(1)按电路要求，检测所有器材、设备；
(2)布局器件，并固定于木板上；
(3)接线；
(4)通电前直流电阻检测；
(5)通电检测：合上开关，测量各输出端电压。

5.3.4.4　实训考核

三相配电柜的安装与检修考核评价如表 5-3-1 所示。

表 5-3-1　考核评价表

评价内容	考核点	配分	考核要求	得分
操作前准备	选择电器元件； 选择电工工具和仪器仪表	10	①能正确选择元器件，正确判断器件好坏； ②能按题目所给参数指标，准备相应的仪器设备并校准	
电气安装	按位置图固定元器件	20	位置尺寸符合要求，安装正确、规范、牢固、美观、可靠	
	按接线图装接线路	30	严格按职业标准与规范进行电气控制线路安装与自我检查，工作过程无安全隐患	
系统调试	连接电源、负载	10	能连接电源及负载	
	检查电路、功能调试	15	操作规范，电路功能正常，满足系统技术要求	
	检修	5	能正确使用仪器仪表查找故障，排故方法正确，并顺利排除故障，进行电路调试	
安全文明操作与职业素养	安全文明操作与职业素养	10	符合安全操作规程，职业岗位要求；遵守实训纪律，工位整洁	

5.3.4.5　实训小结

(1)三相配电柜安装有哪些步骤？
(2)三相配电柜安装应注意哪些事项？

(3)写出图5-3-2中各器件符号表示的意义。

5.3.5 拓展提高：电动机电源线线径的选择

正确的线径选择方法是首先要计算负载的线电流，再根据电流的大小按照导线安全载流量表选择合适的线径。

电机有单相和三相两类，这里按8 kW的三相电机计算。

对于三相平衡电路而言，三相电机功率的计算公式是：

$$P=\sqrt{3}U_{\mathrm{L}}I_{\mathrm{L}}\cos\varphi$$

通过计算，8 kW的电动机，电源导线选取2.5 mm^2的铜导线即可。由三相电机功率公式可推出线电流公式：

$$I_{\mathrm{L}}=P/(\sqrt{3}U_{\mathrm{L}}\cos\varphi)$$

式中：P为电机功率；U_{L}为线电压，单相220 V，三相380 V；$\cos\varphi$是电机功率因数，一般取0.75。计算：

$$I_{\mathrm{L}}=P/(\sqrt{3}U_{\mathrm{L}}\cos\varphi)=8000/(1.732\times380\times0.75)\ \mathrm{A}=16.2\ \mathrm{A}$$

由于电机的启动电流很大，是工作电流的4到7倍，所以还要考虑启动电流，但启动电流的时间不是很长，一般在选择导线时只按1.3到1.7的系数考虑。这里如取1.5，那么电流就是24.3 A，就可以按这个电流选择导线、空开、接触器、热继电器等设备。所以计算电流的步骤是不能省略的。

思考与练习

一台功率为10 kW的三相异步电动机，绕组作三角形连接后接于线电压为380 V的三相交流电源上，线电流为20 A。试求电动机的相电流、功率因数及每相的阻抗。

附录　常用电工图形符号

序号	符号	名称与说明
1	—	直流 注：电压可标注在符号右边，系统类型可标注在左边
2	—— - - - -	直流 注：若上述符号可能引起混乱，也可采用本符号
3	～	交流 频率或频率范围以及电压的数值应标注在符号的右边，系统类型应标注在符号的左边
	～50Hz	示例 1：交流 50Hz
	～ 100～600Hz	示例 2：交流，频率范围 100～600Hz
	380/220V 3N～50Hz	示例 3：交流，三相带中性线，50Hz，380V（中性线与相线之间为 220V）。3N 可用 3＋N 代替
	3N～50Hz/ TN－S	示例 4：交流，三相，50Hz，具有一个直接接地点且中性线与保护导线全部分开的系统
4	～	低频（工频或亚音频）
5	≈	中频（音频）
6	≋	高频（超音频，载频或射频）
7	— ～	交直流
8	～ - - - -	具有交流分量的整流电流 注：当需要与稳定直流相区别时使用
9	N	中性（中性线）
10	M	中间线
11	+	正极

序号	符号	名称与说明
12	-	负极
13		热效应
14		电磁效应 过电流保护的电磁操作
15		电磁执行器操作
16		热执行器操作(如热继电器、热过电流保护)
17	M	电动机操作
18		正脉冲
19		负脉冲
20		交流脉冲
21		正阶跃函数
22		负阶跃函数
23		锯齿波
24		接地一般符号
25		无噪声接地(抗干扰接地)
26		保护接地
27		接机壳或接底板

序号	符号	名称与说明
28		等电位
29		理想电流源
30		理想电压源
31		理想回转器
32		故障(用以表示假定故障位置)
33		闪绕、击穿
34		永久磁铁
35		动触点 注：如滑动触点
36		测试点指示 示例点，导线上的测试点
37		交换器一般符号/转换器一般符号 注：①若变换方向不明显，可用箭头表示在符号轮廓上
38	☆	电机一般符号，符号内的星号必须用下述字母代替 C 同步交流机　G 发电机 G_8同步发电机　M 电动机 MG 拟作为发电机或电动机使用的电机 MS 同步电动机　注：可以加上符号—或∽ SM 伺服电机　TG 测速发电机 TM 力矩电动机　IS 感应同步器
39	M 3~	三相笼式异步电动机
40	M 3~	三相线绕转子异步电动机
41	3~ C	并励三相同步变速机

序号	符号	名称与说明
42		直流力矩电动机 步进电机一般符号
43		电机示例： 短分路复励直流发电机示出接线端子和电刷
44		单励直流电动机
45		并励直流电动机
46		单相笼式有分相扇子的异步电动机
47		单相交流串励电动机
48		单向同步电动机
49		单向磁滞同步电动机 自整角机一般符号 符号内的星号必须用下列字母代替： CX 控制式自整角发送机　CT 控制式自整角变压器 TX 力矩式自整角发送机　TR 力矩式自整角接收机
50		手动开关一般符号
51		按钮开关(不闭锁)
52		拉拔开关(不闭锁)
53		旋钮开关、旋转开关(闭锁)

序号	符号	名称与说明
54		位置开关(动合触点) 限制开关(动合触点)
55		位置开关(动断触点) 限制开关(动断触点)
56		热敏自动开关(动断触点)
57		热继电器(动断触点)
58		接触器触点(在非动作位置断开)
59		接触器触点(在非动作位置闭合)
60		操作器件一般符号 注：具有几个绕组的操作器件，可由适当数值的斜线或重复本符号来表示
61		缓慢释放(缓放)继电器的线圈
62		缓慢吸合(缓吸)继电器的线圈
63		缓吸和缓放继电器的线圈
64		快速继电器(快吸和快放)的线圈
65		对交流不敏感继电器的线圈
66		交流继电器的线圈
67		热继电器的驱动器件
68		熔断器一般符号
69		熔断器式开关

序号	符号	名称与说明
70		熔断器式隔离开关
71		熔断器式负荷开关
72		火花间隙
73		双火花间隙
74		动合(常开)触点　注：本符号也可以用作开关一般符号
75		动断(常闭)触点
76		先断后合的转换触点
77		中间断开的双向触点
78		先合后断的转换触点(桥接)
79		当操作器件被吸合时延时闭合的动合触点
80		有弹性返回的动合触点
81		无弹性返回的动合触点
82		有弹性返回的动断触点
83		左边弹性返回，右边无弹性返回的中间断开的双向触点
84	☆	指示仪表的一般符号　星号须用有关符号替代，如 A 代表电流表等
85	☆	记录仪表一般符号　星号须用有关符号替代，如 W 代表功率表等

序号	符号	名称与说明
86	(V)	指示仪表示例：电压表
87	(A)	电流表
88	(A sinφ)	无功电流表
89	(var)	无功功率表
90	(cosφ)	功率因数表
91	(φ)	相位表
92	(Hz)	频率表
93	(↑)	检流计
94	(N)	示波器
95	(n)	转速表
96	(W)	记录仪表示例：记录式功率表
97	W | var	组合式记录功率表和无功功率表
98	[N]	记录式示波器
99	varh	电度表(瓦特小时计)
100	varh	无功电度表

序号	符号	名称与说明
101	⊗	灯一般符号/信号灯一般符号 注：①如果要求指示颜色则在靠近符号处标出下列字母：RD 红、YE 黄、GN 绿、BU 蓝、WH 白 ②如要指出灯的类型，则在靠近符号处标出下列字母：Ne 氖、He 氦、Na 钠、Hg 汞、I 碘、IN 白炽、EL 电发光、ARC 弧光、FL 荧光、IR 红外线、UV 紫外线、LED 发光二极管
102	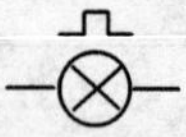	闪光型信号灯
103		电警笛、报警器
104	优选型  其他型 	峰鸣器
105		电动器箱
106	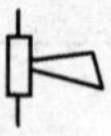	电喇叭
107	优选型 其他型 	电铃
108	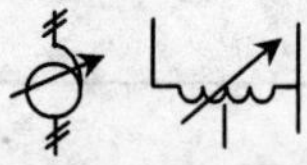	可调压的单向自耦变压器
109	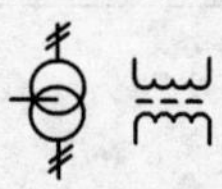	绕组间有屏蔽的双绕组单向变压器
110	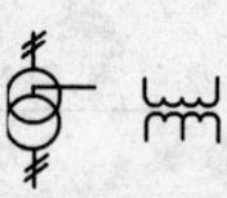	在一个绕组上有中心点抽头的变压器
111	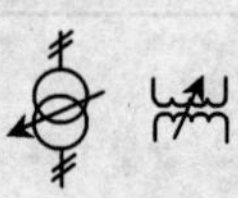	耦合可变的变压器

序号	符号	名称与说明
112		三相变压器 星形—三角形连接
113		三相自耦变压器 星形连接
114		单向自耦变压器
115		双绕组变压器 注：瞬时电压的极性可以在形式 Z 中表示 示例：示出瞬时电压极性标记的双绕组变压器 流入绕组标记端的瞬时电流产生辅助磁通
116		三绕组变压器
117		自耦变压器
118		电抗器、扼流圈
119	优选型 其他型	电阻器一般符号
120		可变电阻器、可调电阻器
121	U	压敏电阻器、变阻器 注：U 可以用 V 代替

序号	符号	名称与说明
122		滑线式变阻器
123		带滑动触点和断开位置的电阻器
124		滑动触点电位器
125	优选型 其他型	电容器一般符号　注：如果必须分辨同一电容器的电极时，弧形的极板表示：①在圈定的纸介质和陶瓷介质电容器中表示外电极；②在可调和可变的电容器中表示动片电极；③在穿心电容器中表示纸电位电极
126	优选型 其他型	极性电容器
127	优选型 其他型	可变电容器 可调电容器
128	优选型 其他型	微调电容器
129		电感器、线圈、绕组、扼流圈

注：①本表根据国标 GB4728《电气图用图形符号》，并参照国际电工委员会(IEC)的规定制订。

②本表仅供参考，请用户在使用时查阅相关的国际标准以最后确认。

参考文献

[1] 范忻，程立群. 电工技术基本理论与技能. 北京：国防工业出版社，2013
[2] 余春辉. 电工技能训练与考核项目教程. 北京：科学出版社，2012
[3] 孔晓华，周德仁等. 电工基础. 北京：电子工业出版社，2008
[4] 王占元，籍宇等. 电工基础. 北京：机械工业出版社，2008
[5] 俞艳. 电工基础. 北京：人民邮电出版社，2007
[6] 李广兵. 维修电工国家职业技能鉴定指南. 北京：电子工业出版社，2012
[7] 周绍敏. 电工技术基础与技能. 北京：高教教育出版社，2010
[8] 黄宗放，徐兰玲. 维修电工. 北京：电子工业出版社，2013
[9] 曾祥富. 电工技能与训练. 第二版. 北京：高等教育出版社，2011
[10] 刘志平. 电工技术基础. 第2版. 北京：高等教育出版社，2009
[11] 杜德昌. 电工基本操作技能训练. 第二版. 北京：高等教育出版社，2008
[12] 康华光. 电工技术基础. 第3版. 北京：高等教育出版社，2011